Detlef Lohmann

… und mittags geh ich heim

Detlef Lohmann

... UND MITTAGS GEH ICH HEIM

Die völlig andere Art, ein Unternehmen zum Erfolg zu führen

Bibliografische Information der Deutschen Nationalbibliothek
Die Deutsche Nationalbibliothek verzeichnet diese Publikation in der Deutschen
Nationalbibliografie; detaillierte bibliografische Daten sind im Internet über
http://dnb.d-nb.de abrufbar.

ISBN 978-3-7093-0475-4

Es wird darauf verwiesen, dass alle Angaben in diesem Werk trotz sorgfältiger Bearbeitung
ohne Gewähr erfolgen und eine Haftung des Autors oder des Verlages ausgeschlossen ist.

Umschlag: buero8
Satz: Strobl, Satz·Grafik·Design, 2620 Neunkirchen

© LINDE VERLAG WIEN Ges.m.b.H., Wien 2012
1210 Wien, Scheydgasse 24, Tel.: 01/24 630
www.lindeverlag.de
www.lindeverlag.at
Druck: Hans Jentzsch u Co. Ges.m.b.H.
1210 Wien, Scheydgasse 31

Inhalt

... und mittags geh ich heim

Morgens verteile ich die Post ...

Viel ist heute nicht drin in der gelben Kiste. Drei große Umschläge, sicher mit Infomaterial, und ein Dutzend C3-Briefe, überwiegend Rechnungen. Ich schnappe mir die Postkiste und ziehe los.

„Guten Morgen, Frau Felcher, morgen Herr Blasitz!"

„Morgen, Herr Lohmann!" Herr Blasitz schaut kurz auf und nickt, Frau Felcher steht auf, während ich auf sie zugehe. Ich drücke Frau Felcher ihren Brief in die Hand.

„Danke. – Herr Lohmann, eine Frage. Einer der Vertriebsmitarbeiter will eine Schulung zu Geschäfts- und Verhaltenscodes in Japan machen. Er denkt, dass wir demnächst auch dort verkaufen werden. Für die Schulung möchte er drei Tage Sonderurlaub, jeden zweiten Freitag im September und Oktober. Was meinen Sie: Kann diese Fortbildung dem Unternehmen etwas bringen?"

„Geht es um Herrn Wolfram?"

„Genau, Sie sind schon informiert?"

„Ja, so in etwa. Herr Wolfram weiß, dass ich meine Fühler in Richtung Asien ausgestreckt habe. Und ja, es kann schon sein, dass sich da in einem Jahr oder so etwas entwickelt. Ich finde es gut, dass er vorausschauend denkt. Aber da die Geschäftsbeziehungen zu Asien noch nicht konkret in Aussicht sind, würde ich mit solchen Fortbildungen noch warten", sage ich zu Frau Felcher. Sie nickt.

„Okay, gut, ich weiß Bescheid", sagt sie und setzt sich wieder an den PC. Sie wählt die Durchwahl von Herrn Wolfram, und ich ziehe weiter ins nächste Büro.

„Guten Morgen, hier, der ist für Sie", sage ich zu Herrn Langacker, einem Experten im Prozess Einkauf, und reiche ihm einen schweren DIN-A4-Umschlag.

„Oh, Sie haben ja die Stellwände umgestellt. Und dieser Tisch da drüben ist doch auch neu. Haben Sie sich neu gruppiert?", frage ich überrascht in die Runde. Und schon sind die zwölf Mitarbeiter in diesem Großraumbüro dabei, mir zu erklären, wie viel besser es sich seit gestern arbeitet, obwohl sie die Sitzordnung nur ein klein wenig verändert haben. Zehn Minuten später verlasse ich den Raum mit einem breiten Lächeln im Gesicht. – Oh ja, das haben sie richtig gut entschieden, denke ich bei mir, und laufe leichten Schrittes weiter.

Den Postrundgang nutze ich jeden Tag, um mit meinen Mitarbeitern ins Gespräch zu kommen. Für sie ist es die Gelegenheit, mich um Rat zu fragen und Probleme ad hoc zu besprechen. Für mich die Möglichkeit, unkompliziert zu erfahren, wo der Schuh drückt, oder einfach am Puls zu bleiben. Auch wenn in den letzten Jahren die Briefpost selten geworden ist und ich für die meisten gar keine Post habe: Jedem Mitarbeiter die Hand zu schütteln und Guten Tag zu sagen ist und bleibt mein tägliches Ritual. Wobei ich mich nicht mit fremden Federn schmücken will: Die Idee habe ich von meinem Vorgänger übernommen.

Als Gründer hatte er natürlich ein besonders enges Verhältnis zu seinem Laden. Ganz am Anfang hatte er fast alles allein gemacht. Um als Entscheider aber über die Einzelheiten Bescheid zu wissen, auch als sein Unternehmen wuchs, hatte er sich angewöhnt, die Post immer persönlich zu verteilen. Damals liefen noch fast alle Geschäftsvorgänge auf Papier, und so war das für ihn ein Instrument, informiert zu bleiben. Denn selbstverständlich wurden die Briefe zentral geöffnet – und gelesen. Niemand wusste so gut über alle Abläufe im Betrieb Bescheid wie dieser selbsternannte Postbote.

Geöffnet werden die Briefe heute auch noch. Das Lesen wäre mir aber viel zu viel Aufwand. Wozu soll ich das auch machen? Entscheidungen zu den Projekten treffen ohnehin meine Mitarbeiter. Und wenn sie dazu Rat brauchen, kommen sie auf mich zu. Außerdem: Die wirklich wichtigen Infos kommen heute nicht mehr per Briefpost, sondern per E-Mail, Fax oder Telefon.

Nein, ich brauche den Postrundgang nicht, um mich über Aktuelles zu informieren. Als ich neu im Betrieb war, ging es mir hauptsächlich darum, mit den Leuten in Kontakt zu kommen. Inzwischen kenne ich die Menschen. Jetzt ist das Postverteilen ein Führungsinstrument. Eine Art informelle Sprechstunde.

Die gelbe Kiste ist inzwischen leer, alle Briefe haben ihren Adressaten gefunden. In zwei Büros war ich aber noch gar nicht drin, da muss ich noch Hallo sagen.

Kapitel 1

Foyer: Warum Chefs nicht im obersten Stockwerk residieren sollten

I ch sitze auf einem weichen Sessel, direkt vor mir in gedämpftem Licht das satinbezogene Sofa, auf dem die heutigen Sprecher gleich Platz nehmen werden. Für diesen Kaminabend bin ich vom Bodensee nach Zürich gefahren. Denn heute spricht der Eigentümer eines traditionsreichen Schweizer Textilherstellers. Herr von Thun hat das Unternehmen viele Jahrzehnte geführt, bis er vor Kurzem den Staffelstab an seinen Sohn weitergegeben hat. Und das ist auch das Thema des heutigen Abends: der Generationenwechsel.

Da kommen sie auch schon, die Redner – beide top gekleidet, passend für die Eigentümer einer Edeltextilmarke.

Der Moderator stellt die beiden Unternehmer vor und übergibt anschließend das Mikrofon dem Vater. Der etwa siebzigjährige Mann schaut allen Anwesenden in die Augen und lässt sich Zeit, bevor er anfängt.

Der Mann ist selbstbewusst, denke ich.

Dann schaltet er das Mikrofon an und sagt mit tiefer, warmer Stimme:

„Meine sehr verehrten Damen und Herren, unsere Firma wurde von meinem Großvater gegründet und von meinem Vater zum Erfolg geführt. Auch unter meiner Leitung konnten wir neue Märkte erschließen. In den ersten zwei Jahrzehnten konnte ich den Umsatz vervierfachen und die Mitarbeiterzahl von 1.000 auf 2.500 erhöhen. Letztes Jahr habe ich die Geschäftsführung an meinen Sohn und meine Schwiegertochter abgegeben. Es war dringend nötig, denn wir standen als Firma kurz vor der Insolvenz."

Beinahe rutscht mir mein Weinglas aus den Fingern. Habe ich mich verhört? Diese renommierte Firma, die sogar über die Grenzen Europas bekannt ist, beinahe vor dem Aus? Wie ist das möglich?

Der Sohn rollt die Chronik der Ereignisse für uns auf: In den Boomjahren der Textilindustrie, also in den Fünfzigern und Sechzigern des letzten Jahrhunderts, funktionierte der Markt reibungslos, die Nachfrage nach heimischen Textilien war hoch. Doch schon in den Siebzigerjahren spürte das Unternehmen zunehmenden Konkurrenzdruck. Die Verkaufspreise sanken, weil immer mehr Textilfirmen in Billiglohnländer abwanderten. Zuerst betraf das nur die Konfektion, die in Spanien und Portugal, dann immer mehr auch in Asien wesentlich günstiger hergestellt werden konnte. Danach wanderten auch die Maschinenkapazitäten, also die Herstellung der Stoffe, in andere Regionen ab. Wer will schon heute noch Textilqualität aus der Schweiz bezahlen? In Europa blieb bald niemand mehr übrig – außer denen, die eine klar positionierte und hochpreisige Nische gefunden oder ihr Vertriebsmodell völlig überdacht hatten.

Stimmt, dachte ich still. Eine der erfolgreichsten Schweizer Textilfirmen stellt heute Sitzbezüge für die Flugzeugindustrie her und hat sich dort auf hochwertige und innovative Lösungen spezialisiert. So etwas hätte diese Firma auch machen müssen: die Zeichen der Zeit viel früher erkennen und die Produktion in neue Bereiche führen. Textile Dekoration für die Innenarchitektur, Entwicklung von Textilien für die Herstellung von Airbags, Forschen an intelligenten Textilien – es gibt viele Möglichkeiten.

Die Schweiz hatte schon immer eine Sonderstellung in Europa und war lange Zeit ein ziemlich abgeschlossener Markt, doch auch hier wurde die Branche offensichtlich vom Trend eingeholt.

„Bei der Fashion Week in Mailand haben wir vor fünf Jahren zum ersten Mal gespürt, dass unsere hochwertigen Textilien viel weniger nachgefragt wurden als früher. Es sind zwar Interessenten zu uns gekommen, aber viele haben sich nur unsere Stoffe und Schnitte angeschaut, einen Blick auf die Preise geworfen und sind wieder gegangen, ohne das Gespräch zu suchen. Da haben wir begriffen, dass wir uns völlig neu erfinden müssen. Eine Riesenherausforderung!"

Der Sohn macht eine kurze Sprechpause und schaut seinen Vater an. Der lächelt ihm zu. Dann erzählt der Sohn weiter:

„Mein Vater hat alles für das Unternehmen gegeben. Er war jeden Tag mindestens zwölf Stunden in der Firma. Ich weiß noch, wie er mich als kleinen Jungen zu den Gesprächen mit unseren Chefdesignern mitgenommen hat; die besten Ideen sind von ihm ausgegangen und die Herren haben eifrig mitgeschrieben. Er hat eine großartige Intuition für Modetrends und für die Kundenwünsche, auf sein Urteil kann man sich verlassen. Mit den wichtigen Handelspartnern hat er die Verhandlungen immer persönlich geführt. Auch im Marketing, in der Produktion, kurz in jedem Geschäftsbereich hat er die Richtung vorgegeben. Und als in der Krise die Umsätze nicht mehr ausreichten, um die Gehälter zu zahlen, hat er sogar von seinem Privatvermögen zugeschossen."

Vater und Sohn blicken sich einen Moment an und schweigen. Der Vater nimmt einen Schluck Wasser, stellt das Glas wieder auf das Pult und sagt:

„Ich hatte kein Rezept. Alles, was wir probierten, zeigte keinen echten Erfolg. Ich war ratlos. Deswegen habe ich beschlossen, neue Köpfe an das Problem heranzulassen. Ich hatte ja auch vorgesorgt: Mein Sohn ist betriebswirtschaftlich ausgebildet und in der Textilbranche großgeworden. Zum Glück stammt auch meine Schwiegertochter aus derselben Branche und kennt sich aus."

Der Sohn bittet seine Frau aufs Sofa hinzu. Mit leuchtenden Augen erzählen sie von technischen Innovationen und neuen Designs, die die Firma vorwärts gebracht haben.

„Aber das Wichtigste war", sagt der junge Mann: „Wir haben gemerkt, dass wir in unserer Führungsmannschaft sehr kreative und kompetente Köpfe haben und auch einen hellsichtigen Betriebswirtschaftler, der uns vor ein paar bösen Fehlinvestitionen gewarnt hat. Diese Leute beziehen wir jetzt regelmäßig in unsere Entscheidungen mit ein."

„Ja, heute ist die Firma viel breiter abgestützt als früher. Die Last der Führung ist auf mehrere Schultern verteilt", sagt die junge Unternehmerin und lächelt. „Und ganz offensichtlich haben wir zuletzt ein paar richtig gute Entscheidungen getroffen. Jedenfalls sagen das nun auch die Zahlen ..."

Wie man Misserfolg programmiert

Ein Unternehmen, das nur von einem Kopf gelenkt wird, das war früher die Normalität. Und es hat meistens glänzend funktioniert. Heute sind solche Anführer vom alten Schlage schlicht überfordert. Ja, ich gehe so weit, zu sagen, dass ein Unternehmen, in dem nur der Chef und sonst keiner entscheidet, früher oder später vor der Pleite stehen wird.

Die meisten Organisationen sind klassische Pyramidenstrukturen. Der Chef oder die Chefin an der Spitze gibt die Strategie, das Budget, die Maßnahmen vor, und die Belegschaft führt aus. Führungsstrukturen sind klar definiert, Informationen fließen kaskadenartig von oben nach unten, allenfalls quer, aber kaum von unten nach oben oder frei durchs Unternehmen. Diese Organisationsform ist so geläufig, dass die meisten sich kaum etwas anderes vorstellen können. Außerdem gab ja der Erfolg einer ganzen Generation von Unternehmern recht: Dieser Führungsstil funktionierte bis in die Siebzigerjahre blendend. Er war auch bequem für die Mitarbeiter: Die Anweisungen von oben brauchten einfach nur treu befolgt zu werden, und am Ende des Monats gab es den Lohn aufs Konto. Mitdenken? War schlicht nicht verlangt.

Ihren Ursprung hat diese Form der Organisation im Feudalismus des Mittelalters. Damals war Bildung das Privileg von sehr wenigen Menschen. Nur diejenigen, die ihren Lebensunterhalt gesichert hatten, konnten es sich leisten, Zeit mit Studien zu verbringen. Damit hatten sie einen großen Wissensvorsprung vor denen, die ihren Lebensunterhalt mit einfacher und harter Arbeit verdienen mussten. Mehr Wissen, das hieß automatisch auch mehr Kompetenz, und damit auch die Legitimation, Entscheidungen zu treffen. Entscheidungsmacht war also ein Privileg von wenigen, da Entscheiden Wissen voraussetzte.

Erst in dem Moment, als Wissen für die breite Masse verfügbar wurde, hatten mehr und mehr Menschen das Potenzial, Entscheidungen zu treffen. Seit 1835 galt zwar in ganz Deutschland die allgemeine Schulpflicht, doch die Bildung war klar auf eine produzierende Arbeiterschaft ausgerichtet. In den Volksschulen wurde nur so viel gelehrt, dass die Menschen die Bedienungsanleitungen für die Maschinen und die Betriebsordnungen lesen konnten und ausrechnen, wie viele Schrauben sie sich für den nächsten Tag bereitstellen mussten. Es war lange Zeit wirtschaftlicher, Menschen detailliert vorzugeben, was sie zu tun haben, als sie selbst denken zu lassen. Fließbandarbeit war sinnvoll, weil nur wenige wirklich wussten, wie der gesamte Arbeitsprozess funktioniert. Und aus dieser Zeit stammt eben das Modell des klassischen Unternehmens.

Die Pyramidenstruktur hatte ganz klare Vorteile: Bis vor 30, 40 Jahren hat sie die Effektivität der Firmen massiv gesteigert und war damit eine sehr wirtschaftliche Organisationsform. Nach der Industrialisierung wurde das Räderwerk der modernen Firma laufend weiter perfektioniert, bis es zu einer gut geölten, reibungslos funktionierenden Einheit wurde. Der Wohlstand wuchs – und alle profitierten. Es war ein sicheres Erfolgsrezept, eine einfach nachzubauende und wenig komplexe Struktur.

Doch heute funktioniert diese Maschinerie nicht mehr. Denn ein essenzielles Bauteil ist vergriffen: die Menschen, die allen Anweisungen fraglos folgen, also das Räderwerk der Maschine.

In den Siebzigerjahren hatte die Gesellschaft bei uns so viel Wohlstand generiert, dass es sich auch der einfache Arbeiter leisten konnte, seine Kinder aufs Gymnasium zu schicken. Immer mehr Menschen bekamen Zugang zu Bildung und nahmen diese Chance auch wahr. Gleichzeitig wuchs auch die Nachfrage nach gut ausgebildeten, selbstständig denkenden Fachkräften. Und zwar in dem Maße, in dem die Produktion als Wirtschaftssektor in den Hintergrund trat und Dienstleistung wichtiger wurde. Dafür braucht es Leute, die organisieren und mitdenken können. Das hat natürlich auch Rückwirkungen auf die Leute, die noch in der Produktion beschäftigt sind. Weil sich die Schulbildung und Ausbildung den neuen Anforderungen anpasst. Außerdem sorgte die Globalisierung dafür, dass die Produktionsprozesse immer weiter aufgesplittet und auf verschiedene Länder verteilt wurden. Der Konkurrenzdruck aus dem Ausland, der Börsengang, die zunehmende Vernetzung der Konzerne erforderten Umstrukturierungen in den Unternehmen.

Ein weiterer Grund für die Veränderung, der mit der besseren Bildung Hand in Hand geht, ist: Insgesamt ist unsere Gesellschaft viel individualistischer geworden; sie ermöglicht es jedem, nach Selbstverwirklichung zu streben. Menschen arbeiten nicht nur, um ihre Brötchen zu verdienen, sondern wollen einen Sinn sehen in dem, was sie tun. Sie bringen nicht mehr nur ihre

Hände mit zur Arbeit, sondern auch ihr Gehirn. Und wer von solchen Menschen etwas verlangt, was für sie sinnlos oder gar widersinnig ist, der wird merken, dass sie es nicht einfach tun, nur weil es vorgeschrieben ist. Denn Mitarbeiter haben heute höhere Erwartungen an das Arbeitsleben als noch vor 20 Jahren. Sie wollen mitgestalten. Und mitentscheiden.

Bei solchen Mitarbeitern löst der klassische Alpha-Chef hohe Frustration aus. Denn der sorgt dafür, dass sie in der Arbeit nur einen Bruchteil ihres Potenzials nutzen können. Das Ergebnis: Die guten Mitarbeiter, die mit Initiative, gehen weg. Übrig bleiben nur die durchschnittlichen. Oder – was noch viel schlimmer ist – die Guten bleiben zwar, gehen aber in die innere Kündigung und hören auf, produktiv und motiviert zu arbeiten. Das ist Gift für jedes Unternehmen.

Besonders stark leiden unter der klassischen Organisationsstruktur die nach 1980 geborenen Menschen. Sie haben ein Schulsystem durchlaufen, das – gerade auch für den sich verändernden Arbeitsmarkt – Teamleistungen und Teamarbeit fördert. Die ältere Generation ist es aber noch gewohnt, in Einzelleistungen zu denken. Da prallen zwei Welten aufeinander. Teamplayer wollen und können gut in Projekten arbeiten, selbstorganisiert, nach Zieldefinition und nicht nach Anordnung. Einzelkämpfer hingegen wollen eine klare Ansage, was sie zu leisten haben und wie.

Neben den Ansprüchen an die Arbeit sind auch die Aufgaben selbst komplexer geworden. Während in den 1930er- bis 1940er-Jahren ein Ingenieur noch ein Auto alleine entwickeln konnte, ist das heute einfach nicht mehr möglich. Er braucht dazu die Mitarbeit und das Mitdenken anderer, weil die Komplexität und die Anforderungen an das Resultat drastisch gestiegen sind. Zum Team gehören Spezialisten für Materialien, Design, Sicherheit, elektronische Steuersysteme, um nur einige Beispiele zu nennen.

Letztendlich geht es also darum, die Mitarbeiter in der Wissensgesellschaft adäquat in die Arbeit und in die Entscheidungsprozesse einzubeziehen. Nur so ist es möglich, den Unternehmenserfolg langfristig zu sichern. Doch reicht das aus?

***

Ein Frühlingstag im Jahr 1996: Ich komme beschwingt im fünften Stock des Bürogebäudes an, in dem ich als Projektleiter und Business Developer arbeite. Als ich die Kaffeeküche betrete, ist sie menschenleer. Natürlich, denke ich enttäuscht. Früher war es üblich, sich morgens erst mal an der Kaffeemaschine mit den Kollegen darüber zu unterhalten, was bei wem gerade anstand; aber seit einiger Zeit verkriechen sich alle immer gleich in ihre Büros. An diese Veränderung habe ich mich immer noch nicht gewöhnt. Ich hole mir meinen morgendlichen Espresso und setze mich damit in mein Büro, wo mein Kollege Holger schon am Nachbartisch arbeitet. Ich fahre den Rechner hoch und prüfe meine Mails. Ganz oben steht eine Nachricht des Chefs, mit rotem Ausrufezeichen markiert.

„An alle in der Abteilung Kupplungen. Im April wurden 17 Prozent mehr Druckerpapier verbraucht als im Vorjahresmonat. Bitte achten Sie darauf, nichts unnötig auszudrucken. Für den internen Gebrauch können auch die Rückseiten alter Ausdrucke verwendet werden. Es ist das Geld der Firma, das hier verschwendet wird!"

Ich werfe Holger einen Blick zu, er erwidert meinen Blick mit zusammengezogenen Augenbrauen.

„Hast du schon die neueste Ermahnung vom Chef gelesen?", frage ich.

„Immer kommt er mit solchem Kleinkram! Hat der Mensch nichts Besseres zu tun, als Statistiken über unseren Papierverbrauch zu führen? Manchmal kommt es mir echt vor, als ob er nichts anderes mehr im Kopf hat als Sparen, Sparen, Sparen. Der ist ja schlimmer als eine Oma mit Nachkriegstrauma."

„Ja, der Typ ist echt im Sparwahn!", antwortet Holger. „Mich wundert, dass er noch nicht den Kaffeeautomaten wegrationalisiert hat. Und das sind ja nur die Kleinigkeiten. Immer muss alles mit so wenig Mitteln und Manpower wie möglich gehen, und gleichzeitig in der kürzestmöglichen Zeit und in 1A-Qualität!"

Die überzogenen Anforderungen des Chefs sind in unserer Abteilung ein Dauerthema. Immer wieder gibt er uns neuen Anlass, uns über ihn in Rage zu reden. Heute sind Holger und ich in unserem Unmut kaum zu bremsen.

„Am Personal spart er ja auch, wo es geht", schimpfe ich. „Wie war noch mal die Vorgabe: Personalkosten um 15 Prozent senken? Und die Folgen davon siehst du überall: Als Peter pensioniert wurde, wurde niemand Neues eingestellt, sondern die Arbeit auf den Rest der Leute verteilt. Und als Annika in Mutterschutz ging, haben sie einen Praktikanten geholt. Der soll jetzt dieselbe Arbeit machen wie eine erfahrene Sachbearbeiterin, der arme Kerl! Und niemand hat Zeit, ihn richtig einzulernen. Kein Wunder, dass er manchmal so einen Murks baut."

„Auch sonst bleibt die Qualität oft auf der Strecke – weil wir keine Zeit mehr zur Qualitätssicherung haben."

„Ja, Sabine hat mir gesagt, dass sich immer mehr Kunden beschweren. Aber noch sind nicht so viele abgesprungen, dass der Chef es deutlich merken würde. Der Umsatz ist zwar zurückgegangen, aber die Kosten noch mehr. Da denkt dieser Zahlenfetischist, alles sei in bester Ordnung!"

„Weißt du noch, unser früherer Chef?", sagt Holger und schaut sehnsüchtig zur Decke. „Der hat hier so eine tolle Aufbruchstimmung verbreitet. Alle sechs Monate hat er uns zu Kreativtreffen eingeladen, da haben selbst die Stillen unter uns vor Ideen gesprudelt."

„Ja, und weißt du noch, die Ideenkästen, in die jeder Mitarbeiter seine Verbesserungsvorschläge einwerfen konnte? Und er hat sie gelesen! Gut, sie wurden von seiner Assistentin vorsortiert, aber die, bei denen was dahintersteckte, hat er sich persönlich angeschaut. Daraus sind ja auch neue Service-Produkte entstanden ..."

„Ja, unter dem brummte die Abteilung. Einer der besten Chefs, die ich je hatte. Ein richtiger Visionär. Kein Wunder, dass er wegbefördert wurde. Toll für ihn, schade für uns", seufzt Holger.

„Und jetzt haben wir diesen Erbsenzähler", fluche ich.

Holger nickt. „Der hat es geschafft, in sechs Monaten jeglichen Drive, jede Motivation und jede positive Energie aus diesem Laden rauszusaugen", sagt er und unterstreicht das mit einer deutlichen Handbewegung. „Dem geht's überhaupt nicht um die Zukunft der Abteilung oder sogar des Unternehmens, sondern nur darum, seine Zahlen gut aussehen zu lassen. Ich frage mich, wie lange das noch gut geht."

Am Abend, als wir mit einem Glas Wein auf dem Sofa sitzen, erzähle ich meiner Frau von dem Gespräch. Sie schaut mich bestürzt an:

„Was passiert, wenn dieser Pfennigfuchser deine Sparte aus Versehen ganz wegrationalisiert? Wenn sie geschlossen wird, weil die Kunden wegbrechen, wirst du dann arbeitslos?"

„Hm, so deutlich habe ich mir die Frage noch nicht gestellt. Aber du hast recht, die Gefahr besteht."

Ich grüble eine Weile vor mich hin. Schließlich setze ich mich entschlossen auf.

„Ich werde meine Kündigung schreiben", sage ich meiner Frau. „Ich weiß auch schon, was ich danach mache."

Sie lächelt mir aufmunternd zu: „Na los, erzähl schon!"

„Ich werde Unternehmer. Als Unternehmer hat man nämlich den sichersten Job der Welt. Niemand kann einen rausschmeißen, außer man selbst." Ich grinse. „Und wenn es soweit ist, kann man auch noch mal mit sich reden ..."

One-Man-Showdown

Alpha-Chefs, die alleine für das Wohl und Wehe, für alle Entscheidungen in der Firma verantwortlich sind, können selbstverständlich tolle Führungspersönlichkeiten sein und viel Gutes bewirken. Doch wenn einmal ein weniger Begabter an die Spitze gelangt, kann alles, was der Vorgänger in mühseliger und jahrelanger Arbeit aufgebaut hat, innerhalb kürzester Zeit dem Erdboden gleichgemacht werden. Der Einfluss von Alpha-Chefs auf ihr Unternehmen ist so hoch, dass ein einziger Führungswechsel das System komplett instabil machen kann. Eine Gefahr, die von vielen deutlich unterschätzt wird.

Die klassische Organisationsstruktur der Pyramide hat also einen großen Mangel: Sie macht den Erfolg des Unternehmens abhängig von einer einzigen Person, dem Mann oder der Frau an der Spitze.

Nun könnte man meinen: Wenn eine talentierte und durchsetzungsstarke Person „da oben" sitzt, ist das doch unendlich viel besser als ein ewig diskutierendes Gremium. Ein Chef, der eine echte Vision hat, eine tolle Strategie fährt, der es schafft, eine hohe Motivation in der Mannschaft zu wecken, müsste das Unternehmen doch unschlagbar machen. So weit die Theorie. Die Praxis sieht leider oft anders aus ...

***

Es ist Mitte 2009. Ich stehe in meinem Unternehmen bei der Bestellannahme und frage nach der Auftragslage. Wenn ich so etwas wissen will, gehe ich gerne direkt zu den Leuten, dann bekomme ich auch die Stimmung hautnah mit. Heute ist sie gut. Während ich gerade mit Richard Müller über die Entwicklung der letzten Monate spreche, klingelt sein Telefon.

„Gehen Sie ruhig ran", sage ich. „Ich hab Zeit."

Er nimmt das Gespräch an und ich höre, wie er mit dem Kunden verhandelt.

„In einer Woche, mhm, ich verstehe. Warten Sie einen Moment, ich prüfe mal, ob sich das machen lässt", er drückt auf die Stumm-Taste und arbeitet sich mit klickender Maus durch das erst kürzlich installierte Lieferprogramm. Nebenbei erklärt er mir:

„Das ist ein Neukunde, der braucht eilig fünfhundert Sicherungsstangen vom Typ KIM 44. Sein bisheriger Zulieferer hat Schwierigkeiten, weil sein Lager leer ist und er auf den Nachschub eines Bauteils aus China wartet. Sie können erst in fünf Wochen liefern. Er braucht die Teile aber spätestens in einer Woche."

Noch drei Mausklicks und Herr Müller weiß Bescheid. Er holt den Kunden wieder in die Leitung und sagt:

„Herr Schröder, in fünf Tagen haben Sie Ihre Lieferung. In einer halben Stunde schicke ich Ihnen das schriftliche Angebot. Geben Sie mir dazu noch Ihre Mailadresse?"

Vor einem Jahr haben wir unser Produktionssystem komplett umgestellt. Wir lagern keine Fertigteile mehr, sondern nur noch einzelne Komponenten. Davon gibt es etwa 100 verschiedene, die sich zu über 1.000 verschiedenen Produkten kombinieren lassen. Es ist ein klassisches Baukastensystem. Die Kunden sagen uns, was sie brauchen, und wir beginnen erst dann mit der Herstellung des Produkts. Das computergesteuerte Lagersystem sucht zu jeder Bestellung die genau passenden Komponenten heraus und bringt sie zur Empfangsstelle. So können wir flexibel auf Kundenanfragen reagieren. Wenn sich die Nachfrage ändert, haben wir nicht das Lager vollgestopft mit fertigen Produkten, die niemand braucht. Deswegen müssen wir auch nie etwas billig auf den Markt werfen, um das Lager freizubekommen. Wie es viele Hersteller während der Wirtschaftskrise tun mussten, weil sonst ihre Liquidität im Lagerbestand gebunden gewesen wäre.

Jetzt, wo die Nachfrage allmählich wieder steigt, stehen praktisch alle unsere Konkurrenten mit leeren Lagern da. Wir haben weiterhin dieselben Bausteine vorrätig, die wir flexibel zusammensetzen können.

„Sagen Sie mal, Herr Müller", frage ich ihn, „haben Sie eine Statistik für die Bearbeitungszeiten vor und nach der Umstellung?"

„Klar!" Er ruft eine Grafik auf seinem Bildschirm auf. „Schauen Sie mal: Die durchschnittliche Bearbeitungszeit ist von zehn auf fünf Tage gesunken. Wir haben die Lieferzeiten also glatt halbiert! Aber vor allem haben wir jetzt keine Ausreißer mehr. Früher gab es einzelne Fälle, da musste der Kunde drei oder vier Wochen auf die Lieferung warten. Das kommt jetzt nie mehr vor! Und wir können viel besser priorisieren: Nicht die Kunden werden zuerst beliefert, deren Artikel wir vorrätig haben, sondern diejenigen, die es am eiligsten haben."

„Das liegt aber nicht nur am neuen Produktionssystem", wende ich ein. „Sondern auch daran, dass wir die Komponenten inzwischen fast ausschließlich aus Europa beziehen."

Ich muss schmunzeln, wenn ich mich an die Zeiten erinnere, wo wir manchmal wochenlang auf Material aus Fernost gewartet haben, nur um dann festzustellen, dass falsche oder mangelhafte Ware im Container war. Das Warten auf die Ersatzlieferung war ein Gräuel für die Mitarbeiter. Gottseidank sind die Zeiten vorbei, denke ich.

Herr Müller nickt. „Ja, dass wir uns den Spaß mit Asien sparen, macht echt was aus."

„In der Wirtschaftskrise haben uns die kurzen Lieferwege sogar gerettet", ergänze ich. „Wir konnten einfach unsere Bestellmengen reduzieren, entsprechend dem geringeren Absatz, und das war's. Während unsere Wettbewerber noch monatelang die hohen Stückzahlen bekommen haben, die sie in Boomzeiten in Fernost bestellt hatten und jetzt nicht so schnell abbestellen konnten. War ja alles schon unterwegs. Und sie haben das Material bezahlen müssen, das ihnen niemand mehr abkaufen wollte. Das hat einige Firmen in die Insolvenz getrieben."

Herr Müller lehnt sich in seinem Bürostuhl nach hinten, schaut nach oben und sagt: „Irgendwie macht es echt Spaß, hier zu arbeiten." Dann setzt er sich wieder aufrecht hin und tippt weiter die Bestellung ins System. Einmal speichern, dann ist sie schon bei den Kollegen in der Produktion angekommen. „Es ist erst halb neun und ich habe heute schon einen neuen Kunden gewonnen!", sagt er mit einem breiten Grinsen.

Kundenorientierung oder Planwirtschaft?

Ein Vorgesetzter hat die Aufgabe, zu führen. Ein Alpha-Chef macht das, indem er einen Plan aufstellt, diesen kommuniziert und erwartet, dass seine Mitarbeiter ihn umsetzen. In vielen Fällen ist die Strategie ausgeklügelt, plausibel und nach allen Seiten abgestützt. In der Theorie klingt sie nach einem Geniestreich. Doch die Praxis schlägt ihr jeden Tag ein Schnippchen.

Denn Pläne können nicht auf die Tagesaktualität eingehen. Einmal festgelegt, haben sie kein Instrument dafür, auf die eventuell eintretenden Änderungen im Markt zu reagieren. Nur Menschen können das. Jeden Tag geschieht Unvorhergesehenes. Es muss nicht einmal so etwas Einschneidendes und Großes sein wie die Wirtschaftskrise – schon Schwankungen bei Bestellungen von treuen Großkunden können ein Unternehmen in eine Krise stürzen und sogar in die Insolvenz schlittern lassen, wenn es nicht adäquat auf diese Schwankungen reagieren kann.

Dazu kommt, dass Kunden ihr Kaufverhalten stark verändert haben; sie bestellen kurzfristiger als früher und wollen auch schneller beliefert werden. Außerdem sind Kunden heute viel eher bereit, den Lieferanten jederzeit zu wechseln. Früher war es ein großer Aufwand, einen neuen Lieferanten kennenzulernen; heute ist es einfach, mit Hilfe des Internets in wenigen Minuten zehn mögliche Lieferanten auszukundschaften, und mit ein paar Mausklicks habe ich bei jedem eine Offerte angefordert.

Insgesamt sind die Märkte durch die Globalisierung volatiler geworden. Um auf diese Entwicklung zu reagieren, sind Flexibilität und Geschwindigkeit ausschlaggebend. Was ein Unternehmer heute plant, kann er oft morgen über den Haufen werfen. Denn sobald sich die Rahmenbedingungen im Markt ändern, müssen auch die Steuerentscheidungen im Unternehmen sich ändern und angepasst werden. Aus diesem Grund ist alles, was zentralistisch geführt ist, zu schwerfällig für diese dynamische Welt. Starre Regeln, Dienstwege und Kommunikationspfade sind dem heutigen Entwicklungstempo schlicht und einfach nicht mehr gewachsen, weil sie automatisch am Kundenwunsch und am Kundenwohl vorbei gehen.

Alpha-Unternehmen sehen ihre Kundenorientierung primär darin, die Preise für den Kunden tief und stabil zu halten. Aber ist es denn wirklich kundenorientiert, wenn ein Kunde monatelang auf eine Bestellung warten muss, weil ein Container aus Fernost nie im Hamburger Hafen angekommen ist? Wohl nicht! Was Kunden schätzen, sind stabile und verlässliche Geschäftsbeziehungen, bei denen die Qualität und die Kommunikation immer stimmen.

Das Problem ist also letztlich die falsche Orientierung; sie richtet sich nicht am Kunden aus, sondern immer am von oben vorgegebenen Plan. Dabei hat derjenige, der den Plan macht, in vielen Fällen wenig Kontakt zum Kunden. Je größer das Unternehmen, desto weiter der Abstand zwischen dem obersten Entscheidungsträger und dem Kunden. Bei größeren Mittelständlern und erst recht bei Großkonzernen regiert der Chef von seinem Schreibtisch aus. Und verliert damit den direkten Draht zum Markt. Entsprechend mittelmäßig sind oft seine Pläne.

Egal, wie intelligent oder clever der oberste Entscheidungsträger einer Firma ist: Er allein kann die Komplexität der Dinge in der heutigen Realität gar nicht durchschauen, geschweige denn im Griff halten. Niemand kann das.

Die spannende Frage ist also: Wie kann man heutzutage und vor allem in Zukunft, wenn die Komplexität und die Veränderungsgeschwindigkeit weiter zunehmen, denn überhaupt ein Unternehmen führen?

***

„Ich lass mir jetzt erst mal meine neue Spielwiese zeigen." So rede ich mir selber zu. Heute ist mein erster Tag als Unternehmer. Gerade bin ich in meinem Büro angekommen und räume meinen Lieblingsfüller und ein paar andere Sachen in meine Schreibtischschublade. Während ich noch damit beschäftigt bin, erscheint ein Mitarbeiter in meinem Büro.

„Hallo, Herr Lohmann. Ich bin Klaus Härtel von der Montage. Wir hatten ein Missverständnis mit der Schichteinteilung und sind jetzt ein Mann zu viel bei den Sperrstangen. Wir haben da gar nicht genug zu tun für alle. Was soll ich denn jetzt machen?"

Sofort tritt mir ein leichter Schweißfilm auf die Stirn.

„Oh, äh, hallo Herr Härtel. Im Moment weiß ich noch nicht genau, in welchem Bereich gerade noch Unterstützung gebraucht wird. Ist ja mein erster Tag heute. Fragen Sie doch Ihren Abteilungsleiter!"

Klaus Härtel verschwindet wieder, und ich lehne mich erst mal im Sessel zurück. Puh! Soll das jetzt so weitergehen?

Klar, in den ersten Tagen kann ich mich noch damit rausreden, dass ich branchenfremd bin. Aber ich habe ein ganz anderes Problem mit der Frage dieses Mitarbeiters. Ich war ja viele Jahre Führungskraft, aber in all dieser Zeit hat mich noch kein Mitarbeiter gefragt, was er heute zu tun hat. Das wollte ich nie und will es jetzt auch nicht. Selbst wenn ich fachlich mitreden könnte: Eine Horrorvorstellung, dass 100 Mitarbeiter mich täglich nach Anweisungen fragen! Da käme ich ja gar nicht mehr zum Arbeiten.

„Was habe ich mir da nur eingebrockt?", frage ich mich und beschließe, in die Cafeteria zu gehen, um etwas zu trinken und mich ein wenig vom Schreck zu erholen. Um nicht ganz unproduktiv zu sein, nehme ich das Firmen-Organigramm mit. So kann ich schon mal genauer erfahren, wer in meiner Firma was macht, und mich an die Namen gewöhnen. Ich schaue das Organigramm lange und intensiv an und präge mir die einzelnen Bereiche und die dazugehörigen Personen ein. Neben meiner Kaffeetasse liegt eine Serviette. Ich nehme sie zur Hand und fange so zur Entspannung an, das Organigramm nachzuzeichnen. Zuerst zeichne ich mich selbst ganz oben hin, als obersten Chef der Pyramide. Dann kommt die erste Führungsebene, darunter die nächste, und so weiter, bis hinunter zu den einfachen Produktionsmitarbeitern.

Und wo gehören bei dieser Organisationsform die Kunden hin? Seitlich daneben? Nach einer Weile Nachdenken komme ich zu dem Schluss, dass sie bei diesem Modell ganz unten stehen. Sie bekommen halt das geliefert, was ich beschlossen habe. In diesem Moment geht mir auf: Das ist doch alles Käse! Ich drehe die Serviette um, sodass ich mich nun ganz unten am Organigramm befinde, die Fabrikarbeiter sind nun ganz oben zu finden. Das Ganze sieht aus wie ein Brummkreisel. Ich denke mir: Das ist doch viel sinnvoller – eigentlich müsste das doch so viel besser funktionieren. Die Kunden sagen den Mitarbeitern, was sie wollen, und die entscheiden dann, was dringend ist und was noch Luft hat, kurz was sie zuerst machen.

Das Brummkreisel-Organigramm habe ich seither immer mit dabei. In den acht Jahren nach diesem ersten Tag in der Cafeteria haben wir die Firma in mehreren Workshops, mit Umstrukturierungen und mit geduldiger Arbeit effektiv umgebaut. Zu einem Brummkreisel!

Die Pyramide auf dem Kopf

Wenn Kundenorientierung die oberste Maxime eines Unternehmens ist, kann nicht nur der Chef für diese Perspektive stehen. Nein, Kundenorientierung kann nur mit Schwarmintelligenz, also mit dem Einsatz und der Kraft aller erreicht werden! Damit das Unternehmen dem Mark entsprechend handelt, müssen alle mitdenken und mitgestalten können. Schließlich kennt jeder Mitarbeiter seinen Bereich, seine Kunden, seine Arbeitsabläufe am besten. Und genau das ist ja das Dilemma der Alpha-Unternehmen mit der klassischen Pyramide: Wenn die Person ganz oben in der Pyramide den falschen Plan in der Tasche hat, läuft das ganze Unternehmen in die falsche Richtung, und das vielleicht jahrelang! Das bedeutet, dass man die Pyramide umdrehen muss, und natürlich nicht nur auf dem Papier, sondern auch im effektiven täglichen Denken und Handeln. Das Ziel des umgedrehten Organigramms ist die absolute Kundenorientierung. Die Basis der Firma ist nahe beim Kunden, und die „Spitze" ist eigentlich mehr eine dienende, den restlichen Mitarbeitern helfende Rolle. Jene, die die Arbeit machen und den direkten Kontakt zum Kunden haben, befinden sich ganz oben in der Pyramide. Und das heißt: Sie entscheiden!

Wie kann das funktionieren? Läuft dann nicht am Ende jeder Mitarbeiter in eine andere Richtung? Für viele klingt die umgedrehte Pyramide sicher verdächtig nach langwieriger, mühsamer Basisdemokratie, die unmöglich funktionieren kann. In kleinen Organisationen mag das ja vielleicht noch gehen. Aber bei 100 Mitarbeitern und mehr, wird da nicht am Schluss vor lauter Diskutieren gar nichts mehr erledigt?

***

Ein Beispiel: Vor ein paar Monaten hat ein wichtiger Kunde die Stückzahl, die er von uns beziehen wollte, überraschend verdoppelt. Da das Geschäft mit diesem Kunden einen guten Teil unseres Gesamtumsatzes ausmacht, bedeutete das: Für die nächsten zehn Tage stand plötzlich für die gesamte Produktion 40 Prozent mehr Arbeit an und es wurden 40 Prozent mehr Bauteile benötigt.

Noch vor wenigen Jahren wäre bei einer solchen Änderung alles über meinen Tisch gelaufen, Mitarbeiter wären bei mir im Büro gestanden und hätten gefragt: „Chef, was sollen wir jetzt machen?" Und ich hätte Dinge entschei-

25

den müssen, von denen ich weniger verstand als die Mitarbeiter selber. Was für ein Unsinn.

Der Disponent hat gleich völlig selbstverständlich damit begonnen, die Lieferantenkette zu informieren. Ganz eigenverantwortlich und ohne Absprache „nach oben" teilte er den diversen Lieferanten mit, dass sie gerne auch einen Sondertransport für die Ware organisieren könnten und dass diese Sonderkosten natürlich zusätzlich bezahlt würden, damit die gewünschten Produkte rechtzeitig bei uns einträfen.

Dann ging er zum Team, das für die Produktion zuständig ist, und teilte dem Teamleiter mit, was sich verändert hatte. Mehr war nicht nötig. Das Team der fertigenden Mitarbeiter fing sofort an, sich eigenständig neu zu organisieren. Sie schoben eine Samstagsschicht ein, um die Arbeit zu bewältigen, und planten für die nächsten Tage jeweils zwei Überstunden. Es brauchte auch hier keine „offizielle" Information von oben. Die Rahmenbedingungen, in welchen solche Entscheidungen getroffen werden können, sind völlig klar und transparent und alle können sehr gut damit umgehen. Es gibt eine eindeutige Regelung zum Freizeitausgleich und dazu, wie viele Sonderschichten monatlich maximal gefahren werden dürfen.

Dadurch, dass ich Macht an die Mitarbeiter abgegeben habe, sind wir flexibler und anpassungsfähiger geworden.

Der Brummkreisel dreht sich

In einem Alpha-Unternehmen wäre so etwas gar nicht möglich. Der Disponent darf dort nichts entscheiden, ohne zuvor seinen Chef zu fragen. Dieser will dann wissen: „Geht das nicht anders? Wer bezahlt das und warum?"

Wenn z.B. eine Maschine ausfällt, muss erst die ganze Hierarchie abgefragt werden, ob die Reparatur in Auftrag gegeben werden und was sie kosten darf. Schlussendlich trifft der Chef in den allermeisten Fällen dieselbe Entscheidung, die auch der Arbeiter getroffen hätte. Nur viel viel später, mit mehr Zeitaufwand, mehr Leerlauf und mehr Verschleiß. Das kostet ebenfalls. Was alle dabei gerne vergessen: Letztendlich bezahlt es immer der Kunde, vor allem dann, wenn er seine Ware zu spät geliefert bekommt!

In einem hierarchisch strukturierten Unternehmen kann es gut vorkommen, dass Unvorhergesehenes passiert, aber keiner reagieren kann. Eine Situation wie bei Hochwasser. Die Leute sehen, dass der Damm zu brechen droht, dass an einigen Stellen schon Wasser durchsickert. Doch anstatt Sandsäcke zu organisieren, drehen sich alle um, starren den Vorgesetzten an und fragen: „Was sollen wir nur tun?"

Das hat inzwischen sogar das Militär verstanden. Auch hier hat sich ein großer Wandel ereignet, was die Führung betrifft. Heute werden viele Kampfgruppen wie ein militärisches Einsatzkommando geführt. Flexibel und eigenverantwortlich. Diese Einsatztruppen warten nicht auf einen zentralen Feuerbefehl, sondern überlegen selbst, was sie aufgrund der allgemeinen Lage und der ihnen zur Verfügung stehenden Daten und Informationen zu tun haben. Man sieht also: Selbst in der sehr hierarchischen Struktur der Armee haben sich die Prozesse geändert. Die amerikanische Army, um ein Beispiel zu nehmen, hat das aber nicht einfach so gemerkt, sondern musste das über zahlreiche Niederlagen im Irak-Krieg einsehen und lernen, mit der neuen Situation umzugehen. Über „Trial and Error" hat das Pentagon viel gelernt und daraus die besten Vorgehensweisen für neue Situationen und Herausforderungen entwickelt. In einer Firma ist das nicht anders; man kann nicht einfach eine neue Struktur „befehlen", sondern muss mit den Menschen in der Firma jeden Tag die Spielregeln neu entwerfen, diskutieren und weiter entwickeln. Sicher ist die amerikanische Armee nicht gerade das allerbeste Beispiel für unsere Unternehmen in der Privatwirtschaft. Schließlich haben die Mitarbeiter in einem Unternehmen keinen Diensteid geschworen. Doch wenn selbst die vermeintlich durch und durch hierarchische Struktur der Armee auf neue Arbeits- und Entscheidungsmodelle zurückgreift, dann sollten Firmen das erst recht tun!

Wir haben es getan. Das zeigt sich auch ganz anschaulich in der Architektur unseres neuen Firmengebäudes. Wir haben kein Hochhaus, wo der Chef ganz oben sitzt und weit unter ihm die „einfachen Arbeiter" in der Fabrikhalle schuften. Nein, bei uns arbeiten alle auf derselben Ebene. Vom Foyer aus kommt man direkt, ohne Treppen und Lifte, in alle wichtigen Bereiche der Firma: Fabrikhalle, Verwaltung und Organisation, Cafeteria usw. Im Prinzip findet das ganze Geschehen im „Foyer" statt, denn alle Räumlichkeiten liegen nah beieinander, es gibt keine langen Dienstwege, und die Kommunikation funktioniert wunderbar.

Die Umstellung darf natürlich nicht bei Äußerlichkeiten wie dem Gebäude hängen bleiben. Besonders die Organisationsstruktur der Firma muss grundlegend verändert werden. Das geht nicht von jetzt auf gleich, sondern braucht eine gewisse Test- und Lernphase. Die Mitarbeiter müssen sich erst an das selbstbestimmte Arbeiten gewöhnen. Die Vorgesetzten haben die Aufgabe, die Mitarbeiter in dieser Phase zu unterstützen. Die Unterstützung hat drei Formen: Zum einen die Schulung der Mitarbeiter, zum Zweiten ist der Chef eine Anlaufstelle, falls es doch einmal Schwierigkeiten geben sollte. Der dritte und wichtigste Punkt: Er überlegt, wie Arbeitsabläufe weiter vereinfacht und verbessert werden können, so dass sie übersichtlich und dezentral steuerbar werden. Damit die Mitarbeiter nach und nach immer mehr Entscheidungen selbst treffen können. Und selbst anfangen, ihre Arbeitsabläufe zu optimieren.

Letztendlich läuft es darauf hinaus, dass der Unternehmer oder die Führungskraft Entscheidungsmacht an die Mitarbeiter abgibt. Das bedeutet natürlich nicht, alle Zügel aus der Hand zu geben – sonst wäre der Chef ja überflüssig. Das ist er in einem Brummkreisel-Unternehmen keineswegs, sondern er hat eine andere Funktion: einen Rahmen zu definieren, in welchem sich die Mitarbeitenden bewegen können und in dem sie eigenverantwortlich handeln können. Der Rahmen muss aber weit genug gesteckt sein, so dass alle Mitarbeiter darin genügend Freiheiten haben. Dann kann man sagen: Egal was sie tun, sie werden dem Unternehmen dienen. Das ist kein frommer Wunsch, sondern das funktioniert wirklich!

Bei einem solchen Modell ist der Vorteil, dass viele Augen den Markt beobachten und gemeinsam mehr Intelligenz entwickeln. In dieser Struktur werden Führungskräfte zu Fragenden. Man sagt nicht mehr: „Jetzt tun wir dies!", sondern man fragt mit einer gewissen Außenperspektive: „Was schlagen Sie vor?" Damit ist auch der Fokus dort, wo die kollektive Intelligenz sitzt, und nicht dort, wo die „Macht" ist. Ein großer Unterschied!

Das klingt alles wunderbar, denken Sie nun vielleicht. Macht abgeben, die Mitarbeiter mitentscheiden lassen. Aber wer garantiert denn, dass die Mitarbeiter wirklich verantwortlich handeln? Dass sie ihre Macht nicht ausnutzen? Und dass keine schlimmen Fehler passieren?

Kapitel 2

Fabrikhalle: Wer bestimmt, was zu tun ist, wenn es keine Abteilungen gibt

Fritz Dahl kommt erwartungsvoll vom Firmenparkplatz gelaufen und schüttelt mir die Hand; ich habe vor dem Eingang auf ihn gewartet. Vor drei Wochen hat er seinen Arbeitsvertrag unterschrieben, und heute ist sein erster Tag. Er ist ein Top-Einkäufer mit der richtigen Portion Humor; beim Vorstellungsgespräch hat mich sein Kundenfokus sofort begeistert.

„Ich werde Sie erst einmal durch den ganzen Betrieb führen und Ihnen Ihre neuen Kollegen vorstellen", sage ich, während ich bereits losmarschiere. Zuerst gehen wir ins Herzstück des Unternehmens, die Fabrikhalle. Die CNC-Maschine fräst ein Bauteil zurecht, zwei Mitarbeiter halten Materialnachschub bereit und zwei weitere sind dabei, die Packkisten zu beladen. Am Computer diskutieren einige Kollegen lauthals darüber, welche Bestellung zuerst produziert wird. Ich erkläre Herrn Dahl kurz die verschiedenen Maschinen und Prozesse in der Fabrikhalle, stelle ihn gleich den Anwesenden vor und rege an, diese Woche in der Cafeteria doch mal ein paar Worte zu wechseln.

Als wir aus der Fabrikhalle treten, sehen wir gerade noch eine Schar Mitarbeiter um die Ecke biegen. Sie schieben einen Rollwagen, der beladen ist mit Ordnern, Papieren und Schachteln. Einer der Kollegen trägt vorsichtig einen riesigen Ficus.

29

„Wohin sind die denn unterwegs?", wundert sich Fritz Dahl.

„Ins neue Büro. Das sind Ihre Kollegen aus dem Prozess Einkauf. Weil Sie zum Team dazustoßen – und künftig auch weitere Einkäufer –, ist das alte Büro zu klein geworden und alle zusammen ziehen in ein größeres um. Ich stelle Sie nachher gleich vor, aber lassen wir den Kollegen ein wenig Zeit, ihre Sachen abzuladen."

Fritz Dahl schaut mich etwas ratlos an, schweigt einen Moment und meint dann: „Wäre es nicht einfacher, wenn ich irgendwo ein anderes Büro bekäme, anstatt dass alle umziehen müssen?"

Ich freue mich: Das große Erklären hat begonnen ... „Wissen Sie, bei uns hat niemand ein eigenes Büro. Wie beim Vorstellungsgespräch angerissen, sind wir nach Prozessen organisiert. Das heißt, alle, die mit einem Prozess wie z.B. Service, Verkauf oder Abwicklung zu tun haben, sitzen zusammen in einem großen Raum – egal, ob Sie jetzt derjenige sind, der mit den Lieferanten telefoniert, oder derjenige, der den Bedarf anhand der Verbrauchszahlen ausrechnet. So haben Sie die kürzesten Wege und können sich direkt mit den Kollegen absprechen."

„Aber wir könnten uns ja als Team zu Sitzungen treffen! So würden die Telefonate nicht die Kollegen stören, die konzentriert rechnen."

Ich könnte jetzt ein großes Fass aufmachen und Herrn Dahl meine Meinung zu Sitzungen kundgeben, aber ich fürchte, das würde ihn momentan nur noch mehr verwirren.

„Vielleicht, aber an den Geräuschpegel im Großraumbüro gewöhnt man sich meiner Erfahrung nach recht schnell", sage ich dann.

Ich sehe, wie es jetzt im Kopf des Neuen mächtig rattert. Prima so! Er wird sich schnell an unsere Arbeitsweise gewöhnen, da bin ich sicher. Bald wird er sich gar nicht mehr vorstellen können, anders zu arbeiten. Als ich mit ihm bei seinem Team im neuen Großraumbüro ankomme, sind einige seiner neuen Kollegen damit beschäftigt, Ordner von Rollwagen in die Regale zu räumen; andere sitzen schon an den Arbeitsplätzen und telefonieren oder arbeiten am Rechner.

Ich stelle Herrn Dahl seinen neuen Kollegen vor und erkläre, wer welchen Arbeitsschwerpunkt hat. Die acht Männer und Frauen umringen Herrn Dahl und begrüßen ihn herzlich.

„Welchen Arbeitsplatz haben Sie denn für Herrn Dahl vorgesehen?", frage ich.

Als ich mich verabschiede, sitzt Herr Dahl schon an seinem neuen Rechner und ein Kollege zeigt ihm, wie er sich ins firmeneigene Intranet einloggen kann. Es läuft.

Wenn die Information nicht fließt

In meinem Unternehmen gibt es keine Abteilungen. Oder besser gesagt: Es gibt keine Abteilungen mehr.

Als ich 1999 das Geschäft übernommen habe, war ich sehr motiviert, mit den Menschen in dieser Firma etwas Tolles aufzubauen. Und ich wusste, dass ich gute Leute hatte, die fantastische Spezialisten in ihrem Fachgebiet waren. Aber schon in der ersten Produktionsbesprechung merkte ich, dass die Zusammenarbeit mit diesen Spezialisten nicht so einfach werden würde. Die Teilnehmer schienen mir alle genervt und griffen einander im Laufe des Meetings mehrmals verbal an. „Stör mich nicht ständig bei der Arbeit!", hieß es von den einen. „Immer willst du mir einen neuen Kunden unterschieben, wenn ich gerade versuche, das zu erledigen, was ich schon lange machen sollte." Und die Stimmung wurde sogar noch aggressiver: „Was habt ihr da in der Konstruktion wieder gebastelt? Das können wir überhaupt nicht gebrauchen!"

Erst einmal war ich geschockt und fragte mich, ob Vollmond sei oder ob hier einfach eine Person ganz schlechte Laune verbreite. Ich merkte aber schnell, dass diese Form der Kommunikation kein Einzelfall war, sondern die Regel. Und dann fiel mir ein: In allen anderen Unternehmen, wo ich zuvor gearbeitet hatte, war das nicht viel anders.

Ob in kleineren oder größeren Firmen, bei Mittelständlern oder in Konzernen: Menschen schimpfen immer wieder übereinander und schuldigen sich gegenseitig an. Jeder denkt, „die da drüben" wissen sowieso nicht, was man selber Wichtiges zum Erfolg der Firma beiträgt. Offenbar ist das also kein Einzelproblem. Es kommt nicht von einzelnen Störenfrieden, sondern scheint strukturimmanent zu sein: Der Abteilungskampf ist mehr oder weniger vorprogrammiert.

Doch was genau führt zu diesen Reibungen? Was sind die Themen, über die sich alle beschweren?

Geschimpft wird aus den verschiedensten Gründen: Weil die Zuarbeit nicht rechtzeitig kommt. Oder weil sie zu schnell kommt. Oder weil es Wartezeiten gibt. Oder, oder, oder. Wenn man genau hinsieht, stellt man fest: Das liegt nicht an einem Wahrnehmungsfilter mancher Mitarbeiter, der sie nur das sehen lässt, was schiefgeht. Die Probleme sind tatsächlich vorhanden. In manchen Eingangskörben stapelt sich das Papier, während andere tagelang leer sind und die Mitarbeiter auf Arbeit warten müssen. Einige Tage später ist es wieder umgekehrt, da sind die einen im Stress, und die anderen drehen nur Daumen. In vielen Unternehmen funktioniert wenig „Hand in Hand", sondern der ganze Arbeitsablauf ist ein einziger Stau.

Der Grund dafür ist mangelnde interne Kommunikation: Die Leute aus der einen Abteilung wissen oft gar nicht genau, was in der anderen gerade läuft. Die Informationen fließen nicht frei und gleichmäßig weiter, sondern bleiben immer wieder an verschiedenen Stellen liegen. Kein Wunder, dass sich die Mitarbeiter nicht richtig abstimmen können!

Ein einziger Stau, das bedeutet unglaublich viel Verschwendung: Verschwendung von Zeit, Talent und Geld. Denn es gibt immer wieder Produkte, die wegen schlechter Abstimmung dem Kundenwunsch nicht entsprechen und dann nochmal hergestellt werden müssen. Das sorgt für schlechte Stimmung im Betrieb, für Frust, Streit und verhärtete Fronten.

Aber das ist noch nicht die schlimmste Folge. Die Kommunikationsprobleme zwischen den Abteilungen haben noch eine ganz andere Auswirkung.

∗∗∗

Ich bin auf meinem täglichen Rundgang durch die Produktion. Es ist laut und heiß hier in der Fabrikhalle, und es wird konzentriert gearbeitet. Zwei Mitarbeiter sind mit vereinten Kräften dabei, ein langes Metallstück in die CNC-Fräsanlage zu schieben, die es sogleich zu bearbeiten beginnt. Ich möchte heute etwas genauer wissen, wie das Team den Betrieb dieser Fräsanlage regelt. Sie ist sozusagen unser bestes Pferd im Stall. Eine teure Maschine, wir haben nur eine davon, und viele Teile müssen hier durchlaufen auf dem Weg zu fertigen Produkten. Die Maschine ist also ein gewisser Engpass;

wenn hier etwas hakt, staut sich die ganze Produktion auf. Ich gehe rüber zu einem dritten Mitarbeiter, der am Computer sitzt und die Belegung der CNC-Maschine programmiert.

„Nach welchem System priorisieren Sie eigentlich die Aufträge, die über die CNC-Fräsanlage müssen? Gibt es da ein klares Muster?", frage ich ihn.

Er blickt von seinem Computer auf und erklärt mir: „Na klar, die Maschine soll ja immer optimal ausgenutzt sein. Darum produzieren wir möglichst viele gleiche Stücke hintereinander, bevor wir mit einem anderen Teil anfangen. So machen wir gerade jetzt zum Beispiel die Schienenproduktion in einer Serie, und später kümmern wir uns um die Herstellung aller offenen Befestigungsanlagen. Auf diese Weise müssen wir nicht so oft umprogrammieren und umrüsten. Damit vermeiden wir überflüssigen Leerlauf und arbeiten ganz rationell."

„Das hört sich gut an", sage ich. „Und was sagen die Kollegen aus dem Versand dazu? Passt das so für sie?"

Der Mitarbeiter am Computer dreht sich auf seinem Drehstuhl und blickt mich verwundert an: „Ja, das passt, bisher hat sich jedenfalls keiner beschwert!"

„Wunderbar", sage ich, verabschiede mich mit Handschlag und setze meinen Rundgang in Richtung Lagerhalle fort. Dort stehen gerade drei Männer mit hochroten Köpfen, die heftigst diskutieren und mit den Händen fuchteln.

„Was ist denn hier los?", frage ich mich.

„Chef", ruft mich einer hin und fragt: „Wohin sollen wir bloß mit den fünf Paletten Sitzschienen? Die versperren den ganzen Weg, und anderes hat keinen Platz! Heute Nachmittag kommen noch weitere Paletten hier rein, wie soll denn das gehen?" Er hebt genervt die Arme. Und lässt sie gleich wieder fallen.

Ich schaue mir die sperrigen und schweren Paletten an und frage zurück: „Wann sollen die denn dem Kunden geliefert werden?"

„Die eine Palette wird heute noch geliefert, zwei erst in fünf Tagen und die letzten zwei erst in zwei Wochen", sagt der Kollege des genervten Mitarbeiters, der gerade hinzugestoßen ist.

Ich schaue die drei ein wenig betrübt an. Die Sache kommt mir seltsam vor, doch ich kann noch nicht ganz genau sagen, was mich daran stört, und möchte es darum nicht gleich ansprechen. Ich verabschiede mich bei den Mitarbeitern, nicht ohne ihnen zu sagen, dass ich über ihr Problem nachdenken und mich wieder bei ihnen melden werde. Dann mache ich mich auf den Weg in mein Büro, um meine Gedanken zu sortieren. Ich laufe an der Disposition vorbei und kann nicht überhören, wie der Disponent mit jemandem aus der Produktion telefoniert.

„Was? Ihr könnt nichts dazwischenschieben?", fragt er laut und fuchtelt mit der freien Hand. „Ja, ich weiß, dass wir nur eine CNC-Fräsmaschine haben. Aber ... aber ... Na gut, dann eben nicht."

Ich halte an und beobachte die Situation aus etwas Distanz. Der Disponent legt den Hörer mit deutlich mehr Kraft als nötig auf und sagt mit frustrierter Stimme zu seinem Kollegen: „Verdammt nochmal, jetzt muss ich diesem Kunden absagen! Fünf eilige Aufträge, große Bestellungen. So ein Mist! Wir brauchen dringend eine zweite CNC-Anlage!"

Ich lasse die Szene noch mal an mir vorbeiziehen. Die CNC-Anlage in der Fabrikhalle produziert alle gleichen Teile in Serie – egal, ob sie jetzt gebraucht werden oder erst in drei Wochen. In der Lagerhalle stapelt sich währenddessen das fertige Material, das erst in einigen Tagen oder Wochen versendet wird. Und in der Disposition gibt es neue Aufträge, die abgesagt werden müssen, weil gerade Teile hergestellt werden, die fünf Wochen gelagert werden müssen. Wo ist denn hier die Logik dahinter?

Ich laufe noch einige Schritte Richtung Büro. Dann bleibe ich vor dem Fenster stehen. „Nein, nein. Wir brauchen keine zweite Anlage, wir brauchen etwas ganz anderes ..." Ich mache mich auf den Weg in mein Büro, um meine Idee niederzuschreiben.

Ach so, der Kunde!

Das Interessante an Abteilungen ist: Wenn sie gut organisiert sind, führen sie praktisch ein Eigenleben. Sie optimieren sich laufend selber und können mit der Zeit einen erstaunlichen Grad an Perfektion erreichen.

Geniale Organisationsform, könnte man denken. Wenn nur die anderen Abteilungen die Selbstoptimierung nicht ausbremsen würden ...

Unterschiedliche Abteilungen haben verschiedene Dynamiken und jeweils ihre Eigeninteressen. Zum Beispiel will die Buchhaltung lieber Sammel- als Einzelrechnungen bearbeiten, während die Fertigung kleinteilige Bestellungen aufgeben möchte, um ihren Bedarf flexibel zu decken. Der Verkauf braucht einige herausragende A-Produkte als Anreißer, während die Abteilung Qualitätssicherung den Standard gleichmäßig anheben möchte. Und so weiter.

Deshalb wird in klassischen Organisationen häufig innerhalb des Bereichs oder der Abteilung optimiert, ohne aber die Interessen anderer Bereiche zu berücksichtigen. Das führt dazu, dass ein Prozess vielleicht in sich recht schlank ist, gut funktioniert und völlig durchdacht wirkt, aber nicht mit den Prozessen anderer Abteilungen abgestimmt ist. Die Menschen in den verschiedenen Abteilungen arbeiten dann nicht miteinander, sondern im besten Fall nebeneinander her. In der Praxis oft sogar gegeneinander. Damit ist dann auch der Gewinn der Optimierungen in den einzelnen Abteilungen schnell wieder aufgelöst. Jeder Teilprozess ist flott, aber das Unternehmen insgesamt recht langsam.

Der Grund für diese gegenseitige Blockade ist das problematische Selbstverständnis der Abteilungen: Sie sehen sich unbewusst in Konkurrenz zueinander statt in Kooperation. Jede Abteilung will die beste sein.

Nehmen wir zum Beispiel die Konstruktion. Konstrukteure sind Perfektionisten. Die können stundenlang für ein Teil vor dem Bildschirm sitzen und es „schön machen". Wenn ein Konstrukteur gut ist, fragt er auch noch die Kollegen nach ihrer Meinung. Aber es würde keinem Konstrukteur auch nur im Traum einfallen, außerhalb seiner Abteilung eine Meinung einzuholen. Man ist einfach stolz auf seine Spezialisten-Arbeit und gibt den Konstruktionsentwurf dann ab in die Produktion. Und was passiert da? Ach, da wird einfach festgestellt, dass das Teil, das in mühseligster Detailarbeit und unter Berücksichtigung unterschiedlichster Parameter wie Qualität, Beständigkeit und Ästhetik produziert wurde, gar nicht auf die Maschine montiert werden kann. Dass da die Emotionen hochfliegen, ist kein Wunder. Dabei hätte man die Produktion ja nur während der Arbeit am Entwurf kurz einbeziehen brauchen. So entstehen zwischen Abteilungen zuerst Animositäten, die dann in kurzer Zeit zu unverhohlener Abneigung und totalem gegenseitigem Unverständnis werden können.

Die naheliegende Lösung ist, die Kommunikation zwischen den Abteilungen zu optimieren. Sie muss so eingerichtet werden, dass jede Abteilung sich als Teil des großen Ganzen empfindet und weiß, woran die anderen Abteilungen gerade arbeiten, was bei ihnen Priorität hat, ob sie völlig ausgelastet sind oder noch Kapazitäten frei haben. So müssten sich doch Staus und Leerläufe verhindern lassen. Und tatsächlich wird in der Praxis versucht, das Problem so in den Griff zu bekommen. In vielen Unternehmen spricht man von den „internen Kunden", die die Mitarbeiter zu bedienen lernen. Schaut man sich die Sachlage aber genauer an, merkt man schnell, dass damit nur an den Symptomen herumgedoktert wird und nicht das Problem an der Wurzel gepackt. Denn das Problem ist nicht nur die Kommunikation innerhalb der Firma und die Befriedigung der Kollegenwünsche. Sondern insbesondere der Blick nach außen – also die Befriedigung der Kundenwünsche.

Der Kunde ist letztlich der übergeordnete Zweck der ganzen Unternehmung. Er ist derjenige, der schlussendlich die Löhne der Mitarbeiter bezahlt. Doch genau das vergessen Mitarbeiter oft. Ohne es zu merken. Und ohne böse Absicht.

Viele Mitarbeiter, gerade in Produktionsunternehmen, kommen mit den Endkunden nie in Berührung. Denn die klassische Organisation ist so strukturiert, dass eine Abteilung auf den Kundenkontakt spezialisiert ist und Bestellungen und Feedback gebündelt und gefiltert an die anderen Abteilungen weitergibt. Das hat Folgen: Wer keinen eigenen Außenkontakt hat und hauptsächlich auf seine materiellen Arbeitsergebnisse fixiert ist, für den bleibt der Kunde zwangsläufig eine abstrakte Größe. Das liegt nicht am mangelnden Willen der Mitarbeiter, sich mit den Kunden zu beschäftigen, sondern der Fehler liegt im System: Die Strukturierung in Abteilungen lässt den Kunden schlicht außen vor.

Viele Abteilungen arbeiten praktisch am Kundenbedürfnis vorbei. Das resultiert in Produktmängeln, langen Lieferzeiten, schlechtem Service. Und macht nicht nur die Mitarbeiter unzufrieden, sondern vor allem den Kunden. Früher oder später wandert er einfach genervt ab – vor allem dann, wenn er bei anderen Anbietern schneller oder mit individualisierten Produkten beliefert wird.

Egal, wie gut also der Informationsfluss zwischen den Abteilungen organisiert sein mag: Er hat trotzdem Schleusen zu überwinden. Das Wort „Abteilung" kommt schließlich von „teilen". Ab-teilen heißt, dass man etwas trennt, was in einem natürlichen Arbeitsprozess, den eine Person alleine machen würde, einfach durchfließen würde.

Eigentlich sind also die Abteilungen selbst das Problem, wurde mir klar, je länger ich über die Sache nachdachte. Aber Moment mal: Wenn sie so inkompatibel mit echter Kundenorientierung sind, warum gibt es sie dann überhaupt? Zu irgendetwas müssen sie wohl gut sein, sonst wären sie nicht erfunden worden, dachte ich – und fing an zu recherchieren.

Entstanden sind die Abteilungen als Idee des Taylorismus, fand ich in einem der einschlägigen Management-Werke, mit denen ich mich damals beschäftigte. Frederick Winslow Taylor lebte von 1856 bis 1915 und begründete das Prinzip der Prozesssteuerung von Arbeitsabläufen, die von einem Management vorbereitet und vorgeschrieben und dann von den Arbeitern nur noch ausgeführt werden. Heute ist das für uns ganz normal: Die Mitarbeiter erledigen gewissermaßen kleine „Portionen" der ganzen Arbeit, ohne den Überblick über die gesamte Prozesskette zu haben. Dieser Grundgedanke war damals umso sinnvoller, als die Komplexität der Arbeitsabläufe rasch wuchs und einer allein unmöglich jeden Teilbereich beherrschen konnte. Also bildeten sich Spezialisten heraus, die genau das taten, was sie gut konnten. So wurde rasch Wachstum und Wohlstand geschaffen. Man stelle sich vor, wie die Welt heute aussähe, wenn jede Waschmaschine oder jedes Auto immer noch händisch und von einer Person von A bis Z gebaut würde. Es würde einerseits sehr lange dauern, bis wir unser Produkt in Händen halten könnten, und der Preis der Produkte wäre wesentlich höher – bei vielleicht sogar deutlich schlechterer Qualität, als wir es aus der „gemanagten" Wirtschaft gewohnt sind.

Diese Arbeitsorganisation in Portionen unterscheidet die industrialisierte Produktion von der Herstellung in einem kleinen Handwerksbetrieb, wie es ihn vor zweitausend Jahren gab und – zwar selten – auch heute noch gibt. Zum Beispiel einem Schreiner, der alleine oder mit einem kleinen Team arbeitet. Er beschafft das Material, entwirft den Stuhl, sägt, fügt zusammen, schleift ab, lackiert und verkauft. Alles alleine.

Wenn der Schreiner nun aber eine Stuhlfabrik gründet, die viele seiner Entwürfe herstellen und verkaufen möchte, muss er sich anders organisieren. Er kann nicht alles selber machen, er braucht bestimmte Abläufe und Prozessschritte. Die naheliegende Lösung ist die Abteilung. Also eine Abteilung, die das Material einkauft, eine, die Designs entwirft, eine, die die Rohteile sägt, eine, die den Stuhl zusammensetzt, wiederum eine, die den Stuhl schön lackiert und veredelt, und dann natürlich der Verkauf und das Marketing.

Um Arbeitsteilung zu organisieren und Arbeitsschritte transparent zu machen, können Abteilungen durchaus sinnvoll sein. Gerade in großen Konzernen sind die Bereiche fast wie eigene kleine Firmen, die wiederum ganz eigenen Herausforderungen unterworfen sind. Hier würde es ohne Abteilungen kaum gehen, weil die verschiedenen Bereiche an unterschiedlichen Standorten angesiedelt sind und deshalb nicht mehr jeder mit jedem sprechen kann.

Aber warum braucht denn ein mittelständisches Unternehmen wie meines Abteilungen?

***

Mit raschen Schritten bin ich unterwegs in die Produktionshalle. Über Nacht ist mir eine gute Idee gekommen, wie ich die Arbeitsabläufe verbessern kann. Es ist mein zweites Jahr als Unternehmer und es macht mir Riesenspaß, mich in die internen Abläufe so reinzudenken.

Ich bin gespannt auf die Gesichter der Mitarbeiter, wenn ich ihnen meine Idee erkläre.

„Herr Büttner, Sie machen doch die Qualitätskontrolle der fertigen Produkte. Wenn Sie in Zukunft Ihre Ergebnisse immer sofort an die Kollegen von der Produktion weitergeben, können die sie gleich berücksichtigen. So vermindern wir Ausschuss."

„Das geht nicht, das steht nicht auf meinem QUBIS-Sheet", antwortet Herr Büttner. „Laut QUBIS muss ich das Kontrollergebnis erst von Herrn Wenzinger von der Abteilung Interne Prüfung freigeben lassen, bevor ich es weiterleite."

Ich drehe mich zum leeren Arbeitsplatz von Herrn Wenzinger um und dann wieder Herrn Büttner zu.

„Aber Herr Wenzinger ist doch nur halbtags da! Während Sie auf seine Freigabe warten, entstehen in der Produktion vielleicht weitere mangelhafte Teile."

Herr Büttner macht zwei Schritte zurück. „Ich kann nichts machen, was nicht im QUBIS steht", beharrt er.

„Ich sage doch, dass Sie können", beharre ich.

„Dann geht aber die Zertifizierung flöten."

Ich fluche innerlich.

Immer dieses QUBIS! Dieses Prozessmanagement-Handbuch ist in der ganzen Firma im Einsatz. Jeder Mitarbeiter weiß anhand seines QUBIS-Factsheets genau, wie sein Arbeitsprozess aussieht und was er tun muss, um seinen Prozess gemäß Qualitätsvorgaben abzuwickeln. Es gibt ordnerweise Material zu diesem QUBIS-System, und für die Mitarbeiter sind die darin enthaltenen Vorgaben absolut heilig. Kein Wunder: Dieser Respekt ist ihnen in mehreren Schulungen eingetrichtert worden.

Der Hintergrund ist schlicht der: Mein Vorgänger hat das Unternehmen nach einem Qualitätsstandard zertifizieren lassen. Das Zertifikat wird jährlich überprüft und man bekommt es nur, wenn man sich genau an die bei QUBIS festgelegten Arbeitsabläufe hält. Und die schreiben vor, dass es Abteilungen und Schnittstellen gibt. Also hat mein Vorgänger sie eingerichtet.

Herr Büttner beugt sich wieder über seine Listen mit den Prüfergebnissen. Ich gehe langsam in mein Büro zurück. Schon wieder bin ich mit einer Idee zur Veränderung vor die Wand gefahren.

Wenn keine Abteilungen, was dann?

So wie bei allsafe Jungfalk lief es bei vielen mittelständischen Unternehmen: Zertifizierungen abzuschließen galt in den Neunzigerjahren als wichtig, um sich gegenüber den Kunden zu profilieren. In gewissen Fällen setzten Kunden ihren Lieferanten sogar die Pistole auf die Brust: „Wenn ihr die Zertifzierung X nicht nachweisen könnt, können wir bei euch nicht mehr bestellen."

Die Bedingungen für diese Zertifikate waren an der Struktur großer Firmen orientiert. Und weil die in der Regel in Abteilungen organisiert waren, mussten alle Unternehmen, die eine Zertifizierung anstrebten, das auch sein.

Nur wer die Schnittstellen zwischen den Abteilungen optimiert hatte, bekam den begehrten Stempel. Schließlich war das Ziel, die interne Kommunikation zu verbessern und die Abläufe transparent zu machen.

In kleineren Firmen geschah die Arbeit bis dahin eher unstrukturiert, ohne definierte Zuständigkeiten. Dann kam der externe Qualitätsprüfer und schuf viele kleine Abteilungen, um die Kriterien des Qualitätssicherungssystems anwenden zu können. So wurde die Organisation der Unternehmen von äußeren Vorgaben bestimmt und nicht von deren unternehmensinternen Bedürfnissen. Auch nicht von den Bedürfnissen der Kunden.

Letztlich wurde mit dem Zertifizierungs-System genau das Gegenteil dessen erreicht, was man zu Beginn angestrebt hatte: Die Unternehmen wurden dadurch nicht schnell, sondern langsam. Sie wurden nicht innovativ, sondern starr. Die Kommunikation verbesserte sich nicht, sondern der Sinn der Unternehmung wurde nur intransparenter. Auch die Qualität der Produkte war – trotz Messungen und Kontrollen an jeder einzelnen Etappe – nicht immer über jeden Zweifel erhaben, weil der Gesamtüberblick fehlte. Kurz: Was ursprünglich eingeführt worden war, um den Kundenwunsch nach Verlässlichkeit zu erfüllen, bewirkte schlussendlich, dass die Unternehmen immer mehr am Kunden vorbei arbeiteten.

Wenn Abteilungen aber die Kundenorientierung unterminieren, bleibt einem als Unternehmer nichts anderes übrig, als sie abzuschaffen. Zu diesem Schluss kam ich, nachdem ich mir immer wieder an den Abteilungsgrenzen den Kopf eingerannt hatte. Nur: Irgendeine Organisationsform braucht ein Unternehmen doch. Was kann man denn statt den Abteilungen für eine Struktur bauen?

Diese Frage ließ mir keine Ruhe. Ich fing an, mich mit Management-Konzepten zu beschäftigen, in der Hoffnung, dort die Struktur der Zukunft zu finden. Nachdem ich mehrere Bücher zu Rate gezogen hatte, war ich der Lösung jedoch noch keinen Schritt nähergekommen. Was mir schließlich die entscheidende Idee brachte, war der militärgrüne Rucksack eines Auszubildenden. Darauf stand der Schriftzug „NASA". Da fiel mir wieder ein, wie die arbeitete.

Bei der NASA wurden bereits in den 1960er-Jahren Task Forces eingeführt, weil die Amerikaner unbedingt die ersten sein wollten, die auf dem

Mond landen. In Task Forces arbeitet es sich rascher, zielgerichteter und produktiver und – nicht unwichtig – motivierter.

Vielleicht erinnern Sie sich an diese Szene aus dem Film „Apollo 13" mit Tom Hanks und Ed Harris: Hier muss die Mission Control in Houston für das im All in einer tiefen Krise steckende Astronautenteam so rasch wie nur irgend möglich eine Lösung finden. Durch eine Explosion ist das Servicemodul, in dem die Astronauten leben, stark beschädigt worden. Sie müssen sich in die Mondlandefähre zurückziehen; die ist aber nicht dafür ausgelegt, drei Personen mehrere Tage lang am Leben zu erhalten. Um darin auf Dauer atmen zu können, müssen die Astronauten einen rechteckigen CO_2-Filter aus dem Servicemodul in die runde Luftschleuse der Fähre einbauen.

Ein Team von rund sechs Ingenieuren und Wissenschaftlern auf der Erde bekommt vom Mission Control Chief sämtliche Gegenstände, die sich zur Zeit an Bord der Mondfähre befinden, mit dem Auftrag, nur mittels dieser Gegenstände einen Adapter für den CO_2-Filter zu bauen. That's it. Das Team macht sich an die Arbeit, und das sieht auf den ersten Blick sehr unstrukturiert aus. Man pröbelt, testet, bastelt – bis man eine Lösung gefunden hat. Denn es ist klar: Eine Lösung muss unbedingt her, sonst sterben drei Menschen.

Und – nicht nur im Film – hat es diese Task Force geschafft, die Crew zu retten. Die Bauanleitung für den Adapter wurde an die Astronauten gefunkt, und diese konnten ihn nachbauen. Es hat funktioniert. Und alle waren stolz auf das, was sie gemeinsam geschafft hatten.

In der Autoindustrie, wo ich zuvor tätig war, wurde diese Arbeitsstruktur bald übernommen. Dort fing man in den 1970er- und 1980er-Jahren damit an, in Krisensituationen Task Forces zu bilden, die völlig unabhängig von Bereichen und interdisziplinär besetzt zusammenarbeiten. Diese Teams trafen sich in sogenannten „War Rooms" und waren ursprünglich als temporäre Arbeitsgruppen gedacht, die ein Problem lösen mussten und sich dann wieder auflösten.

Das funktioniert ähnlich, wie wir es von Krisenstäben kennen: Sie arbeiten nach eigenen Regeln und nicht nach dem starren System, das in der restlichen Organisation vorgegeben ist. Man vertraut diesen Task Forces, mit ihren eigenen Spielregeln und selbstorganisiert zu einem guten Ergebnis zu kommen, und weiß intuitiv, dass jeglicher Ballast wie eine vorgegebene Struktur, vordefinierte Arbeitszeiten und anderes Regelwerk die Task Force nur davon abhalten würde, ihr Ziel rasch zu erreichen. Solche Task Forces arbeiten hochmotiviert, zielgerichtet und seriös und lösen die anstehenden Probleme oft in kürzester Zeit.

Bald hat die Autoindustrie dann erkannt, dass diese Task Forces nicht nur in Krisen oder bei wichtigen Projekten wertvoll sein können, sondern dass deren Arbeitsweise auch im normalen Arbeitsalltag funktionieren sollte. Man hat daraus dann eine Methodik entwickelt, die „Simultaneous Engineering" hieß. In interdisziplinär besetzten Teams stimmen sich Spezialisten permanent ab und arbeiten in kurzen Zyklen, die aber sehr rasch zu guten und auch kundenkompatiblen Ergebnissen kommen. Heute arbeiten viele Firmen so, besonders in der Software-Entwicklung. Man ist damit viel schneller, schlagkräftiger und vor allem marktorientierter als mit starren Bereichen. Sich so zu organisieren, braucht aber von Management-Seite auch etwas Mut. Man muss Unsicherheiten zulassen und akzeptieren, dass man nicht alles messen kann, und vor allem, dass unterschiedliche Menschen unterschiedliche Tätigkeiten in unterschiedlicher Weise anpacken.

Jetzt hatte ich des Rätsels Lösung: Wenn die Autoindustrie das kann, warum soll das nicht auch in anderen Branchen funktionieren?, sagte ich mir. Gerade für Mittelständler könnte diese Struktur durchschlagend sein.

***

Mein Bruder Ulrich und ich sitzen nach einem gemeinsamen Abendessen gemütlich bei einer Flasche Bier zusammen. Ulrich habe ich vor einigen Jahren mit ins Boot geholt: Er leitet die Service- und Verkaufsabteilung. Ich erzähle ihm von meinen Beobachtungen rund um die Organisationsform des Unternehmens und wie in mir der Entschluss gereift ist, sämtliche Abteilungen in der Firma aufzulösen.

„Ich möchte, dass wir uns an den wirklichen Prozessen orientieren und an dem, was unsere Kunden von uns wollen. Das macht Abteilungen überflüssig", schließe ich meinen Monolog.

Ulrich schweigt für eine gewisse Zeit. Dann meint er: „Weißt du, was das genau heißt?"

„Was denn?", frage ich nach.

„Für das Unternehmen wäre das wirklich ein Riesenschritt nach vorne. Ich finde das spannend. Aber für die einzelnen Leute wäre das ein gewaltiger Eingriff in ihren Alltag. Ein krasser Einschnitt."

„Wie meinst du das?"

„Na ja, wenn wir uns nach Arbeitsprozessen organisieren und nicht mehr nach Abteilungen, dann brauchen die einzelnen Vorgesetzten auch ganz andere Qualitäten. Denn dann hast du als Chef nicht mehr lauter Menschen in deinem Team, die das gleiche Fachwissen haben wie du, sondern du wirst ein ganz bunt gemischtes Team mit unterschiedlichen Kompetenzen führen müssen. Ja genau: Du wirst wirklich führen müssen! Was denkst du, was die Abteilungsleiter davon halten werden?"

Ich seufze tief: „Naja, das wird nicht leicht. Aber was hältst du denn von der Idee, ganz grundsätzlich?"

Ulrich schaut eine Weile aus dem Fenster und dreht sich dann zu mir um. Seine blauen Augen strahlen.

„Ich finde die Idee genial. Du weißt ja, wenn es um Neues geht, bin ich doch sofort mit von der Partie! Aber ich finde, wir können das nicht einfach durchdrücken. Wir müssen die Leute schon mitnehmen – und das Ganze Schritt für Schritt angehen."

Ich nicke, und wir stoßen mit den Bierflaschen an.

Zwei Wochen später sitzen wir mit den Abteilungsleitern der ganzen Firma in einem Workshop. Um alle abzuholen, haben wir das Thema „Die ideale Organisation" gewählt. Aus einer Moderationstoolbox haben wir Holzklötze dabei, mit denen die Mitarbeiter die Unternehmensstruktur nachbauen. Erst, wie sie ist und dann, wie sie sein sollte. Ulrich wirft das Schlagwort „direkte Kommunikationswege" in die Runde, und nach einiger Diskussion werden die Klötzchen im Kreis angeordnet.

„Das heißt im Klartext: Keine Abteilungen mehr", fassen wir gegen Nachmittag zusammen. Die Abteilungsleiter schauen einander an und schlucken. Aber nachdem wir das Thema weitere zwei Stunden diskutiert haben, sind doch die meisten der Meinung, dass es einen Versuch wert ist.

Heute wissen wir: Das ist es wirklich.

Alles fließt

Wenn man Abteilungen abschafft, muss man auch die Menschen nicht mehr voneinander abteilen. Durch Wände, Einzelbüros etc. Stattdessen bietet sich für das abteilungslose Unternehmen ein Großraumbüro an. Die Arbeit ist nach zusammenhängenden Prozessen strukturiert, nicht nach einzelnen Arbeitsschritten. Alle, die Hand in Hand arbeiten, sitzen auch zusammen.

Natürlich ist es in den einzelnen Prozessen dadurch zuweilen etwas laut. Daran muss man sich – vor allem, wenn man zuvor ein eigenes Büro hatte – zuerst gewöhnen. Der entscheidende Vorteil ist aber, dass jegliche Information, die für die Arbeit wichtig ist, automatisch verfügbar ist. Man muss auf keine Übergaben warten, und Meetings sind praktisch überflüssig geworden. Wer etwas mit einem Kollegen zu besprechen hat, geht einfach kurz zu dessen Arbeitsplatz rüber. Für Gespräche zwischen mehreren Personen gibt es kleine „Konferenzecken", wo man sich nach Bedarf für eine Viertelstunde zusammensetzen kann.

In so einem Großraumbüro sitzen zum Beispiel 14 Menschen beieinander, die für Einkauf, Fertigungsplanung, Verkauf und Auftragseingabe verantwortlich sind. Das alles ist im Prozess „Information" zusammengefasst. Zwar sind diese Personen alle kaufmännisch tätig, haben also eine ähnliche Denke. Das Besondere ist aber, dass hier ganz unterschiedliche Typen von Menschen eng zusammenarbeiten. Zum einen solche, die gerne direkt mit dem Kunden Kontakt halten, und zum anderen diejenigen, die lieber administrativ arbeiten. Es gibt keine detaillierten Arbeitsplatzbeschreibungen, sondern jeder macht das, was er oder sie am besten kann. Dabei werden nicht nur die beruflichen Qualifikationen mit einbezogen, sondern auch die Soft Skills. Damit kann jeder seine Talente viel besser entfalten und nutzen.

Aber es gibt noch einen weiteren, geradezu entscheidenden Vorteil der Arbeitsorganisation nach Prozessen: Wenn beispielsweise Bestellannahme und die Planung von Produktion und Versand zu einem gemeinsamen Prozess zusammengefasst werden, spüren die Mitarbeiter in der Fabrikhalle direkt, wie der Markt spielt, denn die Kundenbestellungen kommen direkt an der Maschine an. Es ist fast ein wenig wie in einem Restaurant, wo man die

Gäste in der Küche ganz direkt „spürt". Denn die Nachfrage landet anhand der kleinen Zettelchen mit den Bestellungen, die an einer langen Schnur aufgepinnt und von der Küchencrew zur Bearbeitung weggenommen werden, direkt am Produktionsort.

Die Disposition und Planung schaut in diesem System nur, ob die Kapazitäten für die Produktion vorhanden sind. Das Team in der Produktion organisiert sich völlig selbstständig und gewichtet die Aufträge nach Termin, d.h. nach den Kundenbedürfnissen. Das können die Produktionsmitarbeiter, obwohl sie keinen direkten Kundenkontakt haben. Weil jeder Auftrag aber als „Kundenauftrag" für alle sichtbar ist, spürt auch absolut jeder, was eiliger ist und was noch warten kann.

Eine Verpackungs- und Versandabteilung? Braucht es nicht mehr. Die Leute, die produzieren, verpacken und versenden auch. Darum gibt es auch keinen Lagerraum. Nur noch die Fabrikhalle und die Großraumbüros für die Mitarbeiter, die nicht produzieren. Dass es keinen Lagerraum mehr gibt, sorgt für aktives Mitdenken aller. Wenn die Mitarbeiter Ware zu früh produzieren, blockieren sie ihren Arbeitsplatz. Damit ist das Lager plötzlich etwas, was einen ganz persönlich betrifft, und nicht mehr etwas „da drüben in der anderen Abteilung". Darum passiert es ganz automatisch, dass bei solchen Ereignissen ein Lerneffekt eintritt und sich alle über das Gedanken machen, was vor und nach ihrem Arbeitsprozess passiert.

Was auch erstaunlich ist: Nicht nur die Information fließt durch diese offene Organisation viel besser, sondern auch das gesamte Material in der Produktion. Information und Material fließen ganz natürlich durch den gesamten Betrieb, vom Kunden in die Disposition, von dort in die Fabrikhalle und dann wieder zum Kunden.

Aber Moment einmal, eine Frage ist noch offen. Wenn es keine Abteilungen mehr gibt, gibt es auch keine Abteilungsleiter. Wer entscheidet dann, was zu tun ist?

***

Hartmut, ein Verkäufer, kommt an einem Nachmittag ganz geknickt in mein Büro. Ich blicke von meinen Kennzahlen auf, froh um die Abwechslung. Ich bitte Hartmut an den Besprechungstisch und lasse ihn erzählen. Er wollte gerade eine Kundenanfrage von heute Vormittag ins System eingeben, erklärt er, da stellte er fest, dass da noch eine von vorgestern in seinem Papierstapel lag. Noch schlimmer, die Notizen waren unvollständig. Er hat also nicht mehr alle Informationen, um die Bestellung korrekt wiederzugeben.

Weil Hartmut ein extrem zuverlässiger Mensch ist, macht ihm dieser eine Lapsus sehr zu schaffen.

„Das kann ja nicht sein, der Kunde ist sicher sauer, dass er noch keine Bestellbestätigung hat ... Ein Wunder, dass er sich noch nicht beschwert hat!" Hartmut schaut mich an und wartet offensichtlich darauf, dass ich ihm sage, was er nun tun soll. Ich sage Mitarbeitern sehr ungern, was sie tun sollen. Das weiß Hartmut, und darum ergänzt er gleich:

„Ich weiß, ich soll einen Vorschlag machen!" Er überlegt kurz und sagt dann: „Nun ja, ich kann nichts anderes machen, als den Kunden anzurufen, ihm ehrlich zu sagen, was passiert ist, und mich zu entschuldigen. Ich werde ihm sagen, dass das normalerweise nicht vorkommt. Dann bitte ich ihn, die Bestellung noch einmal mit mir durchzugehen, damit ich sie vervollständigen kann. Und dann werde ich ihm noch zusichern, dass sein Auftrag höchste Priorität bekommt."

„Das hört sich gut an", sage ich und nicke Hartmut aufmunternd zu. Er steht auf und läuft in Richtung Tür. Beim Hinausgehen sagt er, mehr zu sich als zu mir: „Die Frage ist, wie ich verhindern kann, dass so etwas wieder passiert ..."

Ich freue mich, dass Hartmut sich solche Fragen stellt. Ob er sie aber auch ernsthaft angeht? Na, mal sehen. Jetzt aber zurück zu meiner Arbeit.

Eine halbe Stunde später platzt Hartmut wieder in mein Büro. Er strahlt übers ganze Gesicht. „Hey Chef, jetzt hab ich die Lösung! Aus lauter Angst, dass ich den Zettel wieder verlieren könnte, habe ich mir dieses Mal das Headset von Tanja geschnappt und den Auftrag während des Gesprächs direkt ins System eingegeben. Das war auch kein Problem, denn der Kunde ist eher der gemütliche Typ, der langsam und deutlich spricht. Jetzt ist der Auftrag gleich im System! Ich glaube, das ist die Lösung für alle weiteren Aufträge!"

„Das geht ja viel schneller als mit dem alten System", sage ich zu Hartmut. „Denn bisher haben Sie ja erst die Bestellungen mündlich gesammelt und Sie dann später ins System eingegeben, richtig?"

„Stimmt!", ruft Hartmut triumphierend aus. „Obwohl der Auftrag jetzt zwei Tage lang unbearbeitet auf meinem Tisch gelegen hat, wird er vermutlich gleichzeitig mit den anderen fertig, die gestern und vorgestern eingegeben wurden. Wenn jeder von uns so ein Headset hätte und am Telefon gleich alles eingeben könnte, dann könnten wir für die Kunden ein oder zwei Tage Zeit sparen, ohne dass wir uns abhetzen!"

Ich nicke anerkennend. „Prima, dann bestellen Sie doch eine Runde Headsets!", sage ich voller Freude – und muss mich im nächsten Moment wieder kneifen. „Das gibt's nicht", sage ich zu mir: „Jetzt habe ich tatsächlich einem Mitarbeiter gesagt, was er tun soll ..."

Doch Hartmut holt mich schnell wieder aus meinen Gedanken.

„Das muss ich ganz dringend gleich den anderen erzählen", sagt er, drückt mir energisch die Hand und eilt davon. Im Flur höre ich noch Hartmuts Stimme und das Lachen seiner Kollegen.

„Doch, doch, das war ok", sage ich mir zur Beruhigung.

Und die Gedanken kreisen

Wenn Abteilungen wegfallen, fällt ganz viel Ballast weg. Endlose Meetings, bei denen doch nicht die gesamte Information fließt, das negative Abteilungsdenken, die Klagen über die Kollegen und die fehlende Kundenorientierung, um nur die Wichtigsten zu nennen.

Mitarbeiter fangen damit an, sich nicht nur mit den Dingen zu befassen, die unmittelbar über ihren Schreibtisch laufen, sondern auch mit dem „Großen Ganzen". Es denken alle mit, wie sie gemeinsam den Kunden besser und schneller bedienen können. Erkenntnisse werden sofort an viele weitergegeben, nicht nur an Einzelne, und so wird das Gesamte optimiert, nicht nur eine Zelle. Kundenorientierung wird so von allen gelebt und steht nicht nur in der Vision oder auf der Website. Alle ziehen am gleichen Strick, um ein gemeinsames Ziel zu erreichen.

Wer bestimmt also, was zu tun ist, wenn es keine Abteilungen gibt? Genau: der Kunde! Und so sollte es immer sein, wenn Unternehmen sich den Wert der „Kundenorientierung" auf die Fahne schreiben. Erst wenn die Abteilungsgrenzen und die damit verbundenen Anweisungen wegfallen, kann jeder einzelne Mitarbeiter tatsächlich nach Kundenwunsch handeln – und diesen erfüllen.

Bei uns schaut der Mitarbeiter, auch der in der Produktion, beispielsweise ins System – und sieht jede Kundenbestellung mit allen dazugehörigen Daten wie Lieferumfang, Zeitpunkt der Bestellannahme, Auslieferungszeitpunkt etc. So ist es ein Leichtes, zu entscheiden, welche Bestellung als nächste bearbeitet wird. Keiner braucht mehr darauf zu warten, dass ihm jemand Informationen weitergibt und sagt, wann er mit welchem Arbeitsschritt anfangen soll. Er holt sich die nötigen Infos selber und entscheidet, was sie für Auswirkungen auf seine Arbeit haben.

Weil die einzelnen Arbeitsbereiche nicht mehr so genau definiert sind wie in einer abgegrenzten Abteilung, macht außerdem jeder das, was gerade nötig ist. Morgens Produkte zusammenschrauben, mittags verpacken und abends mit den Kollegen vom Einkauf besprechen, welche Bauteile demnächst nachbestellt werden müssen – das ist viel abwechslungsreicher, als immer dasselbe zu tun. Und letztlich auch viel befriedigender, denn indem man die Kunden wirklich bedient, bekommt man begeisterte Kunden.

Ein schöner Nebeneffekt der aufgelösten Abteilungen: Die Mitarbeiter bekommen die Chance, nicht nur ihr Fachwissen ins System einzubringen, sondern auch andere Fähigkeiten und Talente. Die Folge: Die Mitarbeiter fühlen sich nicht nur als Fachkräfte, sondern als ganze Menschen wahrgenommen. Und sie wissen, dass sie einen wertvollen Beitrag zum Unternehmenserfolg leisten, denn sie erhalten laufend Anerkennung – und zwar nicht nur vom Chef, sondern vom Kunden.

Die Arbeit ist für die Mitarbeiter nicht mehr nur ein „Job", für den sie Ende des Monats einen Lohn beziehen, sondern ein Feld der möglichen Selbstverwirklichung. Die Mitarbeiter werden im besten Sinne „Mit-Unternehmer" der Firma und identifizieren sich mit den Zielen, den Kunden und den Ergebnissen viel stärker.

Gerade für junge, gut ausgebildete Menschen, die aber auch ihre vielfachen Talente ausleben wollen, ist ein so organisiertes Unternehmen höchst attraktiv. Diese lernwilligen und fähigen Köpfe stecken voller Initiative und können in einem solchen Kontext zur Höchstform auflaufen. Doch für die ehemaligen Abteilungsleiter sieht die Sache anders aus. Wenn niemand mehr da ist, der auf Anweisungen wartet, hat sich ihre bisherige Rolle erübrigt.

In jedem Prozess gibt es zwar jeweils einen Prozessverantwortlichen. Aber der hat eine ganz andere Aufgabe als der klassische Abteilungsleiter. Während in der pyramidalen Organisation der beste Mitarbeiter im Team zum Chef befördert wird, weil er aufgrund seiner Fachkompetenz seinen Leuten am besten vorgeben kann, was sie zu tun haben, ist ein Prozessleiter kein Spezialist, sondern ein Generalist. Und zwar einer, der zusätzlich zu seinem breiten Wissen eine weitere, übergreifende und für diesen Job unabdingbare Fähigkeit besitzt.

Die Führungskraft gibt in prozessgesteuerten Unternehmen keine Befehle, sondern schafft ein Umfeld, in dem die Mitarbeiter ihre Arbeit optimal erledigen können. Sie erleichtert die Kommunikation zwischen den Mitarbeitern eines Prozesses, die auf ganz unterschiedlichen Wellenlängen senden. Kurz gesagt: Der Prozessleiter ist nicht der fachkundigste Mitarbeiter, sondern eine echte Führungskraft.

Um den neuen Anforderungen zu genügen, müssen die bisherigen Abteilungsleiter bei einer Umstellung der Organisationsform dazulernen. Und ja, es gibt auch Abteilungsleiter, die diese Herausforderung nicht packen, weil sie schlicht nicht der Typ sind, um Menschen zu führen. Sie müssen unter Umständen wieder zur normalen Fachkraft werden, zum besten Mitarbeiter im Team. Auf der einen Seite sind das die Verlierer bei dem System. Denn sie verlieren spürbar an Macht. Auf der anderen Seite gewinnen sie gleichzeitig etwas: motiviertere Kollegen, ein besseres Betriebsklima und vor allem die Möglichkeit, das zu tun, was sie am besten können.

Und machen wir uns nichts vor: Dasselbe gilt für den Unternehmer. Auch er gibt Macht ab. An jeden einzelnen Mitarbeiter. Doch dabei gewinnt er auch etwas: Freiheit, Flexibilität und die Möglichkeit, wirklich etwas zu verändern. So wie alle im Unternehmen.

Kapitel 3

Chefbüro: Warum Leiharbeiter mehr verdienen müssen als ihre festangestellten Kollegen

O h Mann, bei uns war heute wieder absolutes Chaos", seufzt Fred, mein Freund aus alten Tagen. Während ich an meinem Bier nippe, stellt Fred sein Glas zur Seite. Um mir zu erklären, was los ist, braucht er nicht nur seine Arme, sondern auch die gesamte Tischfläche.

„Stell dir vor, Detlef: Gestern Mittag ist die Stempeluhr ausgefallen, und die Technik-Fuzzies haben sie bis heute nicht repariert bekommen. Du hättest mal sehen müssen, was bei mir in der Abteilung los war! Ich hab' Mitarbeiter, zu denen musste ich alle paar Stunden reinschauen, um sicherzustellen dass sie nicht die Flucht ergreifen und sich einen gemütlichen Tag in der Sonne machen. Ob die zwischendurch nicht doch heimlich weg waren, weiß ich nicht einmal. Die Anständigen sind natürlich tierisch genervt. Sie machen ihre Arbeit, während andere rumfaulenzen. Und das in dem Wissen, dass ihre Arbeitszeit gar nicht erfasst wird. Aber richtig nervös ist der Personalchef; der hat keinen blassen Schimmer, wie er mit den Datenlücken umgehen soll."

Fred lässt seine Arme auf den Tisch fallen. Ich schaue ihn noch einige Sekunden an. Dann stelle ich mein Glas vorsichtig ab.

„Schon ärgerlich, wenn ein wichtiges Gerät ausfällt; wenn das in meiner Fabrikhalle passiert und nicht schnell gelöst wird, dann kostet uns jede verlorene Stunde richtig Geld. Klar, wir sind auch ein Produktionsunternehmen. Aber eine Zeituhr haben wir zum Glück nicht. Da kann sie auch nicht ausfallen", sage ich scherzhaft und versuche so die Stimmung zu heben.

„Was? Du hast keine Stempeluhr in deiner Fabrik?" Fred schaut mich ungläubig an.

„Nein, haben wir nicht", bestätige ich.

„Ja gut, vielleicht nicht für die Marketingleute", entgegnet Fred und rafft sich wieder zusammen. „Aber doch sicher für die Fabrikarbeiter?"

Auf die Gefahr hin, dass die Stimmung wieder sinkt, sage ich nüchtern: „Nein, auch für die nicht."

Vor einer Minute hat er noch wild gefuchtelt. Jetzt wirkt Fred wie versteinert.

Hm, das kann ich jetzt so nicht stehen lassen, denke ich. Da muss eine Erklärung her.

„Also, es ist so: Wir haben festgestellt, dass wir eine Stechuhr einfach nicht brauchen. Meine Mitarbeiter machen dann Pause, wenn sie eine Pause brauchen. Für Kaffee, zum Rauchen, um mit ihren Kindern zu telefonieren, für was auch immer. Warum soll ich ihnen ihre Freizeit vorschreiben? Dann müsste ich sie ja auch kontrollieren ..."

„Wo liegt da das Problem?", will Fred wissen.

„Naja, ich frage mich bloß, wozu. Das wäre, als ob du und ich jetzt die Rechnung mühselig auseinandernehmen würden und jeder auf den Cent genau seinen Anteil zahlen würde. Wenn wir es Pi mal Daumen machen, kommen wir eh fast aufs Gleiche. Und keiner hat das Gefühl, benachteiligt zu sein, sondern jeder ist vielmehr bereit, etwas zu geben. Genauso ist das bei uns mit der Arbeitszeit. Die Mitarbeiter können selbst entscheiden, wann und wie sie ihre verlorene Arbeitszeit ausgleichen. Schließlich wissen sie ja: Was zählt, ist das Ergebnis. Solange sie ihre Arbeit schaffen, ist es mir ehrlich gesagt egal, wie viele Pausen sie machen. In der Fabrikhalle stehen sogar ein Tischtennistisch und ein Kicker, die alle nutzen können. Auch während der Arbeitszeit. Da werde ich die Mitarbeiter doch nicht ein- und ausstempeln lassen, dafür dass sie sich nach zwei Stunden an der Maschine fünf Minuten lang am Kicker den Kopf wieder freimachen. Das wäre doch reine Schikane ..."

Fred starrt mich an. Während ich eine Sprechpause mache, gehen seine Augenbrauen weit nach oben.

„Hey, guck nicht so, Fred! Ich glaube einfach an Fairness. Deshalb verdienen zum Beispiel bei mir auch die Leiharbeiter mehr als ihre festangestellten Kollegen."

Das findet Fred jetzt anscheinend wirklich witzig. Er schüttelt den Kopf und fängt lauthals an zu lachen: „Mensch Detlef, du bist so ein Witzbold! Dass du so ernst bleiben kannst, während du mir Märchen erzählst, also wirklich ..."

Ich versuche meine Enttäuschung zu verbergen, indem ich noch einen Schluck Bier nehme. Aber zurückrudern um des lieben Friedens Willens werde ich trotzdem nicht.

„Ich mache keine Witze", sage ich. „Das ist so!"

Schieflage

In Deutschland Leiharbeiter einzustellen ist bequem, einfach und für Unternehmen immer ein Gewinn. Verglichen mit einer Festanstellung entfällt ganz viel Bürokratie, denn ein Großteil der Formalitäten wird über die Zeitarbeitsfirmen abgewickelt. Außerdem fällt die Entscheidung für einen Leiharbeiter leichter als für eine Festanstellung. Schließlich sind Leiharbeiter nicht nur deutlich günstiger als Angestellte, sondern können aufgrund des weitaus schlankeren Kündigungsschutzes auch schnell wieder entlassen werden. Kommt eine Krise, schwanken die Bestellzahlen oder bringt ein Leiharbeiter nicht die gewünschte Leistung, braucht es also keine langwierigen Prozeduren, um den Arbeiter auszuwechseln. Besonders in Zeiten von hoher Nachfrage und ungeplantem Wachstum sind Leiharbeiter die optimale Lösung für Unternehmen. Sie bieten notwendige Arbeitskräftereserven und stellen die Flexibilität des Unternehmens sicher.

Für die Leiharbeiter sieht die Wirklichkeit jedoch weniger rosig aus. Durch den harten Wettbewerb unter Zeitarbeitsfirmen und das Fehlen eines gesetzlichen Mindestlohns werden Leiharbeiter nicht nur zu günstigen, sondern regelrecht zu tiefen Preisen gehandelt. Laut einer Studie der Bertelsmann Stiftung liegt ihr Lohn bis zu 50 Prozent unter dem der festangestellten Mitarbeiter. Und das, obwohl sie vergleichbare Tätigkeiten bei vergleichbarem Bildungsstand verrichten. Rechtlich stehen diese Praktiken auf völlig stabilen Füßen. Doch nur weil die Löhne marktüblich und legal sind, heißt es nicht, dass sie auch fair sind.

Bei genauerem Hinsehen fällt auf: Leiharbeiter leisten nicht nur die gleiche Arbeit wie die Festangestellten, sie gewähren dem Arbeitgeber auch eine viel höhere Flexibilität. Sie bieten also eine zusätzliche Leistung zu ihrer Arbeitskraft an: die Tatsache, dass sie jederzeit entlassen werden können.

Der Unterschied zwischen einem Leiharbeiter und einem Angestellten ist ein wenig wie der zwischen einem Sparkonto und einem Girokonto. Während man beim Sparkonto nur begrenzt und an Fristen und Konditionen gebunden auf sein Erspartes zugreifen kann, genießt der Besitzer eines Girokontos die Flexibilität, jederzeit Geld beziehen und verwenden zu können. Diese Flexibilität geht auf Kosten des Zinssatzes, der im Vergleich zum Sparkonto doch eher gering ist.

So wie ein Girokonto mit der Zusatzleistung „Flexibilität" punktet, tun das auch die Leiharbeiter im Vergleich zu ihren festangestellten Kollegen. Der einzige Unterschied: Leiharbeiter werden für ihre Zusatzleistung nicht entschädigt, sondern benachteiligt. Sie verdienen am wenigsten, müssen aber in schweren Zeiten zuerst über die Klinge springen. Die Kosten für die durchaus notwendige Flexibilisierung der Unternehmen tragen also nicht ihre Nutznießer, sondern die schwächsten Glieder in der Kette.

Auch wenn die Zeitarbeit im Rahmen der Gesetzgebung stattfindet: Im Endeffekt verhalten sich Chefs, die Leiharbeiter zu marktüblichen Löhnen einstellen oder die Zeitarbeit sogar zur Umgehung höherer Tariflöhne und zum Stellenabbau nutzen, wie Parasiten. Sie nutzen die Variabilität und Flexibilität von Menschen, ohne diese dafür entsprechend zu entlohnen. Sie beuten also andere aus, um den eigenen Gewinn zu steigern. Und das ist eben einfach unfair. Unfair den Leiharbeitern gegenüber, die ein Gefühl von Wertlosigkeit vermittelt bekommen. Unfair der Gesellschaft gegenüber, weil man als Unternehmer Ungleichbehandlung zulässt. Und unfair sich selbst gegenüber. Denn wer die vermeintlichen Schwächen von Menschen, die schwer erklärbare Brüche oder Zeiten der Arbeitslosigkeit in ihren Lebensläufen haben, durch schlechte Bezahlung ausnutzt, wer also den Zweiklassenarbeitsmarkt fördert, der fördert auch das Entstehen einer Zweiklassengesellschaft. Doch damit tut sich ein Unternehmer keinen Gefallen, schließlich muss er in dieser Zweiklassengesellschaft dann auch leben.

Als ich in der Wirtschaftskrise alle Leiharbeiter entlassen musste, war ich zunächst völlig skrupellos. Schließlich hatte ich die Zeitarbeiter genau zu diesem Zweck eingekauft: um Arbeitskraftreserven zu haben, die leicht wieder abgebaut werden können. Das war aus meiner damaligen Sicht von Anfang an der Deal. Aber als die Leiharbeiter in mein Büro kamen, um sich zu verabschieden, sah ich auf einmal die ganze Tragik der Situation in ihren Gesichtern. Die sonst so fröhlichen Fabrikmitarbeiter sahen aus, als kämen sie von einer Beerdigung. Beim Rausgehen hörte ich dann noch einen von ihnen leise zum anderen sagen: „War ja klar, dass wir als Erste gehen müssen." Und ich dachte: Mein Gott, ich bin gerade dabei, diejenigen zu entlassen, die das unternehmerische Risiko am meisten mittragen! Und außerdem habe ich sie bisher auch noch am schlechtesten bezahlt!

Menschen, die unmenschlich behandelt werden, spüren das. Eine Gesellschaft mit gesunden, selbstbewussten und selbstständig denkenden Individuen entsteht nur, wenn das Verhältnis zwischen Geben und Nehmen stimmt – gerade im Arbeitsleben. Dazu gehört eben auch, Mitarbeiter fair zu bezahlen. Und fair heißt in diesem Fall, dass Leiharbeiter eben mehr verdienen müssen als Festangestellte, weil sie das höhere Entlassungsrisiko bewusst mittragen.

Ich bin da übrigens bei Weitem nicht der einzige mit diesen Ansichten. In Skandinavien werden Leiharbeiter von Gesetzes wegen seit über zehn Jahren bessergestellt als feste Mitarbeiter. Der Zeitarbeiter hat dort ein ganz anderes Image. Er ist nicht minderwertig und gehört auch nicht zu einem zweiten Arbeitsmarkt, sondern zu einem parallelen, der einfach flexibler funktioniert. Das wollte ich bei mir auch haben. Also habe ich es sofort nach der Krise umgesetzt.

Vielleicht sagen Sie jetzt: Geben und Nehmen ist schön und gut. Gesetzlich ist es aber doch fair, Leiharbeiter genau nach dem vorgeschriebenen Tarif zu entlohnen. Der Unternehmer hält sich doch ans Gesetz und erfüllt auch der Gesellschaft gegenüber seine Pflicht. Außerdem muss schließlich jeder schauen, wo er bleibt. Und gerade für Unternehmer stellt sich die Gretchen-frage: Wie soll eine Firma im globalen Wettbewerb überhaupt überleben, ohne genau auf die Kosten zu schauen? Wer nicht umsichtig mit den finanzi-ellen Ressourcen der Firma umgeht, hat schnell eine ganze Menge Arbeitslose produziert. Oder?

∗∗∗

Ich schäle gerade mein Frühstücksei, als meine Frau die Morgenstille unter-bricht: „Jetzt ist es soweit, Kodak gibt's bald nicht mehr."

Sie dreht die Tageszeitung um und deutet mit dem Zeigefinger auf eine fette Schlagzeile. „Fotopionier Kodak beantragt Insolvenz", lese ich laut und greife nach der Zeitung.

„Weißt du noch, unsere erste gemeinsame Urlaubsreise? Da hatten wir drei von den Kodak-36er-Farbfilmen dabei und dann haben wir unterwegs noch einen vierten gekauft. Mannomann, ist das lange her. Ich weiß nicht mal mehr, ob wir all diese Bilder noch irgendwo auf dem Dachboden haben", sagt meine Frau und reicht mir den Artikel.

„Kodak, das waren echte Pioniere. Weltmarktführer in den Siebzigern. Selbst um die Jahrtausendwende haben die noch gut verdient. Haben dann aber den Trend der Digitalkameras verschlafen. Jetzt sind sie pleite. Verrückt!"

Ich setze an, den Artikel zu lesen, da fällt mein Blick auf einen kleinen Infokasten. Darauf ist ein merkwürdiges, altertümlich wirkendes Gerät zu sehen, die Jahreszahl 1975 und der Schriftzug „Kodak digital".

„Hey, das ist vollkommen irre! Kodak hat in den Siebzigern die erste Di-gitalkamera entwickelt", rufe ich laut.

„Wie denn das?", will meine Frau wissen.

„Ja, schau mal her! Aber dummerweise haben sie im Management 1975 entschieden, die Kamera wieder in der Schublade verschwinden zu lassen, statt in diese Idee zu investieren und sie breit verfügbar zu machen", rufe ich meiner Frau in der Küche zu. „Die hatten Angst davor, dass die Digitalkame-ra ihr Geschäft mit analogen Kameras kaputt machen könnte. Kodak lebte ja von den Filmen. Dieses Geschäft hatte sie groß gemacht, und damit konnte man Geld verdienen. Zumindest wussten sie da genau, wie das funktioniert."

Meine Frau kommt mit der Kaffeekanne zurück, setzt sich zu mir und wir lesen weiter.

„Da war die Angst vor dem Neuen wohl größer als die Herausforderung, noch mal Pionier zu werden", sagt sie nach einer Weile.

„Ich würde sagen, die Gier nach kurzfristigem Gewinn war größer als die Bereitschaft, in die Zukunft zu investieren. Irre! Den Trend hat die Kodak-Führungsriege also durchaus erkannt. Sogar richtig früh. Aber dann haben sie Kosten am falschen Ende gespart. Statt in die Forschung und Entwicklung zu investieren, um die Digitalkamera marktfähig zu machen, haben sie einfach die Cash Cow weiter gefüttert und ihre Filme vertickt. Na klar, Entwicklungsarbeit kostet Geld und bringt keinen Quartalsgewinn. Und Kodak ist ein börsennotiertes Unternehmen", sage ich nachdenklich.

„Na, jetzt jedenfalls nicht mehr ...", sagt meine Frau mit einem Seufzer.

Die Spar-dich-tot-Methode

Keine Frage: Kostenstrukturen zu optimieren ist überlebenswichtig, um sinnvoll zu wirtschaften. Ein Aspekt, den gerade finanzorientierte Unternehmen sehr ernst nehmen. So ernst allerdings, dass andere Aspekte mit der Zeit unweigerlich in Mitleidenschaft gezogen werden.

Was ist das Wichtigste für den Konzernchef? Genau: der Quartalsabschluss! Die Zahlen! Der nackte Betrag in Euro und Cent. Daran misst der CEO seinen Erfolg und den seiner Mannschaft. Also gehen auch alle seine Bemühungen dahin, diese Zahl immer wieder aufs Neue zu übertreffen. Die dazu nötigen Werkzeuge: Sparkurs und Profitmaximierung. Ein guter, gleichbleibender Gewinn ist aus Sicht der Börse nämlich uninteressant. Deshalb muss jeder gute Gewinn besser werden, jeder bessere Gewinn noch einen Tick besser, und so weiter und so fort. Eines gerät bei diesem sich selbst hochschaukelnden Spiel jedoch völlig unter die Räder: der Zweck der ganzen Unternehmung.

Angefangen hat jedes börsennotierte Unternehmen schließlich mit dem Ziel, damit Geld zu verdienen, dass es ein für den Kunden nützliches Produkt oder eine Dienstleistung verkauft, also eine Win-win-Situation schafft. Bei vielen scheint dieser beidseitige Nutzen aber in den Hintergrund gerückt zu sein. Sonst würde man sich auch mit einer Optimierung zufriedengeben, einer Verbesserung des Kosten-Nutzen-Verhältnisses oder einer Qualitätssteigerung, die sowohl dem Kunden als auch dem Unternehmen zugutekommt. Aber nein, gerade in Konzernen ist die Gewinnmaximierung das Ziel, notfalls auch auf Kosten des Kundennutzens. Und das hat fatale Konsequenzen.

Wirtschaftsunternehmen leben von den Kunden, die bereit sind, für ein Produkt oder eine Leistung zu zahlen. Solange das dem Kunden das Geld wert ist, ist der Fortbestand der Unternehmung – und die damit zusammenhängenden Arbeitsplätze und Existenzen – gesichert. Wollen die Kunden, aus welchen Gründen auch immer, dieses oder jenes Produkt nicht mehr kaufen, dann steht nicht nur ein Start-up, sondern auch ein traditionsreiches Haus schnell vor dem Aus. Und das passiert erst recht, wenn der hauptsächliche Zweck des Ganzen nicht mehr darin besteht, einen Kundennutzen zu stiften, sondern Profit zu machen. Dann verlagert sich das Interesse der Unternehmensführung vom Kunden auf sich selbst. Es ist eine Nabelschau, denn es geht nicht mehr darum, Leistungen anzubieten, die den Menschen dienen, sondern darum, sich noch mehr Kohle in die Taschen zu schaufeln. Ein hochproblematischer Fokus, der dem Kunden nichts bringt. Außer: Enttäuschung.

Verstehen Sie mich bitte nicht falsch: Umsatz zu erwirtschaften und dabei Gewinne einzufahren ist eine wirtschaftliche Notwendigkeit. Aber die ausschließliche Fokussierung auf den Gewinn ist alles andere als wirtschaftlich. Sie ist unnatürlich und vor allem nicht nachhaltig. Ich gehe sogar so weit zu sagen: Profitmaximierung geht nach hinten los. Und zwar früher als finanzorientierte Manager glauben.

Wer sich nämlich durch steigende Quartalszahlen bestätigt fühlt, der arbeitet eigentlich an der Realität vorbei. Der Quartalsabschluss ist lediglich eine künstliche Grenze, die gezogen wird, um Zahlen zu betrachten. Da wird die Zeit in kleine Abschnitte aufgeteilt, denen eine Performance eingehaucht wird. Innerhalb eines Quartals ändert sich der Kontext aber faktisch zu wenig, um signifikant zu sein oder um ein echtes Bild von Erfolg oder Misserfolg eines Unternehmens abzugeben. Ob wir den 30. März haben oder den 1. April: Das Geschäftsklima ist dasselbe, auch wenn ein neues Quartal angebrochen ist. Und ob das neue Produkt, das im Februar lanciert wurde, erfolgreich sein wird, zeigt sich erst in den nächsten Monaten, ja vielleicht sogar Jahren.

Das zeitliche Konstrukt „Quartal" ist da ebenso künstlich wie die Konventionen rund um den Geburtstag. Wer am 1. Oktober geboren ist, war am 30. September noch 50 Jahre alt, einen Tag später dann „plötzlich" 51. In Wirklichkeit wird aber kein Mensch von heute auf morgen ein Jahr älter, sondern das ganze Jahr über jede Minute um eine Minute. Die sprunghafte Veränderung, die eine Kurzzeitbetrachtung suggeriert, sieht in einem größeren Kontext plötzlich ganz anders aus.

Deshalb ist auch ein Quartalsabschluss realitätsfremd und daher kontraproduktiv. Er bringt nur eine Scheingenauigkeit und die Illusion, dass man Leistung in kurzer Zeit messen und beeinflussen kann. Völlig übersehen werden dabei jedoch die deutlich langwierigeren und schwerer erfassbaren äußeren Einflüsse. Trends, aktuelle Entwicklungen oder neue Kundenbedürfnisse bleiben für Manager, die in Quartalen denken, außen vor. Oder sie werden erkannt – wie bei Kodak –, aber nicht weiterverfolgt. Denn die Weiterentwicklung neuer, risikobehafteter Ideen würde ja die Quartalszahlen für eine kurze Zeit nicht mehr so bombastisch ausschauen lassen. Und wer will das schon?

Dabei findet das Leben nicht in Dreimonatszyklen statt und eine nachhaltige Wirtschaft erst recht nicht. Nachhaltig sind nur Unternehmen, die auf Kontinuität setzen. Die sich dessen bewusst sind, dass ihre Handlungen von heute ihre Wirkung erst morgen – oder eben in einigen Jahren – entfalten werden. Dazu braucht es Vorstellungskraft und Geduld. Vor allem aber auch den Antrieb, Stabilität zu schaffen, denn das ist das, was Menschen und Unternehmen wirklich brauchen: Sicherheit. Verlässlichkeit. Beständigkeit. Quartalsgetriebene Unternehmen haben da jedoch andere Ziele.

Die Gewinnmaximierungs-Maschinerie wird aber nicht nur von der Kurzlebigkeit der Quartalsabschlüsse angetrieben, sondern auch noch von der Börse, die sich in eine bedenkliche Richtung entwickelt hat. Während vor zehn Jahren das Börsengeschäft noch von Menschen getätigt wurde, werden Transaktionen heute primär von Computern übernommen. Börsenpapiere, Derivate, Aktien: Alles wird heute nach einem bestimmten Algorithmus verwaltet, auf den Computer vorprogrammiert sind. Das menschliche Gehirn wird dabei völlig ausgeschaltet, obwohl der Mensch der Einzige ist, der sinnvolle Entscheidungen treffen kann.

Preisschwankungen werden künstlich erzeugt, es entsteht eine sich selbst verstärkende Mechanik. Durch Spekulation kann sich der Wert eines Unternehmens massiv verändern, selbst wenn die Performance genau gleich ist wie zuvor. So entstehen dann unerwünschte Kettenreaktionen und eine hohe wirtschaftliche Volatilität. Doch es wird weiterhin so gehandhabt, denn die Banker haben sich daran gewöhnt, dass sie selbst aus den kleinsten computergenerierten Schwankungen noch etwas „mitnehmen", einen Nutzen ziehen können.

Schwankungen an der Börse, ein drastischer Sparkurs gepaart mit einer unfairen Bezahlung der Mitarbeiter bei gleichzeitiger Profitmaximierung: Wenn diese Kriterien auf ein Unternehmen zutreffen, ist das ein klares Zeichen dafür, dass dort die pure Gier am Werk ist. Dabei reicht auch eine Optimierung, damit die Kasse des Unternehmens stimmt. Und das geht auch ohne die Ausbeutung der Schwächeren, ohne sich auf Kosten anderer durchzusetzen, indem man lebt und leben lässt. Schon Cicero propagierte, „den gemeinsamen Nutzen in den Mittelpunkt zu stellen und ... durch Geben und Nehmen ... das Band der Zusammengehörigkeit der Menschen untereinander zu knüpfen".

Wer viel verdient, hat eine gesellschaftliche Verpflichtung, einen Teil seines Wohlstandes auch der Gemeinschaft zur Verfügung zu stellen. Heutzutage wird dies über das Steuersystem geregelt. Eine Form der Verpflichtung, die viele versuchen zu umgehen. Ich selbst zahle liebend gerne Steuern. So weiß ich auch, dass ich viel verdient und ergo gut gearbeitet habe. Wege zu finden, Steuern zu „sparen", daran habe ich kein Interesse. Schließlich kommen mir die Steuern auch wieder selbst zugute – in öffentlicher Infrastruktur, guten Schulen und Unis für meine Kinder, verlässlicher Altersversorgung und so weiter.

Sein Unternehmen nachhaltig zu führen und sich gegenüber Kunden und Mitarbeitern fair zu verhalten ist aber nicht nur eine moralische Verpflichtung. Im Gegenteil. Es ist auch eine rein wirtschaftlich begründete Überlegung.

***

Nach der Krise hatte ich was nachzuholen. Die Schieflage, die wir durch die Anstellung billiger Zeitarbeiter hatten, war noch nicht gelöst, denn nach der Krise brach ein wahrer Boom an Bestellungen aus. Und wir mussten, nolens volens, wieder auf Leiharbeiter zurückgreifen. Die mangelnde Fairness, die mir bei der Kündigung der Kräfte in der Krise aufgefallen war, wollte ich nun aber korrigieren.

Vor lauter Enttäuschung über mich selbst überlegte ich zunächst, auf Leiharbeiter gänzlich zu verzichten. Ich spielte sogar mit dem Gedanken, alle Leiharbeiter, die wir hatten, fest einzustellen. Aber im gleichen Moment sagte mir meine innere Stimme: Klingt zwar gut, Detlef, aber du brauchst doch weiterhin Flexibilität. Die ist das A und O in deinem Betrieb.

Nüchtern gesehen konnten wir auf Leiharbeiter nicht verzichten, wenn wir die Schlankheit der Organisation aufrechterhalten wollten. Aber das ist gar kein Problem, sagte wieder meine innere Stimme. Wenn diese Leute, die dein unternehmerisches Risiko unfreiwillig mittragen, einen Ausgleich für ihre Unsicherheit bekommen.

Mir fiel wieder das skandinavische Modell ein. Ich ging an den Computer, schaute mir unsere Zahlen an, rechnete aus, wie viele Leiharbeiter wir demnächst brauchten und was sie verdienen müssten, damit wir ihre Leistungen fair einkauften. Nach einigem Kalkulieren stand auf meinem Taschenrechner eine positive Zahl. In dem Augenblick war die Idee des Systems geboren, das wir bis heute leben. Ich ging zum Produktionsleiter, erklärte ihm, was ich vorhatte, und bat ihn, dies sofort seinen Leiharbeitern bekanntzugeben.

Am Nachmittag kam der sonst eher stille Produktionsleiter in mein Büro und war so gesprächig wie noch nie.

„Herr Lohmann, das war total merkwürdig eben."

„Inwiefern?", fragte ich.

„Naja, ich habe alle Leiharbeiter spontan zusammengerufen, so wie Sie es vorgeschlagen haben, und sie über die Umstellung des Gehaltssystems informiert. Ich habe ihnen erklärt, was das bedeutet, nämlich dass sie ab jetzt mehr Geld bekommen – und ja, sogar mehr als die festangestellten Kollegen. Dann habe ich noch erklärt, warum. Aber je mehr ich erklärte, desto mehr schienen die Gesichter der Leute sich in Fragezeichen zu verwandeln. Bis einer fragte: ,Stimmt das überhaupt, dass wir mehr Geld kriegen?' Ich war perplex. Was hatte ich denn die ganze Zeit erklärt? Aber der Mutige schien eine Angst auszusprechen, die auch die anderen plagte. Jedenfalls waren plötzlich alle Blicke auf mich gerichtet wie ein einzelner Scheinwerfer auf eine dunkle Bühne."

Der Produktionsleiter machte eine kurze Sprechpause und fing an, durch mein Büro auf und ab zu laufen.

„Und was dann?", fragte ich.

„Tja, dann habe ich eben kurz und bündig zusammengefasst: ‚Aber ja doch, wenn ihr nach einer Weile eingearbeitet seid, bekommt ihr alle eine Prämie!'

Herr Lohmann, Sie hätten in dem Moment die Gesichter der Mitarbeiter sehen müssen. Als hätten sie gerade einen Zug noch knapp erwischt, wurden sie von einer Sekunde auf die nächste um Längen entspannter. Sie haben angefangen, miteinander zu reden, zu lachen, zu scherzen. Bis dann einer zu mir sagte: ‚Hey, Max, wenn das so ist, dann brauchst du dir ab jetzt keine Gedanken mehr machen. Wir machen alles, was notwendig ist, um den Laden am Laufen zu halten. Du kannst dich voll auf uns verlassen.' Und die anderen fingen an zu klatschen …"

Früchte in Euro und Cent

„If you pay peanuts, you get monkey work!", sagte mir einmal ein amerikanischer Mitstudent. Eigentlich logisch: Wer als Hilfsarbeiter angestellt ist, macht auch nur Hilfsarbeiten. Wer sich hingegen fair behandelt fühlt, der stellt auch seine ganze Arbeitskraft zu Verfügung und gibt sein Bestes. Die Frage ist also nicht: Wie viel bekomme ich von meinen Mitarbeitern? Sondern wie viel bin ich bereit zu geben? Denn wer viel gibt, bekommt auch viel zurück. Das ist nicht nur eine wohlklingende Floskel, auch nicht nur eine Bekundung eines überraschten Produktionsmitarbeiters, sondern mittlerweile einfach Fakt.

Vier Jahre nach der Krise hatten wir kurzfristig einmal eine Leiharbeiterquote von fast 50 Prozent – bei gleichbleibender guter Qualität über die gesamten letzten Jahre. Zum Vergleich: Vor der Krise waren es lediglich

25 Prozent Leiharbeiter, aber die Qualitätsprobleme waren ein Riesenthema. Heute ist mir völlig klar: Hätte ich die Leiharbeiter-Gehälter nach der Krise nicht wesentlich erhöht, dann hätten wir jetzt, in der Phase des ungeplanten Wachstums, in der wir so sehr auf viele Leiharbeiter angewiesen sind, nie den Umsatz geschafft, den wir zurzeit erzielen.

Auch wenn der Gedanke der intuitiven Betrachtungsweise widersprechen mag, die Praxis hat ihn bestätigt: Fairness lohnt sich letztendlich auch finanziell. Denn wer fair ist zu den Mitarbeitern, und zwar auf allen Ebenen, der bekommt auch den größtmöglichen Einsatz. Wer also seine Leute ernst nimmt und nicht zuletzt angemessen bezahlt, der schafft es, dass sie sich richtig strecken.

Heißt das also, dass man den Mitarbeitern nur ein bisschen mehr Geld zahlen muss als die Konkurrenz, ein bisschen mehr als im Markt üblich oder eben ein bisschen mehr als sie es gewohnt sind, um aus ihnen Turbo-Maschinen zu machen?

Nun ja: Eine faire Bezahlung gehört durchaus dazu, um den Mitarbeitern das Gefühl von Gerechtigkeit zu vermitteln. Aber Geld allein ist kein nachhaltiger Anreiz. Die Höhe des Gehaltes spielt zwar eine Rolle bei dem Gerechtigkeitsgefühl der Mitarbeiter. Wer unter dem Durchschnitt seiner Branche oder seiner Kollegen verdient, fühlt sich schließlich auch weniger wertgeschätzt. Letztlich ist die Bezahlung aber nie der einzige und auch nicht der wichtigste Anreiz, der Mitarbeiter zur Höchstleistung anregt.

Menschen sind nämlich grundsätzlich intrinsisch motiviert. Sie engagieren sich von sich aus, wenn sie das Gefühl haben, insgesamt fair behandelt zu werden. Die Leiharbeiter engagieren sich nicht, weil sie mehr bezahlt bekommen. Sondern weil sie fühlen, dass sie ernst genommen und als wertvoll angesehen werden. Weil sie sich nicht nur als Kostenfaktor fühlen, sondern spüren, dass ihre Arbeit, ihr Risiko und ihre Flexibilität anerkannt werden. Sie leisten jetzt automatisch mehr. Aus eigenem Antrieb, nicht, weil ich sage: „Jetzt verdienst du mehr, jetzt leistest du auch mehr!"

Genau genommen können Chefs ihre Mitarbeiter gar nicht motivieren. Denn jeder Mensch ist schon von sich aus motiviert. Der eine arbeitet vielleicht, um den Lebensunterhalt für seine Familie zu sichern, der andere, um sich den einen oder anderen Luxus zu gönnen, und wieder ein anderer, um nicht vom Sozialstaat abhängig zu sein. Was auch immer die Menschen antreibt: Diese Motivation kommt immer aus ihnen selbst heraus.

Was Chefs tun können, ist höchstens, Mitarbeiter zu demotivieren. Wenn sie ihnen ein negatives Umfeld anbieten. Oder sie können die Motivation der Mitarbeiter aufrechterhalten, wenn das angebotene Umfeld die Erreichung ihrer persönlichen Ziele mit der Erreichung der beruflichen Ziele in Einklang bringt. Aber motivieren? Unmöglich! Insofern braucht es keine Boni, keine immer stärkeren finanziellen Anreize, um Menschen produktiv zu machen. Lediglich eine faire, angemessene Bezahlung, die die Wertschätzung der Leistung zum Ausdruck bringt. Daher hat Fairness – oder anders ausgedrückt: das Prinzip „Leben und leben lassen" – nicht nur etwas mit Freigiebigkeit zu tun. Wer fair handelt, handelt letztendlich eigennützig im positivsten Sinn. Und am Schluss hat er viel mehr davon als nur Geld.

***

„Hey, Reiner", ruft jemand laut und holt mich aus meinen Gedanken, während ich meinen gewohnten Gang durch die Produktion mache. „Wenn du heute siebener Kreuzschlitzschrauben bestellst, bestell doch für mich auch gleich 5.000 Stück mit. Ab 10.000 gibt's ja Rabatt, und meine gehen zur Neige!"

„Ok, wird gemacht. Ich trag sie dann auf meinen Namen ein, gell?"

„Ja, danke!"

Genial, denke ich, laufe weiter und klopfe mir gedanklich auf die Schulter. Dass es mit der Materialbestellung heute so fließend läuft, hat ganz klar etwas mit der Entscheidung vor drei Jahren zu tun.

Alles fing damit an, dass ich einfach zu faul war. Zu faul, um jeden Tag die etwa 40 Anträge auf Materialbestellungen durchzusehen und 40 Mal zu unterschreiben. Einerseits weil es eine repetitive, wenig erfüllende Tätigkeit ist. Andererseits aber – und das ist das Entscheidende –, weil ich mich für diese Aufgabe gar nicht kompetent fühlte.

Da der bisherige Produktionsleiter das Unternehmen verlassen hatte und wir in der kurzen Zeit keinen angemessenen Ersatz finden konnten, war ich interimsmäßig eingesprungen. Ich übernahm seinen Job mit all seinen Aufgaben, zu denen eben auch zählte, zu beurteilen, ob es gerechtfertigt war, wenn der Mitarbeiter Meyer 5.000 siebener Kreuzschlitzschrauben bestellte.

Nach sieben Jahren als Unternehmenschef musste ich mir eingestehen, dass ich immer noch kein Experte in Produktionsdingen war. Aber für die Beurteilung, ob die Schrauben gerade notwendig sind oder nicht, konnte auch ein Super-Experte nicht kompetent genug sein. Auch wenn er alles über alle in der Produktion benutzten Utensilien weiß: Ein einziger Mensch kann nie den Überblick darüber behalten, was 60 Mitarbeiter in der Produktion gerade brauchen und was nicht. Das können nur die Mitarbeiter selbst wissen. Deshalb melden sie ihren Bedarf auch selbst an. Als mir das klar wurde, trommelte ich schnell die Leute zusammen.

Gerade stehe ich genau an der Stelle in der Fabrikhalle, an der ich auch damals vor dem versammelten Produktionsteam stand. Ich sehe die Szene so bildhaft vor meinen Augen, als hätte sie sich erst gestern abgespielt. Einige haben sich einen Stuhl geschnappt, andere stehen mehr oder weniger geordnet vor mir.

„Leute, ihr wisst ja, dass Mario Ahrensdorf uns verlassen hat und dass ich jetzt in der Übergangszeit einspringe. Gestern war mein erster Tag als Produktionsleiter, einige von euch habe ich schon getroffen, ihr wolltet ja alle Unterschriften haben und ich habe die sehr freigiebig verteilt."

Die Mannschaft lacht, manche schütteln den Kopf.

„Keine Sorge, ich bin nicht in allen Belangen so lasch. Aber bei der Unterschrift habt ihr doch selbst gesehen: Da bin ich im Grunde völlig überflüssig. Nein, ich bin sogar ein Klotz am Bein, denn was ist, wenn jemand dringend Material braucht, ich aber nicht da bin, um zu unterschreiben? Was ich damit sagen will: Ich traue jedem hier zu, dass er nur das bestellt, was er wirklich braucht. Deshalb braucht ihr ab heute gar keine Unterschrift mehr."

„Aber Chef, ist dann da nicht die Gefahr, dass wir viel zu viel bestellen?" fragt einer im Team.

„Na, das nicht", sagt ein anderer. „Eher, dass jeder nur an seine Bestellung denkt, obwohl es viel preiswerter ist, Material in größeren Mengen zu bestellen."

„Stimmt", sage ich mit einem Lächeln, und freue mich, dass meine Leute mitdenken. „Deshalb habe ich noch ein Angebot an euch. Auf dem Server steht eine Excel-Tabelle. Das ist eine Liste, in die jeder seine Bestellungen für Verbrauchsmaterial eintragen kann. Die zu führen, ist kein Muss. Ich weiß ja selbst nicht, ob die funktioniert. Aber theoretisch würde sie euch den Überblick darüber geben, was von wem schon bestellt wurde. Also müsste man damit unnötige Bestellungen vermeiden können", sage ich, und füge noch hinzu: „Und damit das Ganze nicht ausufert, habe ich noch einen Deckelbetrag eingerichtet: Jedem Mitarbeiter stehen 1.000 Euro pro Jahr zur Verfügung für sein Verbrauchsmaterial. Wer mehr braucht, kann sich mit jemand anderem arrangieren. Wenn jemand am Anfang noch unsicher ist, wie viel er wovon bestellen soll, stehe ich zur Verfügung. Okay?"

„Okay, na mal schauen, was daraus wird ... ", hörte ich noch einen Mitarbeiter skeptisch sagen. Alle anderen rückten ihre Stühle zur Seite und gingen zurück an die Arbeit.

Wenn ich wie heute durch die Produktion laufe und sehe, wie die Leute sich zusammenschließen, wie sie sogar noch schauen, wo sie Kosten sparen können, denke ich: Toll! Sie denken unternehmerisch, ohne dass es irgendjemand angeordnet hat. Und dann weiß ich: Der Laden läuft wie geschmiert ...

Kontrolle ist gut, Vertrauen ist besser

Echte Unternehmer haben ein positives Menschenbild. Sie vertrauen darauf, dass die Mitarbeiter, die sie ausgewählt haben, mit den besten Absichten diesen Job angenommen haben, und auch leisten wollen. Kontrollmechanismen? Brauchen sie gar nicht. Das Einzige, worauf sie nicht verzichten können, sind ihre Werte. Indem sie sich mit Menschen umgeben, die ihre Werte teilen, haben sie automatisch eine gemeinsame Basis. Und die macht komplizierte Regelwerke und Vorschriften überflüssig.

Vertrauen schenken und auf Kontrolle verzichten, das bedeutet im Klartext so etwas wie: die in Produktionsstätten übliche Zeiterfassung einfach abschaffen, die Pausen der Mitarbeiter weder kontrollieren noch anordnen, Entscheidungen über den Kauf von Material, Reparaturen und sonstige Dienstleistungen oder die Investition in Maschinen den Mitarbeitern überlassen, und eben Dinge, die in anderen Betrieben bis ins letzte Detail geregelt sind, wie die Nutzung von Firmenwägen, nur über grob formulierte Leitlinien abwickeln.

Natürlich ist überall dort, wo Vertrauen geschenkt wird, auch der Vertrauensmissbrauch ein Thema. Gelogen, gestohlen und betrogen wird schließlich selbst in den besten Häusern. Meine Erfahrung als jahrelanger Unternehmenschef hat aber gezeigt: Solche Fälle treten immer vereinzelt auf und sind lediglich der Effekt falscher Personalentscheidungen. Sie sind kein Beweis dafür, dass das System falsch angelegt ist. Denn sobald die Übeltäter enttarnt sind, funktioniert das Ganze wieder reibungslos. Mehr noch: Ein Unternehmen, dessen Kultur auf Vertrauen basiert, funktioniert sogar deutlich besser als eines, in dem jeder Vorgang kontrolliert wird.

Um auf das Beispiel mit den Bestellungen zurückzukommen: Seitdem wir die Bestellung jedem Mitarbeiter selbst überlassen, sind die Kosten für Verbrauchsmaterial nicht gestiegen – im Gegenteil. Obwohl niemand mehr den Einkauf kontrolliert, sind die Kosten im gesamten Unternehmen um 30 Prozent gesunken. Im Krisenjahr 2009 wurden sogar 80 Prozent eingespart. Und das, ohne dass jemand von oben einen Sparkurs angeordnet hätte. Die Mitarbeiter haben einfach mitgedacht und ihre Macht zum Wohle des Ganzen genutzt. Ein Effekt, der mit Kontrolle gar nicht entstehen kann. Denn wer kontrolliert, gibt einen festen Rahmen vor. Abweichungen haben darin nichts zu suchen.

Darüber hinaus sind auch die Bestellvorgänge viel einfacher geworden. Schließlich brauchen wir keine Abteilung mehr, die alles verwaltet. Und das vielleicht Interessanteste: Die Excel-Tabelle, die ja freiwillig ist, und die Kostentabelle aus der Buchhaltung sind in den ganzen letzten Jahren fast deckungsgleich gewesen. Das System funktioniert also. Und zwar ohne jegliche Kontrolle – viel besser, als wenn es irgendein vermeintlicher Experte prüfen würde.

Dazu braucht es allerdings eine Voraussetzung: Derjenige, der im Chefbüro sitzt, muss seinen Mitarbeitern vertrauen. Und zwar jedem einzelnen. Nicht blind, sondern kontrolliert; schließlich stellt man nur Menschen ein, die man sorgfältig ausgewählt hat. Doch der Vertrauensvorschuss muss diesen ausgewählten Menschen gegenüber von Anfang an, bedingungslos da sein. Nur mit einem positiven Menschenbild lässt sich ein Unternehmen so führen, dass aufwändige Kontrollmechanismen überflüssig werden.

Dass Vertrauen und Fairness die Notwendigkeit der Kontrolle minimieren, gilt aber nicht nur für Unternehmen, sondern auch für die Gesellschaft.

***

Eine gefühlte Ewigkeit warte ich am Laufband auf mein Gepäck. Ich bin ganz schön müde von dieser langen Reise. Gerade bin ich in São Paulo gelandet, wo ich zum ersten Mal die Firma, an der ich hier beteiligt bin, besuchen werde.

Ich schnappe meinen Koffer, der gerade heranrollt, passiere die Einwanderungsbehörde und den Zoll, und als ich endlich in der Ankunftshalle angekommen bin, wartet schon ein fröhlich dreinblickender Chauffeur in Uniform mit einem Schild „Detlef Lohmann" auf mich.

„Senhor Lohmann, this way, please!", winkt er mir zu, als er sieht, dass ich ihn gefunden habe.

Er nimmt mir mein Gepäck ab und marschiert in einem beachtlichen Tempo aus dem Flughafen und hinüber zum Parkhaus. Es ist heiß und schwül, und ich muss kämpfen, um mit ihm Schritt zu halten.

„What is your name?" frage ich den Chauffeur.

„Tomàs, Sir", sagt er und eilt weiter.

Zwei Minuten später hat er mein Gepäck in einen schwarzen VW Golf verladen und mir die Tür des Wagens geöffnet. Ich mache es mir auf dem Sitz bequem und möchte eigentlich einen ersten Eindruck von meiner Umgebung hier in Brasilien gewinnen. Doch die Scheiben sind so verdunkelt, dass das Rausschauen nicht wirklich Spaß macht.

„How long will we drive, Tomàs?", frage ich den Fahrer, und er hält zwei Finger in die Höhe. Zwei Stunden? Nun ja, ich kann ja ebensogut eine Runde schlafen, denke ich mir und bin auch schon eingedöst.

„Sir, we are here!" Tomàs hat die Türe des Wagens geöffnet und stupst mich leicht an der Schulter an. Ich öffne meine Augen und steige aus dem Wagen. Das helle Sonnenlicht blendet mich, und ich blinzle etwas. Als meine Augen sich an das Licht gewöhnt haben, sehe ich eine riesige Betonmauer vor mir. Ist das die Firma meines Partners? Ziemlich protzig, finde ich.

Das ganze Grundstück ist eingemauert und eingezäunt, und oben ist die Mauer mit Glasscherben gespickt. Wer hier versucht einzudringen, hat es wohl darauf angelegt, ins Krankenhaus eingeliefert zu werden. Doch damit nicht genug: Um die Mauer selbst ist ein Elektrozaun angebracht, darauf ein Schild, das mich mit „Perigo de Morte" auf die Lebensgefahr hinweist.

Das ist ein Ding, denke ich, das Firmengelände ist gesichert wie ein Munitionsdepot der Bundeswehr.

Während ich noch das Sicherheitsarsenal betrachte, hat der Fahrer uns schon beim Pförtner angemeldet. Ich werde gebeten, zur Tür zu kommen, und werde von einem bewaffneten Wachmann abgetastet. Vermutlich nach Waffen. Der Wachmann gibt mir ein Zeichen, wieder in den Wagen zu steigen, und winkt Tomàs weiter.

Beim Empfang geht es gleich weiter mit den Kontrollen. Ich muss eine Schleuse betreten, die mich für einige Sekunden hermetisch abriegelt. Die Tür hinter mir bleibt zu, und vor mir geht die andere Schleuse auf, ich kann nun rein. So stelle ich es mir vor, ein Gefängnis zu betreten.

Als auch die letzte Tür hinter mir zugeht, treffe ich endlich auf meinen Geschäftspartner. Freudestrahlend reicht er mir die Hand. Er trägt ein lässiges kariertes Hemd, helle Ledersandalen und eine ausgewaschene, fast schon ausgefranste Jeans. Ein ungewöhnlicher Anblick für den Besitzer eines solchen Bunkers. Nach dem ersten Smalltalk spreche ich ihn diskret auf die Sicherheitsmaßnahmen an.

„Ja, das ist unangenehm, nicht wahr? Aber wir müssen uns schützen, als Unternehmer lebt man in Brasilien gefährlich. Hier kann man schon für eine teure Armbanduhr getötet werden. Ich wurde zum Beispiel mal mit einem Messer bedroht. Von einem Jugendlichen. Wenn ich ihm nicht gleich meine Uhr und mein Portemonnaie ausgehändigt hätte, stünde ich jetzt vielleicht nicht mehr vor Ihnen. Seit diesem Erlebnis trage ich weder Uhren noch Schmuck und achte sehr darauf, mich so bürgerlich und normal wie möglich zu kleiden."

Für einen Moment bin ich sprachlos.

„Ja, das ist hier wirklich so", sagt mein Geschäftspartner. „Manche Leute haben so wenig zu verlieren, dass sie ihr Leben riskieren, um an etwas Essbares heranzukommen. Passen Sie also auf, dass Sie nie ohne Begleitung unterwegs sind, und laufen Sie ja nicht zu Fuß los!", gibt er mir mit auf den Weg.

Ich fühle mich ans Mittelalter erinnert: Da konnte ein Fürst auch nicht ohne Leibwache in die Öffentlichkeit, aus Angst, von irgendwelchen dunklen

Gestalten angefallen zu werden. Mich fröstelt etwas, und das liegt nicht nur an der Klimaanlage.

Nach unserem Gespräch werde ich wieder zum Auto gebracht. Am Tor werde ich wieder durchsucht. Na klar, ich hätte ja ein Buch stehlen können ...

Mein Blick fällt auf die High-Tech-Geräte, die vielen Wachleute und die ganze Bewachungsanlage, und ich versuche mir auszumalen, was das alles wohl kostet. Ich mache eine Überschlagsrechnung und komme zum Schluss, dass ich, um mein eigenes Unternehmen so zu schützen, wohl jährlich mit Kosten im fünfstelligen Bereich rechnen müsste. Auf dem Rückweg macht es mir ganz und gar nichts aus, dass die Scheiben verdunkelt sind, ich habe viel nachzudenken.

Eigennutz nützt allen

Gewinnmaximierung mag vielleicht kurzfristig einen Vorteil versprechen. Mitarbeitergehälter und Sachkosten werden auf Sparflamme gehalten, während die Margen zusammen mit einem höheren Verkauf zunächst in die Höhe schießen. Solange das ein Unternehmen macht, sind lediglich die dortigen Mitarbeiter frustriert. Wenn das Phänomen aber flächendeckend wird, werden auch die Folgen dieser Ungerechtigkeit akuter. Und dann stellt sich nur noch die Frage: Wie lange trägt sich ein solches System? Wie lange dauert es, bis die Mitarbeiter auf die Straße gehen? Wie lange werden sie noch friedlich demonstrieren, und ab wann fangen sie an, gewalttätig zu werden? Auch wenn wir in Deutschland noch ein gutes Stück entfernt sind von brasilianischen Verhältnissen, ist meine persönliche Einschätzung: Wer als Unternehmer Gewinne maximiert, arbeitet auf Dauer für die Instabilität.

Denn Maximierung bedeutet: reich werden auf Kosten anderer. Vielen wird etwas weggenommen und einigen Wenigen aufs Konto gepackt. Durch solche Praktiken wird die Schere zwischen Arm und Reich immer größer. Und selbst wenn die, die am längeren Hebel sitzen, einen unglaublichen Wohlstand erreicht haben: Solange die Mehrheit hungert, wie etwa in Brasilien, können sie ihren Wohlstand gar nicht genießen, geschweige denn zeigen. Sonst müssten sie um ihr Leben bangen.

Ist die wirtschaftliche Instabilität einmal erreicht, dann ist Kontrolle erst recht notwendig. Nicht nur in Unternehmen, sondern in der ganzen Gesellschaft. Das ist nicht nur teuer, sondern auch fürchterlich unangenehm. Es kostet außer einem Haufen Geld nämlich auch eine Menge Lebensqualität. Im Extremfall ist das Ergebnis ein Leben in Unsicherheit und Angst. Die einen leben in der Angst, morgen nichts mehr zu essen zu haben, die anderen in der Angst, ermordet zu werden, weil sie zu viel haben. Und alle werden von Schutzmauern in ihrer Freiheit beschränkt.

Deshalb ist es im Interesse jedes Wohlhabenden, und erst recht jedes Unternehmers, die Kluft zwischen Arm und Reich zu verkleinern. Nicht künstlich, nicht durch Spenden und Transferleistungen, sondern durch die faire Bezahlung von realen Leistungen. Durch die faire und freiwillige Bezahlung von Steuern.

Unternehmer haben nicht nur die Verantwortung, auf den Ausgleich bedacht zu sein, dafür zu sorgen, dass es allen, mit denen sie es zu tun haben, gut geht. Das ist keine Frage der Moral, sondern schlicht eine wirtschaftliche Überlegung. Oder anders gesagt: Es ist purer Eigennutz. Wer sich an den Früchten seiner Arbeit erfreuen möchte, muss dafür sorgen, dass auch sein Umfeld das kann. Und das Schöne ist: Die Besinnung auf Ausgleich kostet nichts. Ob ein Unternehmer 300.000 oder 400.000 Euro aus seinem Geschäft entnimmt, ist für seinen Lebensstandard völlig irrelevant. Ab einer gewissen Größenordnung macht das keinen spürbaren Unterschied mehr. Es ist lediglich eine Zahl, die mal größer und mal kleiner ist.

Für ein Unternehmen ist Kapital schon sinnvoll, keine Frage. Für sich privat braucht aber kein Mensch eine Million Euro Einkommen im Jahr. Deshalb ist das kleine Stück vom Kuchen, das man durch Steuern oder durch eine faire Bezahlung der Mitarbeiter abgibt, gar kein realer Verlust. Im Gegenteil: Es nützt dem Unternehmer. Denn wenn das Umfeld zufrieden ist, kann auch er seinen Wohlstand offen ausleben. Und Offenheit ist Trumpf. Nicht nur für das Lebensgefühl, auch für die Unternehmensführung.

Kapitel 4

Glashaus: Was Mitarbeiter tun, wenn sie alles sehen können

Ich klappere die Büroräume ab, schaue in die einzelnen Abteilungen, spreche hier mit einem Mitarbeiter, schüttle da eine Hand und versuche, so schnell wie möglich zu verstehen, wie der Laden funktioniert. Es ist nicht nur einer meiner ersten Tage als Unternehmer, es ist auch noch einer meiner ersten Tage in einem Produktionsbetrieb. Es riecht ganz wunderbar nach Eisen, sobald man den Kopf in die Produktionshalle steckt. Den ganzen Vormittag habe ich bei den Maschinen verbracht und mir von meinen Leuten erklären lassen, was und wie an ihren Arbeitsplätzen genau produziert wird. Ein bisschen fühle ich mich wie ein Azubi, der in alle Abteilungen Einblicke bekommen soll, und zumindest am Anfang leicht verwirrt ist. Aber ich bin neugierig und lasse keinen einzigen Arbeitsplatz aus meinem Blickfeld.

Die Vertriebsabteilung ist mein nächster Punkt auf der Agenda. Damit kann ich mehr anfangen als mit Sicherheitsgurten und Befestigungsstangen. Der Vertrieb ist hauptsächlich in einem Großraumbüro untergebracht. Hier sehe ich die Mitarbeiter in Aktion und bekomme allein durchs Beobachten viel von ihrer Arbeit mit. Also stelle ich mich unauffällig in eine Ecke und mache Augen und Ohren auf. Ich beobachte, wie die Leute sich im Raum bewegen, höre hin, wie sie klingen, wenn sie telefonieren oder miteinander reden, und lasse alles, was kommt, auf mich wirken. Hochkonzentriert stel-

73

le ich Vergleiche an zu meinem ehemaligen Unternehmen, analysiere und überlege. Die Mitarbeiter sind genauso konzentriert wie ich. Jeder Handgriff scheint wohlüberlegt, auf jede Frage, die jemand stellt, folgt sofort eine Antwort. Von außen betrachtet wirkt die Abteilung wie ein gut eingeübtes Orchester. Ich setze mich an einen Besprechungstisch, hole mein Notizheft aus der Tasche und fange an, aufzuschreiben, was mir alles auffällt, welche Fragen sich aufdrängen und geklärt werden wollen.

Während mein Kugelschreiber über das Papier rollt und die Vertriebsmitarbeiter weiterhin ihrer Arbeit nachgehen, höre ich hinter mir ein merkwürdiges metallisches Klackern. Ein scharfes Geräusch, das die konzentrierte Arbeitsatmosphäre unterbricht. Ich will noch meinen Satz zu Ende bringen, bevor ich mich umdrehe – aber unnötig, das gleiche Geräusch kommt jetzt auch von vorne. Ich blicke auf, links neben mir steckt ein junger Mann seinen Stift in den Stiftehalter, und verursacht damit genau das gleiche metallische „Klonk". Er fährt seinen Rechner herunter, packt eine Akte in den Hängeordner, schnappt sich die Tasche, nickt mir zum Abschied grüßend zu und geht zur Tür, wo sich innerhalb von Sekunden schon eine Schlange gebildet hat. Die Ereignisse überrollen mich, ich rutsche einen Stuhl weiter, um den hinausströmenden und sich verabschiedenden Mitarbeitern Platz zu machen, und sehe schließlich wieder zur Eingangstür, über der eine Uhr montiert ist. Der Zeiger steht auf punkt 17 Uhr. Feierabend.

Interessant, denke ich. Hier scheint alles sehr eingespielt zu sein. Ob die alle morgens wohl genauso pünktlich erscheinen, wie sie abends die Arbeit einstellen?

Zurück in meinem Büro mache ich die Tür zu und will noch schnell meine Mails abrufen. Aber etwas hält mich davon ab. Mitten auf dem Schreibtisch steht eine Gießkanne. Da hatte jemand wohl gute Absichten. Die Sekretärin vielleicht? Würde passen, die macht einen richtig herzlichen Eindruck. Aber etwas verpeilt scheint sie auch zu sein, wenn sie die volle Kanne neben der Pflanze stehen lässt. Ich nehme die Gießkanne, gieße den großen Topf in der Ecke des Büros und stelle sie wieder ins Regal. Dann setze ich mich hin, fahre den Computer hoch, lasse mich kurz von der schlappen Monstera ablenken – und stehe wieder auf, ohne das Mailprogramm angerührt zu haben. Laufe zweimal auf und ab, und plötzlich wird alles klar. Das mit dem konzertierten

Aufbruch der kompletten Belegschaft ist doch das gleiche wie das mit der Gießkanne! Jetzt weiß ich, warum ich vorhin so irritiert war.

Also von vorne: Die Sekretärin – oder wer auch immer – war aufmerksam genug, um zu bemerken, dass die Monstera dringend Wasser bräuchte. Dann hat sie meine Gießkanne gefunden, sie geschnappt, aufgefüllt und ist damit sogar bis zum Schreibtisch vorgedrungen. Also hat sie praktisch 90 Prozent der geplanten Arbeit geschafft. Nur dass die Pflanze nichts davon hatte. Im Blumentopf ist kein einziger Tropfen Wasser angekommen – obwohl der größte Teil der Arbeit bei dieser Aufgabe erledigt war! Dabei war es eine Frage von Sekunden, das Wasser in den Topf zu gießen und einen Knopf an die Aktion zu machen ...

Wenn die Monstera austrocknet, ist es zwar schade, aber noch lange keine Katastrophe – zumal diese hier gar keinen emotionalen Wert für mich hat. Aber wenn ich mir das Verhaltensmuster dahinter anschaue, frage ich mich sofort: Was passiert, wenn ein Kunde oder sogar mehrere Kunden an der Stelle der Monstera sind? Was genau ist die Folge davon, dass die gesamte Belegschaft punkt 17 Uhr alles stehen und liegen lässt – egal, wie weit die Arbeit gediehen ist, und egal, wie aufwändig oder leicht es wäre, den Vorgang abzuschließen? 90 Prozent der Arbeit geleistet, null Prozent des Ergebnisses erreicht. Kann es sein, dass hierin einer der größten Schwachpunkte im Arbeitsprozess dieser Firma liegt? Es ist eine reine Hypothese, aber der muss ich auf den Grund gehen ...

Selbstgemacht

Überall dort, wo Angestellte am Werk sind, greift auch das Recht auf Pause und Urlaub. In Deutschland wird die Arbeit rein gesetzlich gesehen nach Zeit geregelt. Wir haben Vollzeit-Stellen und Teilzeit-Arbeit, Stechuhren, Aufwandsberechnungen und Honorarsätze auf Stundenbasis. Und das ist auch gut so. Nachdem die Fabrikarbeiter im 19. Jahrhundert und die Weber Anfang des 20. Jahrhunderts bis zu 17 Stunden am Tag rackerten, Kinderarbeit an der Tagesordnung war und es noch nicht einmal die Idee einer Krankenversicherung gab, ist die Einführung des Achtstundentages 1918 eine unglaubliche Errungenschaft zum Schutz der Arbeitnehmer gewesen. Die Beschränkung der Arbeitszeit scheint uns heute ebenso gottgegeben wie die Tatsache, dass wir jeden Tag – meist zur gleichen Zeit – zur Arbeit gehen.

Feste Arbeitszeiten geben Planungssicherheit und machen Familienleben und Freizeitgestaltung überhaupt möglich. In Produktionsstätten dienen sie außerdem der Organisation des Schichtbetriebs, und in Unternehmen oder Institutionen – im Sinne von Öffnungs- oder Dienstzeiten – der Erreichbarkeit durch Dritte. Eine geniale Erfindung, ohne die ein geregeltes Wirtschafts- und Kulturleben kaum möglich wäre.

Die Mitarbeiter gehen, sagen wir, um 8 Uhr morgens zur Arbeit, und haben, wenn sie voll arbeiten, ab 17 Uhr frei. Im Gegenzug bekommen sie jeden Monat ihr Gehalt überwiesen – eine gleichbleibende Summe. Sollten sie einmal innerhalb der 40 Wochenstunden mehr geleistet haben als üblich oder als erwartet, dann ist es ein Pluspunkt fürs Ego – und ein Geschenk für die Firma. Angestellte werden nach Arbeitszeit bezahlt, und Zusatzleistungen werden nicht zusätzlich honoriert, außer es existieren entsprechende Vereinbarungen. Andersherum macht es die Arbeitszeitregelung Leistungsverweigerern relativ leicht, sich auf unscheinbaren Stellen einzurichten, durch Anwesenheit zu glänzen, geschäftig zu tun, ohne viel zu leisten, und am Ende des Monats ihr Gehalt zu kassieren. Doch auch wenn sich die Gewinne und Verluste für alle Parteien letztendlich irgendwie ausgleichen: Sobald die Mitarbeiter die Ableistung ihrer Arbeitszeit und das Besetzen ihres Arbeitsplatzes als ihren Teil der Vereinbarung betrachten, sind sie innerlich auf „arbeiten" programmiert – nicht auf „Ergebnisse produzieren". Oder anders gesagt: Solchen Mitarbeitern sind die Ergebnisse dessen, was sie tun, herzlich egal. Sie fühlen sich zuständig für die jeweilige Tätigkeit. Die Auswirkungen der Tätigkeit sehen sie als außerhalb ihres Verantwortungsbereichs liegend an. Ergebnisse? Chefsache!

Wenn Mayer die Befestigungsstangen nicht sofort kontrolliert, wenn sie aus der Maschine kommen, kann es sein, dass seine Kollegen aus der Verpackung so schnell waren, dass er eine versandfertige Euro-Palette wieder auspacken muss, um nach Fabrikationsfehlern zu fahnden und diese auszuschließen. Das ist nicht nur lästig, das ist auch richtig teuer. Aber davon bekommt Mayer ja nichts mit. Egal, wie schnell oder langsam er arbeitet, wie konzentriert oder gedankenabwesend er ist, egal, ob er Hochleistung bringt oder den Laden vor die Wand fährt: Die Tausendachthundert brutto sind ihm jeden Monat sicher.

Selbstständige und Unternehmer sind vor dieser Falle automatisch bewahrt, denn zu allem, was sie tun, bekommen sie sofort eine Rückmeldung. Nicht vom Vorgesetzten und nicht vom Geschäftspartner, sondern direkt vom Kunden. Und zwar in Euro und Cent. Liefert ein Möbelladen den bestellten Schrank eine Woche später als vereinbart, und dann noch mit den falschen Griffen? Dann hat er nicht nur eine Reklamation sicher, sondern auch einen Kunden weniger. Verschüttet der Kellner den Kaffee auf die Hose des Gastes? Dann muss sofort ein Angebot zur Wiedergutmachung her. Ein Dessert aufs Haus, im Zweifel auch die volle Erstattung der Reinigungskosten. Wenn solche Patzer wiederholt passieren, wirft das nicht nur ein schlechtes Licht auf die Firma – es schlägt auch ordentlich zu Buche. Durch die entstandenen Kosten und durch die ausbleibenden Kunden. Das sagen der Kontoauszug, das Auftragsbuch und der Posteingang. Aber nicht die Gehaltsabrechnung des Mitarbeiters, der falsche Griffe montiert oder Kaffee verschüttet.

Damit wir uns nicht falsch verstehen: Ich wollte das auch gar nicht einführen – denn Mitarbeiter für Fehler zu bestrafen ist so ziemlich das Dümmste, was ein Chef tun kann. Was aber in den meisten Unternehmen tatsächlich fehlt, ist irgendein Feedback-Mechanismus. Die Information über das Ergebnis der Tätigkeit, im Positiven wie im Negativen, so dass der Mitarbeiter nicht nur sein Tun, sondern auch sein Wirken sehen kann.

Die Ergebnisse der eigenen Arbeit zu sehen und zu verstehen, dazu hilft am Ende nur eines: ZDF – Zahlen, Daten, Fakten.

Wenn Servicemitarbeiter in der Gastronomie einen guten Tag haben, bekommen sie das Feedback sofort und glasklar beim Abzählen des Trinkgelds. Wenn Fußballprofis eine schlechte Saison haben, schießen sie vielleicht nur die Hälfte der Tore und können in der Statistik der gewonnenen Zweikämpfe nachlesen, wo ihr Defizit liegt. Wenn ein Außendienstmitarbeiter sich in Verhandlungsführung weitergebildet hat, kann er auf der nächsten Vertriebstagung im Ranking der Gebietsumsätze sofort sehen, ob und um wie viel er sich verbessert hat. Im Vertrieb, im Service und im Sport gibt es auch häufig Informationen über den Erfolg der gesamten Mannschaft, zu dem der

Einzelne einen Beitrag geliefert hat – Tabellenplatz, Umsatzplus oder Kundenzufriedenheit. In den meisten Jobs allerdings, vor allem im Büro und in der Produktionshalle, fehlt dieses über den einzelnen Arbeitsplatz hinaus reichende Feedback vollkommen.

Eigentlich aber müsste jeder im Unternehmen alle für ihn relevanten Zahlen so oft wie möglich vor Augen haben. Nicht nur die Chefetage, sondern die Mitarbeiter selbst. Diejenigen, die die Arbeit machen, brauchen eine klare Rückmeldung zu dem, was sie tun. Nur so können sie besser werden. Und nur so können sie Freude an den Früchten ihrer Arbeit entwickeln.

Ihr Blick wird weg von der Arbeitszeit und ihren Tätigkeiten hin auf die Ergebnisse ihrer Arbeit gelenkt. Aus der tätigkeitsorientierten Perspektive wird durch transparentes Feedback eine ergebnisorientierte Perspektive. Das kann im Einzelfall eine kleine Revolution auslösen!

Wenn aber Zahlen ein solcher Steuerungsfaktor sind, warum sollte man sie nicht gleich öffentlich aushängen? Für jedermann jederzeit einsehbar? Und zwar tagesaktuell! – Genau das machen wir heute.

***

Neulich war ein Geschäftspartner bei uns im Unternehmen zu Besuch. Von Haus aus Ingenieur, hat er früher selbst in der Entwicklung einer Fabrik gearbeitet. Und weil er neugierig war, wie die bei uns aussieht, führte ich ihn durch die Hallen bis zur Entwicklungsabteilung. Da sieht es letztlich auch nicht anders aus als in den anderen Büros: ein großer Raum mit gut 20 fahrbaren Arbeitstischen, Computern, Arbeitsutensilien und natürlich Mitarbeitern.

Ich zeige meinem Gast ein offenes Regal mit lauter Modellen, Prototypen, Zirkeln, Zollstöcken und Messgeräten. Doch die berufsspezifischen Instrumente scheinen ihn nicht wirklich zu interessieren. Stattdessen zieht es ihn dorthin, wo die Menschen miteinander reden. Ach ja, ich habe vergessen, ihm die Pinnwände zu zeigen! Ausgerechnet jetzt haben sich die Mitarbeiter grüppchenweise davor gestellt und verstellen so den Blick auf die Aushänge. Aber mein Gast kennt keine Scheu. Er stellt sich dazu, reckt den Hals und versucht zu verstehen, was die Ingenieure in diesem Unternehmen antreibt. Ich beobachte das Ganze aus einigen Metern Entfernung und sehe nur, wie mein Geschäftspartner sich immer häufiger und schneller zu mir dreht – den

Zeigefinger auf die Pinnwand gerichtet, im Gesicht: schiere Panik. Ich mache es mir an einem freien Tisch gemütlich und bedeute ihm, sich zu mir zu setzen.

Das tut er auch, rückt seinen Stuhl näher, beugt sich vor und sagt mit gedämpfter Stimme: „Weißt du was? Detlef! An dieser Pinnwand hängen Umsatzzahlen! Gehaltskosten, Deckungsbeiträge, Spartengewinne pro Produkt! Kein Wunder, dass die alle davor stehen bleiben … Mensch, du musst ganz schnell handeln! Wie konnte das bloß passieren?"

Mein Gast lockert den Krawattenknoten und atmet tief durch. Ich schaue ihn lächelnd an, und wenn ich noch nichts sage, dann nur, weil ich noch überlege, womit ich anfangen soll.

∗∗∗

So wie mein Geschäftspartner denken viele Mittelständler. Sie haben akute Angst, ihren Mitarbeitern Unternehmenszahlen zugänglich zu machen. Da könnte Neid ausbrechen! Die Mitarbeiter würden die Datentransparenz ausnutzen! Wenn alle sehen könnten, wie viele Millionen das Unternehmen erwirtschaftet, dann würden ungeheure Lohnforderungen kommen – langfristig wäre sogar die Gefahr der Sabotage gegeben! Industriespionage! Und dann würde man sich als Chef auch noch angreifbar machen. Wenn jeder alle Zahlen kennt, dann meint auch jeder, alles besser zu wissen. Jede Kleinigkeit wird dann nach basisdemokratischer Manier durchdiskutiert, jedes sichtbare Härchen gespalten. Erfolg? Unmöglich bei so vielen Reibereien.

In Unternehmerkreisen und -netzwerken fällt mir immer wieder auf: Die Befürchtungen, die mit dem transparenten Umgang mit Unternehmensdaten verbunden sind, sitzen tief. Und ich frage mich, woher diese panische Angst denn kommt.

Rein rechtlich gesehen ist beispielsweise die Bilanz Teil des Steuergeheimnisses. Die sieht die Ehefrau, der Vorstand und der Steuerberater. Nicht einmal die Führungskräfte bekommen das Papier in der Regel zu Gesicht. Darin steht doch der Gewinn – und natürlich die Entnahme des Geschäftsführers. Und welcher Unternehmer will sich schon der möglichen Diskussion stellen: „Chef, da hast du aber 500.000 Euro rausgenommen!"

Weil die Bilanz die persönliche Einkommenssituation des Unternehmers abbildet, gilt sie allgemein als sensibles Dokument. Aber ist dies ein ausreichender Grund, um sämtliche Unternehmenszahlen geheim zu halten? – ob Umsätze, Gewinne, Deckungsbeiträge oder einfach nur Kennzahlen zur Lieferfähigkeit, zum Auftragsbestand oder zur Kundenzufriedenheit? Klar, Datenschutz geht alle an, aber Unternehmenszahlen sind bis auf einige wenige Punkte gar nicht personenrelevant, sondern betreffen immer das große Ganze. Trotzdem sehen viele deren Veröffentlichung als gefährlich an.

Angenommen, ein Wettbewerber würde – über welche Wege auch immer – an den tagesaktuellen Deckungsbeitrag zur Befestigungsstange FN384 herankommen. Er öffnet das Sheet und sieht: eine Zwei. Alles klar, und was bitteschön bedeutet denn die Zwei? Ist das gut oder schlecht? Viel oder wenig? Auf einer Skala von eins bis 100 ist zwei eine kleine Zahl. Auf der Skala der Noten in Deutschland ist zwei die zweitbeste. Und was bedeutet das für die Befestigungsstange FN384? Für ihre Rentabilität? Für ihren Beitrag zum Gesamtumsatz? Für die Kundenzufriedenheit?

Losgelöst vom Unternehmenskontext, von der Geschichte des Produktes und von der Beobachtung der Trends da draußen, sagt eine Zahl wie die Zwei erst einmal gar nichts aus. Selbst wenn unser imaginärer Wettbewerber alle Deckungsbeiträge des Produktes zugespielt bekäme: Die Zahlen der Vorjahre wären zwar Anhaltspunkte, um eine Entwicklung nachzuvollziehen. Ob diese Entwicklung jedoch positiv oder negativ ist, von welchen Faktoren sie abhängt, was das für unser Unternehmen bedeutet und wie er diese Zahlen für seine Firma nutzen kann, bleibt für ihn unklar. Denn Zahlen haben nur dann einen Wert, wenn sie relativ zu etwas gesehen werden. Zu einem Ereignis, zu einem anderen Produkt, zu einem anderen Unternehmen. Aber nackte Zahlen sind für Außenstehende nur ein Zahlenfriedhof – und die Angst, sie zu veröffentlichen, ist vollkommen unbegründet.

Mehr noch: In jeder Auseinandersetzung sind Zahlen und Fakten stichhaltige Argumente. Etwas, womit Gesprächspartner gern rausrücken, und nichts, was sie zurückhalten wollen. So auch im Gespräch mit Mitarbeitern, Kunden oder Lieferanten. Zahlen sind schließlich Bezugsgrößen und dienen, für die, die sie deuten können, als Orientierungshilfe. Was Bilanzen angeht: Konzerne veröffentlichen sie auch – und behaupten durch die darin abgebildeten Fakten ihre stabile Position am Markt. Könnte es also sein, dass die Vorteile der Transparenz die möglichen Nachteile deutlich überwiegen? Wenn das so wäre, dann wäre Transparenz in der ganzen Unternehmensführung – nicht nur auf der Führungsebene, sondern in jeder einzelnen Abteilung – ein entscheidender Wettbewerbsvorteil. Denn außer einmal im Jahr Ergebnisse in Form von Bilanzen zu veröffentlichen arbeitet kaum ein Unternehmen intensiv mit Zahlen und Indikatoren – schon gar nicht laufend und aktuell.

***

Der allgemeine Aufbruch um 17 Uhr, dessen Zeuge ich einige Tage zuvor gewesen war, und das Erlebnis mit der Gießkanne ließen mir keine Ruhe. Um meine Hypothese zu überprüfen, dass durch den kollektiven, von der Uhr automatisch gesteuerten Abbruch der Arbeit Aufgaben liegen bleiben, die vergleichsweise schnell erledigt werden könnten, und deshalb gewisse Vorgänge unverhältnismäßig spät abgeschlossen werden, musste ich die Ergebnisse der Arbeit quantifizieren. Weil dies eine Herkulesaufgabe ist, beschränkte ich mich für mein Experiment zunächst auf die Versandabteilung.

Ich bat also zwei Mitarbeiter aus dieser Abteilung, jeden Morgen eine kleine Strichliste zu führen, und ganz genau aufzuschreiben, was am Vorabend liegen geblieben war und warum. Einmal die Woche haben wir zusammen die Ergebnisse ausgewertet. Wir haben also erfasst, was jeden Tag hätte fakturiert werden können und nicht fakturiert worden ist. Das Ergebnis nach zwei Monaten: Zwischen 98,5 und 99,5 Prozent der liegen gebliebenen Aufträge hätten mit sehr geringem Aufwand am Vorabend noch abgearbeitet werden können. Also fast alle!

Sprich: Wir haben jeden Tag Produktivität verloren – nicht weil wir zu wenig, zu langsam oder zu ineffektiv gearbeitet hatten, sondern weil wir schlicht den letzten Schritt auf der To-do-Liste auf morgen verschoben hatten. Arbeit 90 Prozent, Ergebnis null Prozent. Und das nicht einmal oder zweimal oder dreimal, sondern jeden einzelnen Tag aufs Neue.

Für die beiden Versandmitarbeiter waren die Ergebnisse starker Tobak. Sie hatten plötzlich verstanden, dass sie jeden Tag mit ihrem Pensum im Hintertreffen waren, bloß, was sollten sie jetzt tun? Überstunden reißen, um die aufgestauten Lieferungen zu bewältigen? Schließlich wollten auch sie irgendwann Feierabend machen. Aber natürlich nicht, bevor sie ihre Arbeit erledigt haben. Ihr Fazit nach längerem Überlegen: Wir haben ein Kapazitätsproblem.

Mich überzeugte diese Schlussfolgerung zwar noch lange nicht, aber ich freute mich, dass sie sich überhaupt solche Gedanken machten. Denn hinter dem Versuch, das Problem zu lösen, steckten die ersten Ansätze von Ergebnisorientierung und ein neues Verantwortungsbewusstsein.

Wenn ich am Anfang meiner Amtszeit die Mitarbeiter gefragt habe, warum die Lieferung an den Kunden Schöffling nicht gestern schon rausgegangen sei – die Sicherungsgurte waren aus der Produktion schon am Vormittag in den Versand gekommen –, bekam ich Antworten wie: „Keine Ahnung ..." oder „Ist wohl bei den Verpackern liegengeblieben". Jeder hatte nur seinen Bereich im Blick, der Gesamterfolg hat niemanden wirklich interessiert. Und so kamen Ergebnisse zustande, wie die 99 Prozent nichtfakturierten Lieferungen. Zum Fenster rausgeworfenes Geld aus schlicht einem Grund: keine Ahnung!

Heute liegt diese Verlustrate bei durchschnittlich 1,5 Prozent. Wie die radikale Verbesserung zustande kam? Nein, wir haben nicht aufgestockt und die Versandmitarbeiter machen auch keine Überstunden. Sie haben aber den Überblick – und das hängt nur mit einer Zahl zusammen, die wir transparent gemacht haben und die jetzt alle kennen: Am Anfang war es die Strichliste, dann noch einige Parameter zur Analyse; jetzt haben wir eine Kennzahl über die Lieferfähigkeit und Termintreue entwickelt, die tagesaktuell ausgehängt wird. Die heutigen Zahlen sind die direkte Rückmeldung zur gestrigen Arbeit. Und weil nur die Mitarbeiter selbst die Gründe für eine gute oder schlechte Tagesbilanz ergründen und den Zusammenhang zwischen Ursache und Wirkung erkennen können, sind sie auch diejenigen, die dafür sorgen, dass die Zahlen jeden Tag errechnet und für alle sichtbar aufgehängt werden. Und sie sind auch diejenigen, die täglich damit arbeiten. Nicht ihre Vorgesetzten, und erst recht nicht ich, der viel zu wenig von den täglichen Stolperfallen in den einzelnen Prozessen mitbekommt.

Als die Mitarbeiter im Versand endlich die Kennzahl hatten, passierte einige Tage lang gar nichts. Aber nach einer Weile fingen sie an, darüber zu reden. Mit der Zeit lernten sie immer besser, die richtigen Schlüsse aus den Informationen zu ziehen – der Zug war endlich auf dem richtigen Gleis. Engpässe wurden beispielsweise dadurch behoben, dass die Mitarbeiter rechtzeitig Kollegen um Hilfe baten. Die kamen dann aus anderen Abteilungen und halfen Verpacken und Laden.

Ein kritischer Blick auf die Kennzahl, Gespräche mit den Teammitgliedern und daraus abgeleitete Entscheidungen: So haben die Versandmitarbeiter begonnen, sich selbst zu organisieren. Um es deutlich zu sagen: Ich als Chef habe nichts angeordnet. Keine einzige Anweisung! Ich wollte nämlich nicht die Lieferfähigkeit erhöhen, sondern ich wollte, dass meine Leute die Lieferfähigkeit erhöhen! Und das haben sie gemacht.

Selbstorganisation ist inzwischen an der Tagesordnung. Und zwar nicht nur in den Büros, sondern auch in der Produktion. Fällt zum Beispiel eine Maschine aus, ist in den meisten Fabriken der Moment gekommen, die Mitarbeiter nach Hause zu schicken und neue Schichten zu vereinbaren. Wir haben diese Sofort-Eingriffe von oben gottseidank nicht nötig. Jeder Produktionsmitarbeiter kann im Computer jederzeit nachschauen, bis wann welche Lieferung beim Kunden sein muss. Was machen die Mitarbeiter, wenn absehbar ist, dass die Reparatur nicht Stunden, sondern eher Tage dauern wird? Sie nehmen spontan frei, mitten in der Woche, und kommen wieder, wenn die Havarie überbrückt ist. Ohne dass irgendjemand, Vorgesetzter oder Disponent, auch nur nach ihnen gucken muss. Mittlerweile organisieren sich die Mitarbeiter in allen Abteilungen völlig selbstständig – und stellen alleine sicher, dass alle nötigen Kompetenzen dann versammelt sind, wenn sie gebraucht werden.

Diese konsequent ergebnisorientierte Einstellung meiner Mitarbeiter macht mich schon ein wenig stolz, ich gebe es zu. Sie ist aber nur das Ergebnis zweier Grundprinzipien, die ich angewendet hatte: Transparenz und Vertrauen.

Ich habe gelernt: Mitarbeiter, die das Ergebnis ihrer Arbeit sehen, setzen alles dran, um dieses zu verbessern. So sind Menschen. So sind auch Ihre Mitarbeiter. Und wenn den Mitarbeitern klar ist, dass ein Ergebnis nicht ihre Anwesenheit während einer bestimmten Zeit ist, sondern vielleicht die abgearbeiteten Kundenaufträge, dann verschiebt sich automatisch der Fokus von der Tätigkeitsorientierung zur Ergebnisorientierung. In der Praxis bedeutet das nichts anderes, als dass die Mitarbeiter ihre Arbeit selbst so organisieren, dass sie so effektiv wie möglich das bestmögliche Ergebnis erreichen. Und Selbstorganisation birgt letztendlich für alle Beteiligten unschätzbare Vorteile. Bei Mitarbeitern erhöht sie die Wahrnehmung ihrer Selbstwirksamkeit und stärkt den Teamgeist, und für das Management ist es eine große Entlastung, weil die Kontrollmechanismen komplett wegfallen. Aber es geht sogar noch besser – wenn sich alles von alleine dreht.

***

Als mir eines Tages relativ kurzfristig ein mehrstündiger Außentermin abgesagt wurde, war ich kurz verärgert – aber dann nutzte ich die Gunst der Stunde. Ich ließ den Termin im elektronischen Kalender stehen und nahm mir das Zeitfenster für Sachen, die ich schon zu oft verschoben hatte. Ich drückte auf die Rufumleitung und machte mich auf in die Disposition. Mein Ziel: endlich einmal wieder bei einem der täglichen Meetings zur Auftragsannahme dabei zu sein. Die Mitarbeiter hatten mich in Sachen Moderation öfter konsultiert, nun wollte ich sehen, ob die Anregungen Früchte getragen hatten. Es war drei nach elf, ich beeilte mich, um nicht allzu viel zu verpassen, und als ich endlich vor der Glastür stand, stellte ich fest, dass niemand am Besprechungstisch saß.

Hatte ich mich im Tag geirrt? Kaum möglich, dieses Meeting findet ja jeden Tag statt. War die Zeit geändert worden?

Ich ging zu einer der Disponentinnen. „Hallo, Frau Meierdierks, sagen Sie, fällt denn heute das Meeting aus?" Sie schaute mich schelmisch an – und konnte sich das Lachen nicht lange verkneifen ...

Was war passiert? Ganz einfach, die Mitarbeiter hatten das Meeting abgeschafft! Und wieso? Weil sie etwas Besseres gefunden hatten als dieses Meeting, um sich zu organisieren.

Das kam so: Wir hatten eine Kennzahl eingeführt, mit deren Hilfe die Information, wo welche Kapazitäten frei sind, nicht lediglich einmal am Tag, wie bisher, sondern in Echtzeit abrufbar wurde. Die auf die Minute genaue Einschätzung der Ressourcen brachte für die Auftragsannahme ganz neue Chancen. Und die hatten die Mitarbeiter sofort erkannt.

Wenn vorher ein Kundenauftrag kam, mussten sich die Disponenten und die Kundenbetreuer, die die Liefertermine verhandeln, zusammensetzen, um zu prüfen, ob die Kapazitäten vorhanden waren, um den Wunschtermin des Kunden einzuhalten. Einmal am Tag hatte diese feste Gruppe das besagte Meeting. Wenn nach der Besprechung noch ein Auftrag hereinkam, konnte er erst am folgenden Tag bestätigt werden.

Sobald die Kennzahl aber da war, stand für die Verantwortlichen fest: nie wieder dieses statische Meeting! Sie bildeten eine dynamische Arbeitsgruppe, die sich bei Bedarf ad hoc zusammensetzt, um dem Kunden seinen Auftrag so schnell wie möglich zu bestätigen. Kommt heute Nachmittag eine Bestellung herein, treffen sich sofort zwei, drei Mitarbeiter aus den betroffenen Abteilungen, schauen zusammen auf die Ressourcen, diskutieren kurz und entscheiden. Ja, sie entscheiden selbst. Auf dem ganz kurzen Dienstweg holen sie sich die Informationen, die sie gerade benötigen – und können dem Kunden innerhalb von einer halben Stunde den Auftrag bestätigen und den gewünschten Liefertermin zusichern. Das passiert nicht nur einmal, sondern mehrmals am Tag, nach Bedarf eben. Dadurch schaffen die Verantwortlichen eine rollierende Planung – und zwar in hundertprozentiger Eigenregie.

Für mich war spätestens jetzt klar: Wenn Mitarbeiter in der Lage sind, ihre Arbeitsergebnisse in Echtzeit zu sehen, dann organisieren und steuern sie sich selbst, um die Ergebnisse zu verbessern. Sie wollen das von sich aus, denn sie wollen gute Ergebnisse erzielen. Sie erfinden also nach Bedarf sinnvolle Umstrukturierungen und setzen sie sofort selbstständig um. Wenn sie dürfen!

Aber wenn Mitarbeiter sich selbst organisieren können, wenn sie in allem, was sie tun, sowieso nur das Beste fürs Unternehmen im Sinn haben, wenn es also klar ist, dass sie aus freien Stücken das Maximum geben, um das Optimum zu erreichen, dann wird nicht nur die Anweisung von oben völlig überflüssig, sondern auch noch ein anderes Relikt aus dem vergangenen Jahrhundert: Zielvereinbarungen! Bei den typischen Zielgesprächen geht es um die Steigerung der individuellen Leistung durch persönliche, meist finanzielle Anreize. Wenn es stimmt, dass Transparenz und Vertrauen Selbstorganisation und Ergebnisorientierung nach sich ziehen, was bewirken dann diese auf die Einzelleistung abzielenden Anreize?

Wer gibt, dem wird gegeben

Auf Hannes halte ich große Stücke. Schon beim Vorstellungsgespräch war klar, dass der junge Mann leistungsstark und motiviert ist. Nachdem er im

Großraum Stuttgart doppelt so viele Neukunden akquiriert hatte wie das Team im bundesdeutschen Durchschnitt, hatte ich mir vorgenommen, ihn auf eine der eher unterbelichteten Regionen anzusetzen.

Ich bat Hannes zu einem Gespräch in mein Büro, und nachdem wir uns längere Zeit über die Stuttgarter Ergebnisse unterhalten hatten, machte ich ihm ein Angebot. Wenn er bis Mitte des Jahres – wir schrieben den Monat Januar – in Berlin und Brandenburg eine Steigerung der Neukunden um 25 Prozent erreicht, bekommt er einen Bonus in Höhe von 15 Prozent seines Jahresgehaltes. Hannes lächelte. Ein Handschlag, und die Vereinbarung war getroffen.

In den nächsten Monaten war Hannes viel unterwegs. Er bereiste die brandenburgischen Dörfer und Städte, knüpfte Kontakte, machte Networking. Doch im Mai sah ich ihn wieder täglich im Unternehmen. Er saß entspannt und ausgiebig im Essraum, bei schönem Wetter auf der Terrasse.

Gespannt auf seine Ergebnisse, bat ich ihn in mein Büro. Hannes kam herein, hielt eine Mappe in der Hand und lächelte sein gewinnendes Lächeln. Wie es ausschaue, fragte ich ihn. Hervorragend, sagte er, zückte ein Blatt Papier und legte es auf den Tisch. Darauf eine Tabelle, ganz viele Zahlen, Kundendaten. Tatsächlich: Wir hatten 27 Prozent zusätzliche Neukunden in Brandenburg! Hannes bedankte sich für mein Vertrauen und versicherte mir, dass der Auftrag ihm Freude gemacht hätte, wenn auch in Brandenburg selbst nicht gerade der Bär rockte ... Ich schüttelte ihm dankend die Hand und kündigte weitere Zielvereinbarungen an. Er verließ mein Büro.

Dann schnappte ich mir das Blatt vom Besprechungstisch und schaute mir die Zahlen genau an. Im Januar, Februar und März war der Anstieg regelmäßig und überschritt die Sieben-Prozent-Marke nicht ein einziges Mal. Mitte April bis Anfang Mai wurde die Kurve immer steiler. Interessant, dachte ich. Wie hat Hannes denn so schlagartig zugelegt? Das muss ich ihn unbedingt fragen. Ich setzte mich an den Rechner, um einen Termin mit ihm zu vereinbaren – und bevor ich die offene Nachrichten-Seite schloss, fiel mein Blick auf eine kleine Meldung in der Branchenpresse.

Unserem größten Wettbewerber in Norddeutschland war ein Lager abgebrannt. Seit drei Wochen war er nicht mehr lieferfähig. Ich schaute noch einmal auf die Tabelle für Berlin und Brandenburg. Die Kurve wurde genau ab Mitte April steiler. Ich stand auf, ging zum Fenster, schaute in die Ferne – und sah, wie das rote Cabrio von Hannes in Richtung Autobahn davonfuhr.

Irgendetwas hatte ich falsch gemacht: Hannes hatte den Bonus schon im Mai im Sack und hat dann nur noch Dienst nach Vorschrift gemacht und die Zeit abgesessen. Das Unternehmen und dessen Wohl hatte der zielstrebige Mann gar nicht mehr im Blick – obwohl er anfangs ganz stark den Eindruck gemacht hatte, sich fürs große Ganze zu interessieren. Es kann nicht sein, dass ich ihn falsch eingeschätzt habe. Dazu haben die anderen Führungskräfte viel zu ausdrücklich meine Beobachtungen bestätigt. Schließlich war der ganzheitliche Blick auch der Grund, warum Hannes sich im Wettbewerb mit erfahreneren Vertrieblern durchgesetzt hatte.

Nein, Hannes war nicht schuld! Sondern ich! Mit diesem blöden Bonus! Ich hatte ihn, ohne es zu merken, auf das Falsche fokussiert. Ziel erreicht – Arbeit eingestellt. Und er erreichte die Belohnung sogar nur deshalb, weil ein Ereignis, auf das er gar keinen Einfluss hatte, ihm die Aufträge einfach so zugespült hatte. Jedenfalls ging ich nicht davon aus, dass er nachts mit Brandbeschleuniger bei Konkurrenten herumzündelte. Nein, das Ziel war falsch und die Belohnung war falsch. Und ich bin mittlerweile der Meinung: Anreize, individuelle Boni und klassische Zielvereinbarungen nützen nicht nur nichts. Sie schaden sogar!

Wenn man genau hinsieht, auf welchen Annahmen Zielvereinbarungen wirklich fußen – nämlich darauf, dass Mitarbeiter finanzielle Anreize benötigen, um Motivation und Arbeitsleistung aufzubringen –, dann wird schnell klar, dass sie einem positiven Menschenbild widersprechen. Mitarbeiter sind nicht von Natur aus faul und geldgeil. Genau das setzt aber die Idee jedes individuellen Anreizsystems voraus. Im Grunde ist das eine Frechheit. Denn in Wahrheit will jeder Mitarbeiter von sich aus gute Leistungen bringen. Es kommt nur darauf an, auf was man ihn als Führungskraft fokussiert: auf das Unternehmenswohl oder auf seine persönliche Leistung.

Fokussiert man ihn auf den Unternehmenserfolg, dann müssen die mit individuellen Leistungen verknüpften Anreize raus aus dem Gehaltssystem!

War ich da wirklich auf eine Erkenntnis gestoßen, die so völlig dem Mainstream der Managementlehre widersprach? Und wie soll das praktisch gehen, in einem Unternehmen, das seit Jahren oder sogar Jahrzehnten mit Zielvereinbarungen arbeitet? Vor allem im Vertrieb! Einfach die damit gekoppelten Prozente streichen? Das lässt sich doch nie und nimmer vermitteln. Die Mitarbeiter werden sich hintergangen fühlen, wenn ihnen die Möglichkeit, nach mehr zu streben, genommen wird! Außerdem machen das doch alle so ...

***

Es war ein ruhiger und lauer Sommerabend. Einer, der dazu einlädt, sich mit einem Buch und einem Eisbecher auf die Terrasse zu setzen. Die Episode „Hannes" lag mir noch immer im Magen, und so hatte mich der Titel des Buches „Führen mit flexiblen Zielen" sofort angesprochen.

Ich fing ganz brav beim ersten Kapitel an zu lesen, aber nach einigen Seiten konnte ich meine Neugier nicht mehr im Zaum halten. Ich blätterte zurück zum Inhaltsverzeichnis, fand den Teil über Zielvereinbarungen, schlug die Seite 176 auf – und las die Passagen ganz genau durch. Was mich überraschte: Ganz viele Begriffe, die darin auftauchten, etwa Transparenz, Eigenverantwortung und Selbstorganisation, waren in unserem Unternehmen schon Realität. Zur Veränderung, für die der Autor, Niels Pfläging, eintrat, musste ich also nicht mehr bewegt werden. Denn wir lebten diese Prinzipien schon – bis auf einige Reminiszenzen aus meiner Zeit als Konzernmanager. Aber mich interessierte, wie dieser Managementvordenker sich die Umsetzung jener Prinzipien vorstellt. Anderthalb Stunden später – das Eis war schon geschmolzen – stand ich ruckartig auf, ging zum Computer und löschte die komplette Excel-Tabelle, mit der ich die neuen Boni ausgerechnet hatte.

***

Im Sommer 2008 war mir klar geworden: Ich war seit mehr als zehn Jahren dabei, vollkommen gegensätzliche Botschaften an meine Mitarbeiter auszusenden. Wer Eigenverantwortung und Selbstorganisation fordert, kann seinen Mitarbeitern doch nicht gleichzeitig saftige Köder vor die Nase halten, damit sie ihre Leistung steigern! Wer also die intrinsische Motivation der Mitarbeiter fördert und sie befähigt, selbstverantwortlich im Sinne des Unternehmens zu handeln, der braucht keine finanziellen Anreizsysteme über individuelle Zielvereinbarungen! Transparenz, Eigenverantwortung und Ergebnisorientierung einerseits und klassisches Management andererseits, das passt einfach gar nicht zusammen! Also musste das Gehaltssystem dringend umgestellt werden. Alle Bonusausschüttungen sollten so schnell wie möglich der Vergangenheit angehören.

Eine Gehaltsumstellung vor diesem Hintergrund macht aber nur dann Sinn, wenn auch die Mitarbeiter sie als vorteilhaft wahrnehmen. Die Prozente, die einem Teil der Belegschaft bei Zielerreichung in Aussicht gestellt wurden, lassen sich also schlecht unter den Tisch kehren. Eigentlich bleibt für Chefs nur ein Ausweg aus der Anreizfalle: den Mitarbeitern die Boni zu schenken. Und zwar nicht nur den Mitarbeitern mit Zielvereinbarungen, sondern allen. Alles andere wäre unfair.

Eine solche Gehaltserhöhung mag zunächst wie ein Verlust fürs Unternehmen aussehen. Alle Instrumente, über die Manager verfügen, um Auszahlungen zu steuern und je nach Wirtschaftslage auch zu begrenzen – etwa indem gemeinerweise Ziele definiert werden, die die Mitarbeiter mit hoher Wahrscheinlichkeit nicht erreichen –, sind mit einer solchen Umstellung dahin. Ja, das Management gibt damit die volle Macht an die Mitarbeiter ab.

Zugegeben, es ist ein mutiger Schritt. Ein Unternehmer kann ihn nur dann gehen, wenn er an die Leistungsfähigkeit seiner Mitarbeiter glaubt. Wenn dieses Vertrauen aber da ist, dann stellt sich nicht mehr die Frage, ob der Weg weg von den Zielvereinbarungen richtig oder falsch ist. Dann ist die Aufgabe der Boni und die damit verbundene Gehaltserhöhung in Wahrheit eine Investition in die eigenen Mitarbeiter.

Und es ist auch nicht wichtig, ob gerade der richtige Zeitpunkt für eine Gehaltsumstellung ist. Wenn das System an sich richtig ist, dann ist auch jeder Einführungszeitpunkt der richtige. Auch wenn die Rechnung manchmal nicht sofort aufgeht ...

***

„Stellt euch vor, wir sind auf hoher See", sagte ich. „Wir wollen Fische fangen, aber es gibt dieses Jahr so wenige, dass sie nicht einmal als Reiseproviant reichen, geschweige denn, um noch welche zu verkaufen. Am allerwichtigsten ist also, dass wir alle wieder heil im Hafen ankommen. Und damit wir es schaffen, müssen wir die wenigen Fische, die wir zum Überleben haben, rationieren, denn wir wollen auf der Heimfahrt keinen einzigen der Besatzung verlieren ..."

Mit dieser Geschichte habe ich die Mitarbeiterversammlung an einem Donnerstag im Februar 2009 eröffnet. Die See war in der Tat rauh und die Netze waren leer. Unsere Branche verzeichnete Umsatzeinbußen von bis zu 50 Prozent. Auch uns hatte es voll erwischt. Mein Vorschlag an die Mitarbeiter: Damit wir die allgemeine Wirtschaftskrise als Unternehmen überleben können, sollte jeder einzelne Verzicht üben. Konkret hieß das: Ich gab 20 Prozent meines Gehalts temporär auf, die Führungskräfte bat ich um 15 Prozent und die Mitarbeiter um zehn Prozent. Wenn wieder Land in Sicht wäre, würde ich das einbehaltene Geld inklusive Zinsen an jeden Einzelnen zurückzahlen. Ich erklärte den Mitarbeitern, dass es ihre persönliche Entscheidung wäre, ob sie dem Einbehalt zustimmten oder nicht. Wenn sie es jedoch täten, würde ich persönlich dafür geradestehen, dass es keine betriebsbedingten Entlassungen gäbe, während wir die konjunkturbedingte Talsohle gemeinsam durchschritten.

Den ganzen Monat Januar über hatte ich den Auftritt vorbereitet. Ich hatte meine Rede immer wieder neu geschrieben, vor dem Spiegel geübt und mich sogar in Rhetorik coachen lassen. Ein bisschen kam ich mir vor wie ein Bewerber, der vor einer 120-köpfigen Kommission bestehen muss. Für einen Auftrag, bei dem es um Leben oder Tod ging.

Dass es irgendwann dazu kommen musste, war mir schon klar, als ich das Gehaltssystem im Herbst 2008 umgestellt hatte – am Anfang der Krise. Und obwohl ich überzeugt war, das Richtige getan zu haben, hat es mich trotzdem Überwindung gekostet, mich als Bittsteller vor die gesammelte Belegschaft zu stellen. Kein Wunder! Ich war nicht nur abhängig von meinen Mitarbeitern – ich war ihnen ausgeliefert.

Aber viel schwieriger als für mich war die Situation für meine Mitarbeiter. Aus ihrer Perspektive war mein Vorschlag ein Punkt mehr auf der Liste der verwirrenden Taten ihres Chefs. Erst erzähle ich ihnen jahrelang, wie erfolgsentscheidend Zielvereinbarungen sind, halte intensive Mitarbeitergespräche ab, verteile Boni, und weil ich irgendwann dann so ein Buch gelesen habe, mache ich mitten in der Krise eine absolute 180-Grad-Wende. Ich schenke allen Mitarbeitern Gehaltserhöhungen und Variablen – und kein halbes Jahr später will ich mein Geld zurück! Von außen gesehen, ist die Abfolge dieser Schritte kaum nachvollziehbar. Heute hü, morgen hott – so wirkten meine

Umstrukturierungsmaßnahmen auf die Mitarbeiter. Und die Frage war: Wer würde einem derart chaotisch wirkenden Chef – in der Krise – auf so einem abenteuerlichen Weg folgen?

Am Dienstag darauf fand die Urabstimmung statt. Alle Beteiligten hatten mit ihren Familien und Kollegen das Für und Wider abgewägt und überlegt, ob sie auf das Geld verzichten konnten. Ich konnte beobachten, wie zögerlich manche Mitarbeiter die Zettel in den Korb warfen, und wünschte mich weit weg von hier. Aber ich harrte der Dinge. Und als die Stimmen ausgezählt waren, lautete das Ergebnis: Über 90 Prozent hatten dem Einbehalt zugestimmt! Ich atmete auf und dankte der ganzen Belegschaft. Für mich war es die Bestätigung: Es funktioniert. Die Menschen nehmen ihre Verantwortung wahr und ernst.

***

In klassisch per Anweisung und Kontrolle geführten Unternehmen wird in Krisenzeiten das dreilagige Toilettenpapier durch zweilagiges ersetzt. Es wird Symbolpolitik betrieben, weil die Mitarbeiter sonst vielleicht gar nicht mitbekommen, dass die Zeiten gerade hart sind. Mit solchen Maßnahmen versuchen Manager, das unternehmenspolitische Ziel des Sparens und Haushaltens durchzudrücken. Das implizite Signal an die Mitarbeiter ist: Ihr seid zu teuer!

Der Fokus aller wird auf die Kosten eingestellt. In der Mitarbeiterversammlung werden dazu sogar Zahlen durchgegeben, zusammen mit der Interpretation, wie schlecht es dem Unternehmen gerade geht. Die Sache hat bloß einen Haken: Wenn Zahlen, Daten und Fakten nur in Krisenzeiten zum Einsatz kommen und die Mitarbeiter sie ohnehin nicht selbst interpretieren können, dann werden die Mitarbeiter dem mangelnden Vertrauen der Manager ihrerseits mit Misstrauen begegnen: Geht es dem Unternehmen wirklich so schlecht, wie die tun? Die haben doch ihre Schäfchen im Trockenen! Die wollen doch nur Druck machen, und am Ende sind sie fein raus, während wir uns hier krumm schuften! – Alles, was die Mitarbeiter empfinden, wenn sie auf diese Weise eine Zahl vor die Nase gehalten bekommen ist: Druck.

Wer seiner Mannschaft hingegen Vertrauen schenkt, indem er stets offen mit den quantitativen Arbeitsergebnissen und allen relevanten Unternehmenszahlen umgeht – in guten wie in schlechten Zeiten –, wer also Transparenz in der gesamten Unternehmensführung lebt, der bekommt das geschenkte Vertrauen zurück. Das ist nicht nur meine Überzeugung, sondern auch meine Erfahrung.

Das bedeutet: Nur wer in Vorleistung geht, kann auch Gegenleistung erwarten. Im Umgang mit Mitarbeitern ist das im Grunde klar: Nur wenn der Chef den Neuling gut einarbeitet, kann er erwarten, dass dieser sich schnell ins Team einfügt. Und nur wenn er dem Team ganz genau erklärt, was es mit dem neuen System auf sich hat, kann er erwarten, dass die Mitarbeiter es annehmen. Die eigenen Leute lassen sich durch Vorleistung schon mitnehmen und gewinnen. Gut. Aber doch nicht die Kunden und Lieferanten, oder?

Was passiert, wenn sie erkennen, dass ihr Verhandlungspartner einen halben Schritt vor der Insolvenz steht? Oder dass er doppelt so profitabel ist wie sie selbst? Wie will ein gut verdienendes Unternehmen da noch seine Preise durchsetzen? Indem man Zahlen veröffentlicht, begibt man sich automatisch in eine schlechte Verhandlungsposition. Oder?

Wir exportieren nach China!

„Ihr könnt uns doch nicht hindern, Local Content zu machen", sagte der Einkäufer des Automobilkonzerns und beugte sich vor.

Mein Vertriebschef zuckte kurz, ließ sich aber nicht aus der Ruhe bringen. „Nein, das wollen wir auch nicht", sagte er nüchtern. „Aber ihr könnt uns auch nicht zwingen, unser Wissen nach China zu schicken."

Nach diesem Satz kehrte Stille ein.

Die Luft war so dick, dass man sie mit dem Messer hätte schneiden können, und die Verhandlung war an einem Punkt angekommen, an dem es scheinbar nicht weiterging.

Mit der Automobilindustrie zu verhandeln ist für Zulieferer die absolute Königsdisziplin. Gerade die namhaften Konzerne sind durch ihre schiere Marktmacht in einer Position, die viele Lieferanten im Geiste schon auf den Knien rutschen lässt, aus Dankbarkeit, überhaupt mit ihnen zusammenarbeiten zu dürfen.

Dabei ist in Wirklichkeit die Abhängigkeit gegenseitig. Nicht nur die Davids dieses Industriezweigs brauchen die Goliaths. Auch die Riesen könnten ohne die Fleißbienen nicht überleben. Es reicht schon, dass eine bestimmte Schraube fehlt, dann kann der Wagen nicht fertig zusammengebaut werden. Wenn beispielsweise bei einem Van ein derart unersetzlicher und teurer Bestandteil wie die Sitzschiene von schlechter Qualität ist, dann fällt das Modell ganz schnell durch alle Rankings, denn davon sind betroffen: Sicherheit, Komfort, Gewicht, Verarbeitung und Handling. Und weil wir ausgerechnet über solche Sitzschienen redeten und wir aus gutem Grund davon überzeugt sind, diese Teile weltweit am besten produzieren zu können, hatten wir keinen Grund, nachzugeben und unsere Produktion nach China zu verlegen – wovon der Vertreter des Automobilkonzerns versuchte, uns zu überzeugen, um die Kosten zu drücken.

Nach einigen Sekunden Stille nahm mein Kollege einen Schluck Wasser, stellte das Glas wieder auf den ledernen Untersetzer und griff zu seiner Tasche. Alle Blicke waren auf ihn gerichtet, denn er war der Einzige, der in dieser lähmenden Atmosphäre noch agierte. Er holte eine dünne Mappe heraus, öffnete sie und legte sie auf den Tisch.

„Wissen Sie, wir haben in der Krise 30 Prozent unseres Umsatzes verloren", sagte mein Kollege mit ruhiger Stimme. „Wenn Sie hier auf diese Tabelle schauen, dann werden Sie sehen: Das hat uns nicht weggepustet. Wir sind trotzdem die gesamte Krisenzeit über, Monat für Monat, profitabel geblieben. Schauen Sie: Wir haben in der Krise Gewinn gemacht."

Der Vertreter der Autofirma warf einen flüchtigen Blick auf die Tabelle und fixierte dann wieder meinen Kollegen.

Der fuhr fort: „Was ich damit sagen will: Wenn Sie und wir nächstes Jahr dieses Geschäft nicht mehr zusammen machen, dann ist das okay. Wir können es uns leisten, 20 Prozent des Umsatzes zu verlieren. Sie haben unser aktualisiertes Angebot vorliegen, inklusive der Preiserhöhung für die Auslieferung. Es ist ein faires Angebot. Und ja, wir werden dabei Geld verdienen. Warum sollten wir es sonst machen? Sie dürfen sich das gern noch durch den Kopf gehen lassen und mit Ihren Kollegen besprechen. Wenn Sie sich entschieden haben, geben Sie uns Bescheid."

Während der Automensch mit seinem Designerstuhl verschmolz, standen der Vertriebschef und ich auf, schüttelten ihm die Hand, und gingen sicheren Schrittes zum Ausgang. Draußen nickte ich meinem Vertriebschef noch einmal zu. Sein Mut und seine Verhandlungsführung hatten mir ausgesprochen gut gefallen.

Eine Woche später klopfte der Vertriebschef an meine Tür und zeigte mir einen unterschriebenen Auftrag. Absender: die Automobilfirma.

Wir hatten allen Ernstes eine Preiserhöhung bei einem großen Automobilkonzern durchgesetzt – und wir waren es, die nach China exportierten, komplett entgegen der üblichen Richtung der weltweiten Warenströme. Was für ein Erfolg!

***

Entscheidend in Verhandlungen ist meiner Erfahrung nach, sich mental auf die gleiche Stufe mit dem Gegenüber zu begeben. Nur so bleiben selbst kleine oder mittelständische Unternehmer Verhandlungspartner und werden keine Verhandlungsopfer. Doch gerade wenn die Automobil-Zulieferindustrie mit den Konzernen verhandelt, fallen defensive Sätze wie „Ich kann Ihnen keinen besseren Preis machen." – Wer so kommuniziert, gibt die Entscheidungsmacht aus der Hand, denn er sagt: Ich kann nicht. Ich würde ja, aber es geht nicht. Ich bin ohnmächtig. Wer sich als Opfer präsentiert, braucht sich nicht wundern, wenn er als Opfer behandelt wird – etwa indem der Autoriese schlicht zu einem billigeren Anbieter wechselt. Und weil die Opfermentalität so tief sitzt, dass es genügend Lieferanten gibt, die sogar rote Zahlen schreiben würden, um mit bekannten Firmen zu arbeiten, gibt es immer einen, der den Unterboden, die Aufhängung oder die Windschutzscheibe billiger anbietet. Bis die Abwärtsspirale an die Kreditgrenze stößt. Und dann ist es schneller vorbei, als das Renommee eines Namens wie BMW, Daimler oder Volkswagen die gewünschte Wirkung entfalten konnte.

Langfristig erfolgreiche Unternehmen haben ein gesundes Selbstbewusstsein. Selbst in wichtigen Verhandlungen sagen sie beispielsweise: „Das ist der beste Preis, den ich Ihnen machen will." Wenn die Vertreter dann noch stichhaltige Zahlen im Kreuz haben, wenn sie also wissen, wie stark sie sind, weil sie die wirtschaftliche Lage des Unternehmens kennen, dann können sie auch gut verhandeln. Denn die Zahlen geben ihnen Selbstvertrauen. Auch wenn der Vertreter sich den Auftrag noch so sehr wünscht: Indem er die Entscheidung über die Zusammenarbeit nicht aus der Hand gibt, bleibt er auf

Augenhöhe – und suggeriert außerdem seinem Gegenüber: Auf uns könnt ihr euch verlassen. Wir sind ein starker Partner.

∗∗∗

Bei allen Zweifeln und Ängsten, die die Menschen da draußen haben: Echte Transparenz in der Unternehmensführung hat enorme Vorteile. Auf der individuellen Ebene führt sie dazu, dass die einzelnen Mitarbeiter ihren Job aus eigenem Antrieb besser machen und sich sogar ständig selbst verbessern. In der Organisation von Prozessen und Arbeitsgruppen führt ein transparenter Umgang mit Ergebnissen zu Selbstorganisation und Selbststeuerung durch die Mitarbeiter. Und dieser Geist geht durch alle Bereiche: von der Disposition über die Entwicklung und den Vertrieb bis hin zur Produktion. An allen Ecken und Enden sind Mitarbeiter stets in Bewegung, verbessern sich und ihre Ergebnisse und machen jede Verwaltungsarbeit, jedes Regieren, Anweisen und Kontrollieren von oben überflüssig.

Transparenz stärkt das Verantwortungsgefühl der Mitarbeiter, das selbstständige Denken, und wenn es schlecht läuft, führt sie sogar zu einer wahren Solidaritätswelle. Das heißt: Transparenz bewirkt nicht Verwirrung, sondern Fokussierung auf das Wesentliche: den gemeinsamen Erfolg.

∗∗∗

„... ach so?", sagt mein Geschäftspartner.

„Ja. Und deshalb stehen bei uns in allen Geschäftsbereichen diese Pinnwände, auf denen die Mitarbeiter selbstständig spezifische Kennzahlen aufhängen. Und jeder darf das sehen. Auch du", sage ich zum Abschluss.

Mein Besucher schaut jetzt gedankenversunken in Richtung Pinnwand. Er stützt den Kopf mit der rechten Hand und sagt schließlich:

„Detlef, jetzt bin ich völlig irritiert. Wenn es stimmt, was du sagst, dann habe ich bisher alles falsch gemacht. Tut mir leid, ich will nicht unhöflich sein, aber ich muss nachdenken. Können wir das Gespräch über die Konditionen auf einen anderen Tag verschieben?"

Ich nicke ihm zu, und schon ist er auf und davon.

Was ich ihm nächstes Mal allerdings unbedingt noch sagen muss: Transparenz alleine genügt nicht!

Kapitel 5

Terrasse: Warum es keine Meetings braucht, um gute Entscheidungen zu treffen

A h, da kommt er endlich! Ich sitze an einem warmen Spätsommer-
abend in einem Biergarten am Bodensee und habe schon seit einer
guten halben Stunde auf meinen Freund Heinrich gewartet. Wir
kennen uns seit der Schulzeit und treffen uns alle paar Monate zu einem kleinen Plausch. Dass er sich verspätet, sieht ihm gar nicht ähnlich. Mal sehen,
was er zu erzählen hat. Als Heinrich, sich durch die Tischreihen windend, näher kommt, fällt mir auf, dass er ganz herausgeputzt ist – sein maßgeschnei-
derter Anzug und die teure Krawatte passen so gar nicht in dieses Umfeld. Es
wird immer spannender …

„Detlef, entschuldige bitte die Verspätung", ruft er schon von Weitem.
Wir schütteln uns die Hände. Heinrich sieht nicht besonders entspannt aus
heute, denke ich. Ganz außer Atem lockert er seinen Krawattenknoten und
lässt sich mit einem Stoßseufzer auf die Holzbank fallen.

„Kein Problem, Heinrich", sage ich, „es gibt ja wohl kaum einen angeneh-
meren Ort zum Warten."

Mein Freund wirkt ganz schön genervt und müde. „Anstrengender Tag
heute?", versuche ich das Eis zu brechen.

Heinrich hat sich kaum das Jackett ausgezogen, da fängt er schon an:
„Jetzt ist es schon fast neun Uhr. Bis gerade eben war ich in einer Aufsichts-

ratssitzung, ich konnte mich noch nicht einmal mehr umziehen. Das ist doch jedes Mal das gleiche Theater, ich sollte es ja inzwischen wissen, aber daran gewöhnen werde ich mich wohl nie!"

Nach und nach kommt die Geschichte heraus: Der Aufsichtsrat, in dem Heinrich Mitglied ist, trifft sich viermal im Jahr. Der Termin wird schon lange im Voraus gebucht. Jedes Mal wird ein ganzer Tag geblockt, denn die Aufsichtsräte sind viel beschäftigte Leute, die froh sind, wenn sie die Reise nicht öfter auf sich nehmen müssen. Von morgens bis abends wird ohne richtige Pause durchgearbeitet. In einem ungemütlichen Sitzungszimmer, wo rasch dicke Luft herrscht, sitzen sie dann zusammen und besprechen das vergangene und das kommende Geschäftsjahr.

„Offiziell geht das Programm ja von 9 bis 19 Uhr, aber seitdem ich im Vorstand bin, habe ich es nicht ein einziges Mal erlebt, dass wir mal pünktlich Schluss machen", beschwert sich mein Freund. „Bis halb neun haben wir heute gesessen! Ich fass' es nicht ..." Heinrich wischt sich mit einer Serviette den Schweiß von der Stirn. „Und jetzt bin ich viel zu spät, dabei hatte ich mich so gefreut, dich zu sehen!"

„Komm, ich spendier' dir ein Bier!", sage ich, um die Stimmung etwas zu heben, winke der Kellnerin und gebe unsere Bestellung auf. Von Entspannung aber keine Spur, Heinrich kommt jetzt erst richtig in Fahrt. „Das Schlimmste ist ja, dass unser Geschäftsführer wieder alle seine Pläne fürs nächste Jahr in dieser einen Sitzung besprechen wollte. Er hat lang und breit und in allen Einzelheiten über seine verschiedenen Ansätze gesprochen, und jede Initiative wurde zu Tode diskutiert."

Was Heinrich am meisten genervt hatte: Eine gute Stunde lang hatte sich der Geschäftsführer mit dem ehemaligen Finanzvorstand, der nun in den Aufsichtsrat gewechselt war, über eines der Projekte unterhalten. Der hatte das notwendige Fachwissen, doch alle anderen elf Beiräte saßen einfach nur herum und konnten gar nichts beitragen. Sich auszuklinken, um parallel an anderen Problemen zu arbeiten, ging auch nicht, weil der Raum zu klein war. Am Ende hat der Geschäftsführer den gesamten Aufsichtsrat noch in weniger wichtige Personalentscheidungen einbezogen. Sogar für die Einstellung eines stellvertretenden Regionalleiters wollte er grünes Licht. Dabei hätte er diese Entscheidung ruhig allein mit seiner Personalabteilung treffen können.

„Schau mal meinen Notizblock an, vor lauter Langeweile habe ich Strichmännchen gezeichnet", ereifert sich Heinrich und zieht eine Mappe hervor, auf deren Deckblatt sich Blitze und feuerspeiende Drachen tummeln. Er gönnt sich den ersten Schluck seines Weizenbiers. Auch die schöne Umgebung tut ihr Übriges: Heinrich kommt dem Freizeitmodus schon ein bisschen näher. Nur sein Maßanzug hindert ihn noch daran, wirklich ganz zu entspannen.

Er grantelt noch ein wenig länger über sein Meeting. Über seinen Frust, weil er genug andere Dinge zu tun gehabt hätte, und seinen Ärger darüber, dass er die Agendapunkte, die ihm selbst wichtig waren, nur noch im Schnellverfahren zur Debatte stellen konnte. Wie soll man auch in 15 Minuten mit zwölf anderen Menschen ein Thema besprechen und zu einer vernünftigen Entscheidung kommen!

„Ich hatte echt so einen Hals ...", grimassiert er und nimmt den letzten Schluck aus seinem Glas. Doch ich habe rechtzeitig für Nachschub gesorgt. Jetzt komme auch ich langsam zu Wort.

„Kein Wunder, dass dich das nervt", sage ich lachend. „Das ist genau der Grund, warum wir solche Jours fixes bei mir in der Firma längst abgeschafft haben."

Heinrich läßt sein Glas sinken, das er gerade angesetzt hatte. „Wie werden bei euch dann Entscheidungen getroffen, wenn ihr keine Meetings habt?"

Verordnete Ineffizienz

Was genau läuft denn nicht rund in der ganz normalen Meeting-Kultur? Zuerst einmal werden Beratungsmeetings vor allem als Zeitfresser wahrgenommen. Und das zu Recht, denn es sind ja meist Termine, die schon seit Wochen und Monaten festgelegt sind. Sie finden statt, egal ob sie nun wirklich wichtig sind oder nicht, ob man nun etwas Wichtigeres zu tun hat oder nicht. Formalisierte Treffen wie Sitzungen und Meetings nehmen einen festen Platz in unseren Agenden und Computerkalendern ein. Doch diese Ausschüsse tagen nicht dann, wenn sie wirklich notwendig sind, sondern zu dem Zeitpunkt, zu dem sie zuvor einmal festgesetzt wurden.

So kommt es, dass die Mitarbeiter einer Abteilung dann am Donnerstag Morgen um zehn im Meeting-Raum stehen und der Chef die klassische Frage stellt: „Was haben wir heute abzuklären?" Weil die Stille ja irgendwie überbrückt werden will und niemand so dastehen möchte, als würde bei ihm nichts Wichtiges passieren, wird schnell eine Frage überlegt und in die Runde geworfen. Mit der Zeit lernen die Mitarbeiter auch, schon während der Woche fleißig möglichst schlaue Fragen für die Besprechung zu sammeln. Man könnte auch sagen: So wie jedes Vakuum gefüllt wird, findet auch jedes Meeting seine Themen.

Dabei handeln alle Beteiligten natürlich stets mit den allerbesten Absichten. Sie möchten gute Entscheidungen treffen und wollen deshalb auf die Kompetenz des gesamten Teams zugreifen. Ihr Trugschluss: Wenn alle Köpfe beisammen sind, geht das am besten. Der Nachteil bei dieser Vorgehensweise: Statt einer halben Stunde sitzt man dann drei oder vier Stunden beisammen. Mit meinem Freund Heinrich habe ich das einmal ausgerechnet.

„Hast du eine Ahnung, was diese Vorstandssitzung das Unternehmen gekostet hat?", hatte ich ihn im Biergarten gefragt.

„Hmm, nein, aber lass mal überlegen: Uns kostet es Nerven und das Unternehmen kostet es neun Stunden mal 14 Aufsichtsräte. Das sind …"

„126 Stunden", ergänze ich, „mit anderen Worten: über 15 Manntage. Und da ist die obligatorische Verlängerung noch nicht einmal mit eingerechnet."

Eine erschreckend hohe Zahl! Diese einfache Rechnung sollte jeder auch für das Meeting anstellen, in dem er gerade festsitzt – ob es eine Bereichsleitersitzung, eine Vertriebssitzung, ein Herstellungsmeeting, eine Produktionsbesprechung oder was auch immer ist, in dem auf Teufel komm raus miteinander beraten wird …

Dafür, dass meist nur einer mit dem Chef redet und die anderen Mitarbeiter in der Zwischenzeit Däumchen drehen, ist die Investition ganz schön hoch. Treffender gesagt: So eine Investition ist kaum zu rechtfertigen! Damit sich diese Art von Sitzung rechnet, müssten außerordentlich gute und wichtige Entscheidungen getroffen werden. Das mag in dem einen oder anderen Meeting gelingen, aber regelmäßig jeden Montagmittag?

Eines der Probleme mit den Meetings ist also, dass sie von Vornherein festgesetzt sind – unabhängig davon, ob sie gerade sinnvoll oder gar notwendig sind oder nicht. Statt lebendiger Diskussion ist ein inhaltsleeres Ritual die Folge. Aber das ist noch nicht alles. Wenn man genau hinschaut, kommt noch mehr ans Licht.

Nehmen wir zum Beispiel ein Marketing-Meeting zu einem neuen Kampagnenkonzept. Der verantwortliche Projektleiter stellt die Anforderungen an die neue Kampagne in der Sitzung vor, erläutert einige Ideen, und dann wird mit dem gesamten achtköpfigen Team gebrainstormt, was das Zeug hält. Die Uhr tickt und tickt und tickt ... und am Ende des Meetings wurden 17 Ideen geboren, von denen neun schon verworfen und weitere sieben auch nicht gerade prickelnd sind. Die zündende Idee des Tages kam vom Projektleiter selbst. Der hatte seinen Ansatz schon vor ein paar Tagen gefunden und ist jetzt sehr stolz, ihn allen vorstellen zu können. Weil die Zeit knapp wird, beschließt man, beim nächsten Mal weiter zu diskutieren. Das Meeting wird ohne Ergebnis abgeschlossen.

Diese Zeitverschwendung hat einen Grund: Der eigentliche Entscheider, nämlich der Projektleiter, bindet das gesamte Team in den Arbeitsprozess mit ein. Vordergründig tut er das, um ein möglichst gutes Ergebnis zu bekommen. Hintergründig – und meist völlig unbewusst – will er seine Verantwortung auf die Schultern der anderen oder des Chefs verteilen. Denn letztlich brainstormt er nur deshalb zusammen mit dem ganzen Team – und nicht in einer kleineren Arbeitsgruppe – weil er eine breite Zustimmung zum Ergebnis bekommen möchte. Dann kann hinterher niemand mehr sagen, die Idee wäre nicht gut gewesen. Er drückt sich also vor der Verantwortung, selbst zu entscheiden. Statt zu bestimmen, wann, wie und mit wem er die Aufgabe in kleinem Kreis bearbeiten will, lädt er lieber gleich alle Teamkollegen ein.

Der Fehler liegt im System. Durch die Meeting-Kultur gewöhnt sich die gesamte Mannschaft an, Entscheidungen gemeinsam in Meetings zu treffen. So wird die wahre Verantwortlichkeit schlichtweg unterlaufen. Denn obwohl der Chef formal die Verantwortung für alles trägt, was in seinem Bereich geschieht, ist der wahre Verantwortliche für einen bestimmten Arbeitsschritt oder ein bestimmtes Projekt immer der entsprechende Mitarbeiter bzw. der Projektleiter. Also die Person, die daran arbeitet.

Ein weiterer Fehler im Meeting-System ist, dass es in diesen Besprechungen in der Regel kaum zu einem echten Gedankenaustausch und damit zu einem messbaren Fortschritt kommt. Warum ist das so? Weil Probleme und Fragen oft gar nicht offen zur Diskussion gestellt werden. Dazu haben die Leute viel zu viel Angst, in den Augen des Chefs und der anderen Mitarbeiter als Versager dazustehen. So verkommen Meetings zur reinen Luftnummer. Es geht dann nur noch darum, eine Entscheidung abzunicken oder die Idee eines Unglücklichen abzuschießen.

Und noch ein weiteres Manko der berüchtigten Jours fixes: Die Teilnehmer werden nicht nach ihrer Eignung, sondern nach ihrer Position und Zugehörigkeit ausgewählt. Wenn ein Meeting des Vertriebs stattfindet, dann werden eben die Mitglieder der Vertriebsabteilung zusammengetrommelt. Ob sie alle zu den auf der Agenda stehenden Themen beitragen können, wird nicht berücksichtigt. Wer nach dem Organisationsplan zur Truppe gehört, wird zur Teilnahme verdonnert. Basta. Ob vielleicht der eine oder andere Mitarbeiter der Rechnungsabteilung oder der Produktentwicklung das Meeting bereichern könnte, fragt sich niemand. Wichtige Leute mit relevanten Informationen fallen so durchs Raster und werden erst gar nicht eingeladen – ein Meeting ist eine geschlossene Gesellschaft.

Fazit: Gerade Meetings mit festgesetzten Terminen sind reine Geldverbrennungsmaschinen. Entweder es geht sowieso nur um die Umverteilung von Verantwortung oder die Durchsetzung von längst Beschlossenem, oder es sitzen gar nicht die richtigen Leute am Tisch – dazu kommen das enge Zeitfenster und der damit verbundene Zeitdruck. Die Chance auf eine gute Entscheidung in einem Meeting tendiert gegen Null.

Solche Meetings sind also reines Theater. Wie Potemkinsche Dörfer, hinter deren Fassade alles bröckelt und zusammenbricht, produzieren Meetings nicht Erkenntnisgewinn und Synergieeffekte, sondern nur Berge an Papier – meistens für die Tonne.

Das bedeutet im Umkehrschluss: Wenn man Meetings nach Bedarf einberufen und genau jene Mitarbeiter dazu einladen würde, die man für die besten hält, um die anstehende Aufgabe zu bearbeiten, dann müsste dies doch die richtige Grundlage für eine gute Entscheidung sein, oder?

***

Draußen auf der Terrasse knallt die Sonne auf die verwaisten Tische, an denen sich die Mitarbeiter gerne zum Mittagessen treffen. Hier drinnen im

Büro meiner Personalchefin herrscht gedämpftes Licht und es ist kühl. Wir beide sitzen vor einem langen Ausdruck von Mitarbeiternamen.

Ich seufze. „Marianne, ich kann nicht glauben, dass unser Beteiligungs-modell immer noch so kompliziert ist. Kein Wunder, dass die Mitarbeiter es nicht verstehen. Niemand findet es gut. Ich wünschte wirklich, dass ich das damals besser aufgegleist hätte!"

Marianne Weber nickt bedächtig. „Ich weiß, Detlef. Mit dem Versuch, das Modell einfacher und klarer zu gestalten, schlagen wir uns nun schon drei Jahre herum. Die Einwände und die Kritik der Gesellschafter, dass das Modell weder fair noch klar sei, ist ja schon fast Tradition geworden. Ich weiß da auch nicht mehr weiter."

Die Sache mit dem Mitarbeiter-Beteiligungsmodell ist für mich kein Ruh-mesblatt. Vor drei Jahren hatte ich die Idee für einen neuen Ansatz. Das alte Modell bot kaum sinnvolle Anreize für die Mitarbeiter und musste dringend durch ein neues ersetzt werden. Basierend auf einem Modell, von dem ich in einem Vortrag gehört hatte und das mir völlig einleuchtete, hatte ich rasch ein kurzes Konzept entwickelt. Und dann machte ich einen Fehler: Ich lud den gesamten Führungskreis kurzfristig zu einem Meeting ein, um meinen Lösungsvorschlag zu besprechen.

Marianne nickt. „Ja, ich erinnere mich, das war damals ein ziemlicher Schnellschuss. Ich hatte einen freien Tag und kam extra rein, um dabei sein zu können."

„Richtig, ich erinnere mich", sage ich.

Damals saß ich ungeduldig im Besprechungsraum und wartete auf meine Mitstreiter. So eine fantastische Idee, die wollte ich jetzt gleich umgesetzt sehen! Nach und nach kamen alle hereinspaziert; Marianne, die fünf Regio-nal-Vertriebsleiter, der Finanzchef und der Marketingleiter. Ich verteilte das Kurzkonzept, gerade mal zwei Seiten umfasste es, und erklärte meine Idee. Es gab kaum Fragen. Toll, dachte ich, die sind ganz auf meiner Linie.

Marianne lächelt etwas müde. „Ja, es gab keine Fragen, aber das lag wohl eher daran, dass du so enthusiastisch warst. Du wusstest ganz genau, was du wolltest. Wir fühlten uns eigentlich nur als Dekoration, die zu allem Ja und Amen sagen sollte. Außerdem hatten wir noch anderes zu tun und wollten das Meeting schnell hinter uns bringen."

Mein System wurde eingeführt. Doch bald hagelte es Kritik von den Mitarbeitern. Die einen wiesen mich auf zahlreiche Schwachpunkte hin, die anderen verstanden das System erst gar nicht. Ich war damals vollkommen überrascht von dem negativen Feedback.

„Und jetzt arbeiten wir immer noch daran, das System so zurechtzubiegen, dass es einigermaßen funktioniert", seufze ich zerknirscht.

Marianne zuckt nur mit den Schultern und beugt sich wieder über die Liste.

Schlechte Entscheidungen mit Garantie

Ab einer Teilnehmerzahl von sieben Personen, das haben Studien ergeben, ist es einfach, sich in einer Runde zu verstecken und anderen die Plattform zu überlassen. Die Haltung der Teilnehmer an dem Meeting: Es sind ja genügend Kollegen da, die sich schon um das Thema kümmern, warum sollte ich da auch noch mitmachen? Das ist natürlich Gift für konstruktive Besprechungen.

Beratungsmeetings mit mehreren Personen können nur dann funktionieren, wenn die Person, die die Sitzung leitet, über ganz hervorragende Moderationsfähigkeiten verfügt und darüber hinaus über außergewöhnlich gute Antennen für die Bedürfnisse und Unterschiede der Menschen im Raum. Solche Talente gibt es, doch sie sind Ausnahmeerscheinungen. Die durchschnittliche Führungskraft, auch Topmanager, haben meistens keine von diesen ausgeprägten Fähigkeiten. Der Normalfall in diesen Meetings: Die Teilnehmer sitzen ihre Zeit ab, schalten ihr Gehirn auf Standby, lesen unauffällig ihre E-Mails auf dem Smartphone oder – noch schlimmer – spielen Apps wie „Bullshit-Bingo". Ein Informationsfluss, geschweige denn weiterführende Lösungen, kommen so erst gar nicht zustande.

Nur wenn alle Anwesenden zu Wort kommen und sich konstruktiv zum Meeting-Inhalt äußern können, kann sinnvoll diskutiert werden. In einem Zweiergespräch oder in einem Sechs- oder Acht-Augen-Gespräch ist das der Fall. Hier denken die Beteiligten mit, bringen sich ins Gespräch ein – nicht nur, wenn sie nach ihrer Meinung gefragt werden.

Dazu kommt, dass die Grundlage für gute Entscheidungen die Kenntnis aller Fakten und aller Risiken zu einem Thema ist. Nur wenn alle Informationen vorliegen, können die Beteiligten sie auch berücksichtigen und gute Entscheidungen treffen. In einem typischen Meeting mit höherer Teilnehmerzahl fließen Informationen in der Regel nicht gut. Denn nicht der Austausch der Information steht hier im Vordergrund, sondern eine Vielzahl gruppendynamischer Vorgänge. Menschen in einer größeren Gruppe wollen sich verstecken – oder sich profilieren. Da wird dann taktiert und es werden kluge Sätze gesagt, ohne dass wirklich etwas gesagt würde. Das Ziel einer solchen Meinungsäußerung ist dann also nicht, einen nützlichen Beitrag zu leisten oder eine echte Frage zu stellen, sondern nur, möglichst klug rüberzukommen und einen guten Eindruck zu machen – man macht auf sich aufmerksam, auch wenn man eigentlich gar nichts zu bieten hat.

Mit anderen Worten: Menschen in einem gut besuchten Meeting haben anderes im Sinn als ergebnisorientiertes Arbeiten. Relevante Information fließt kaum, und so steht den Teilnehmern nur ein Ausschnitt der Fakten zur Verfügung. Wer aber mit eingeschränkter Perspektive arbeiten muss, lässt es lieber bleiben.

Aber wenn Meetings so katastrophale Auswirkungen haben, dann müsste unsere Wirtschaft doch längst am Ende sein, oder?

Die wirklich relevanten Informationen fließen nicht im Meeting selbst, sondern in der Kaffeepause oder nach dem Meeting. Das geschieht ganz inoffiziell und dann, wenn niemand mitprotokolliert. Meistens findet der Informationsaustausch im Einzelgespräch statt, in einem vertrauten und lockeren Umfeld für denjenigen, der um Rat fragt und für jene, die mitdenken sollen. Die lockere Atmosphäre und der intimere Rahmen sowie die Tatsache, dass man sich als Individuum wirklich ernst genommen fühlt, führen da zu einer ganz anderen Auseinandersetzung mit dem Thema.

Diejenigen Arbeitgeber, die das verstehen, ärgern sich auch nicht darüber, wenn Mitarbeiter sich abseits ihres Arbeitsplatzes zusammensetzen. Ich kenne sogar Teams, die sich außerhalb des Büros oder der Firma treffen, zum Beispiel bei einem Kollegen zu Hause, um eine möglichst informelle Stimmung zu erzeugen. Wenn das Resultat stimmt, spielt der Weg dorthin doch gar keine Rolle!

Formelle Meetings sind aufwändig und teuer, tragen nicht dazu bei, Lösungen zu finden und Dinge voranzutreiben. Und als ob das nicht schon genug wäre, haben formelle Meetings noch ganz andere Defizite.

***

Habe ich etwa den falschen Knopf gedrückt?, frage ich mich, als das Telefon klingelt. Ich dachte, ich hätte das Telefon umgestellt, schließlich wollte ich ein paar Stunden ungestört arbeiten. Trotzdem hebe ich den Hörer mit einer automatischen Bewegung ab.

„Hier ist Müller von Heimbach Immobilien, guten Tag, Herr Lohmann", meldet sich eine freundliche Frauenstimme, die gleich weiterspricht, um auch ja nicht meine Aufmerksamkeit zu verlieren. „Ich habe Ihre Telefonnummer in unserer Datenbank gefunden und rufe Sie nun an, um nachzufragen, ob Sie eventuell immer noch an der Immobilie im Engener Industriegebiet interessiert sind. Sie hatten sich letztes Jahr nach diesem Objekt erkundigt, und ich wollte Ihnen nur sagen, dass der Käufer, der den Zuschlag erhalten hat, nun schon zum zweiten Mal den Termin beim Notar hat platzen lassen. Da dachte ich mir, ich informiere Sie mal kurz."

Während ich Frau Müller zuhöre, läuft vor meinem geistigen Auge ein Film ab. Vor etwa drei Monaten hatte ich überlegt, das Gelände unserer Firma zu erweitern. Neun Jahre schon stand diese Halle in der Nähe unseres eigenen Firmengeländes leer und keiner wollte sie kaufen. Doch eine solche Investition ist ein ordentlicher Brocken, deshalb wollte ich mit dem Deal gern noch ein bis zwei Jahre warten, bis wir uns ein dickeres Finanzpolster angelegt hätten.

Als ich einige Wochen zuvor erfuhr, dass Grundstück und Gebäude kurzfristig verkauft worden waren, war ich enttäuscht und legte die Idee zu den Akten. Mit dem überraschenden Anruf der Maklerfirma erhält die Sache plötzlich eine ganz neue Dringlichkeit. Jetzt will ich zuschlagen. Um die notwendigen Änderungen am Jahresbudget vornehmen zu können, müsste ich eigentlich die nächste Beiratssitzung abwarten. Doch die ist erst in zwei Monaten. Dann wird es wieder zu spät sein. Dazu kommt, dass die Beiräte völlig unvorbereitet sind. Auf der letzten Beiratssitzung, die vor einigen Tagen stattgefunden hat, habe ich ihnen noch nichts von meinem Plan erzählt.

Das alles arbeitet in meinem Kopf, während Frau Müller am anderen Ende der Leitung ihren Satz vollendet. Mir ist ganz klar: Rein formell sind mir mindestens zwei Monate lang die Hände gebunden.

Doch ich folge meinem Bauchgefühl, hole tief Luft und sage: „Ihr Klient hat den Termin beim Notar platzen lassen? Na, mit mir als Kunden hätten Sie das Geld schon längst auf dem Konto! Ich melde mich in Kürze wieder bei Ihnen, Frau Müller."

Ich weiß, dass ich mich mit dieser Ansage weit aus dem Fenster gelehnt habe. Doch ich bin entschlossen, zu handeln. Ich hänge auf, nur um den Hörer gleich wieder abzunehmen und die Nummer meines Mitgesellschafters in Düsseldorf zu wählen.

„Herr Bergmann, wir haben folgende Situation …" Ich schildere ihm das Gespräch mit Frau Müller und sage abschließend: „Jetzt müssen wir schnell entscheiden! Wenn wir wachsen wollen, brauchen wir die Immobilie dringend. Dann müssen wir jetzt Nägel mit Köpfen machen. Es ist das ideale Objekt für uns, preislich, von der Lage und von der Größe her."

Wir beschließen nach einer kurzen Diskussion, die Immobilie zu kaufen und die Banktransaktion einzuleiten. „Ich rufe Frau Müller an und gebe die Ausarbeitung eines Kaufvertrags in Auftrag", sage ich zu Herrn Bergmann. Und er meint: „Den Aufsichtsrat können wir bei der nächsten Sitzung einfach über das Geschäft informieren, Herr Lohmann."

Ich fühle mich von einer Welle ungeheurer Energie mitgerissen. „Ja, und wissen Sie was: Ich denke, das ist das Ende der formellen Meetings mit dem Aufsichtsrat. Diese Sache zeigt ganz klar, dass sie nicht sinnvoll sind."

Weg damit

Feste Beratungsmeetings sind oft nicht nur ineffizient, sondern in vielen Fällen sogar schädlich. Sie lähmen Organisationen, weil außerhalb dieser Meetings wenig bis nichts entschieden wird. Ist also in der Konsequenz „no more meetings" die Devise? Für periodisch angesetzte Beratungsmeetings, vor allem wenn mehr als eine Handvoll Teilnehmer mit dabei sind, gilt das unbedingt!

Nun ist es natürlich nicht so, dass man in einem Unternehmen gar keine Besprechungen mehr braucht. Wo gearbeitet wird, müssen Menschen sich treffen, und das sowohl in einem festgelegten Rahmen als auch spontan. Informationsmeetings und Arbeitsbesprechungen sind unersetzlich!

So sind zum Beispiel regelmäßige Infomeetings mit ganzen Teams unabdingbar, um gut zu arbeiten. Dort informiert der Verantwortliche das ganze Team über wichtige Änderungen, strategische Themen oder besondere Kundenwünsche. Diese Meetings dauern meist nicht lange, und die Erwartungshaltung des Teams ist ganz klar: „Wir hören uns jetzt die News an und haben danach alle wieder den gleichen Wissensstand."

Besonders in Krisensituationen und Zeiten des Umbruchs sind häufige Meetings ganz wichtig. Sobald etwas nicht so läuft wie vorgesehen oder die übliche Routine durchbrochen wird, sind regelmäßige Treffen sehr wichtig, damit alle ihre Denkleistung einbringen können. So treffen sich zum Beispiel Rettungstrupps bei aufwändigen Bergungsarbeiten in den Bergen oder nach Erdbeben jeden Tag zweimal zu festgelegten Zeiten und tauschen sich über ihre Sucherfolge und -strategien aus.

Gerade in Teams oder Taskforces, die nicht in Abteilungen organisiert sind, sondern stärker an Prozessen orientiert, ist ein täglicher Mini-Austausch geradezu lebenswichtig. Meist steht man da nur kurz zusammen, informiert einander über das, was läuft, erkennt vielleicht ein Problem, das man gemeinsam lösen muss, und motiviert sich gegenseitig für die nächsten Schritte. Das klingt ganz banal, ist aber essenziell. Damit die Informationen wirklich gut fließen, reichen fünf bis zehn Minuten meistens völlig aus.

Was dagegen völlig überflüssig ist, sind klassische „Jour-fixe"-Beratungsmeetings. Zum Beispiel die klassische Budgetsitzung. Diese ist nicht nur ineffizient, sondern geradezu schädlich! Wichtige Dinge werden nur zum festgesetzten Zeitpunkt beschlossen. Entweder, weil die natürlichen Entscheider – nämlich die, die die Arbeit effektiv leisten – gar nicht die nötige und formale Entscheidungskompetenz haben, oder weil die Entscheider sich nicht trauen, ihre Verantwortung auch auszuüben und wichtige Beschlüsse lieber mit der Rückendeckung des gesamten Teams fassen. Es kann auch sein, dass sie Entscheidungen nur mäßig vorbereiten, weil der Chef ja sowieso noch seinen Senf dazugeben wird.

Es geht also nicht nur die Zeit der Mitarbeiter während der Meetings verloren, wo zahllose Manntage regelrecht verbraten werden. Es geht auch Zeit verloren, weil mit wichtigen Entscheidungen bis zur nächsten Sitzung gewartet wird. Und damit kann noch viel mehr Geld verschwendet werden. Manchmal gibt es eben Chancen, die man dann ergreifen muss, wenn sie sich bieten, und nicht zwei Monate später, wenn die Budgetsitzung stattfindet. Sowohl die römische Göttin Fortuna als auch der griechische Gott Kairos, beide für das Glück zuständig, wurden mit einer langen Stirnlocke und einem kahlen Hinterkopf dargestellt. Der Mensch muss im wahrsten Sinne des Wortes die Gelegenheit beim Schopf packen, nämlich dann, wenn Fortuna sich nähert. Nur von vorn kann sie festgehalten werden. Wenn jedoch der Groschen erst fällt, wenn sie an einem vorbeigezogen ist, ist die Möglichkeit vorbei – der spiegelglatte Hinterkopf lässt sich nicht ergreifen.

Oft werden in einem Unternehmen mit ausgeprägter Meeting-Kultur viele Entscheidungen bis zum allerletzten möglichen Moment und noch ein Stück länger hinausgezögert, anstatt dann zu entscheiden, wenn es am sinnvollsten und nützlichsten fürs Unternehmen wäre.

Und was ist mit der Angst, die falsche Entscheidung zu treffen?

Die schlechteste Entscheidung ist es, gar keine Entscheidung zu treffen. Stellen Sie sich zwei Radfahrer vor, die in der Wüste unterwegs sind. Ihr GPS ist wegen eines technischen Defekts ausgefallen, und sie stehen an einer Weggabelung, die in ihrem Kartenmaterial nicht eingezeichnet ist. Auf dem einen Weg entdecken sie viele Radspuren, auf dem anderen wenige. Ihr Wasservorrat ist nur noch sehr klein, und sie sind ziemlich erschöpft. Die beiden Freunde müssen in kurzer Zeit eine Entscheidung treffen. Dazu haben sie zwei Möglichkeiten: Sie können warten, bis jemand kommt, der ihnen helfen kann, sie können eine Entscheidung für einen der beiden Wege treffen, oder sie können zurückfahren.

Intuitiv scheint das Warten auf Hilfe das Richtige zu sein, denn Entscheiden ist schwierig und trägt das Risiko eines Fehlers in sich. In diesem Fall aber führt es beinahe sicher zur Katastrophe, denn in der Wüste kann man nicht ewig warten. Das ist das Allerschwierigste bei Entscheidungen: dass man sie einfach treffen muss, ganz egal, ob sie sich als richtig oder falsch herausstellen. Dazu gehört aber auch, eine Fehlerkultur zu haben, mit der

Fehler, die gemacht wurden, rasch wieder korrigiert werden können. Und das ist immer leichter, wenn spontan entschieden wurde. Mit spontanen Entscheidungen ist ein Unternehmen viel wendiger als mit Beschlüssen, für die erst ein breiter Konsens eingeholt wurde. Denn wenn die formale Sitzung abgewartet wurde, ist dort ganz offiziell und unterstützt von allen Beteiligten das Falsche entschieden worden. Eine solche Entscheidung wieder rückgängig zu machen ist zwar möglich, aber immer auch ein Gesichtsverlust. Den vermeidet der Mensch nach Kräften.

Die beiden Radfahrer in der Wüste waren in einer Krisensituation, haben sich beraten und so auch eine Entscheidung getroffen. Sie wählten den Weg, der weniger deutliche Fahrspuren hatte, weil sie sich sagten, dass der falsche Weg vermutlich der ist, den viele in eine Richtung befahren haben, aber dann wieder umkehren mussten und so zum zweiten Mal eine Spur zogen.

Wie kommen aber nun im Arbeitsalltag wirklich gute Entscheidungen jenseits der Meetings zustande?

***

Um 10 Uhr vormittags stehe ich neben zwei Entwicklern am CAD-Gerät. Wir wollen ein Produkt, das wir für einen Kunden konzipiert haben, begutachten und ihm den letzten Schliff geben. Ich habe lange mit dem Kunden gesprochen und weiß daher genau, was er möchte. Und die beiden Entwickler sind hervorragende Spezialisten, die mit diesem CAD-Computer geradezu zaubern können. Wir haben vereinbart, dass wir uns kurz den aktuellen Stand des Projekts gemeinsam anschauen und dass die Entwickler dann zusammen weiterarbeiten. Nun sind wir aber schon viel länger in der Diskussion und haben alle drei richtig Spaß an der Sache.

„Wäre das eine Linie, die besser aussieht, Detlef?" fragt Tim, der erste Entwickler.

Ich lege den Kopf etwas schräg, um mir die Veränderung anzuschauen. „Nee, ich finde, das sieht viel schlimmer aus als vorher", sage ich.

Tim grinst. „Na, zum Glück sind wir hier alle so offen miteinander", scherzt er, und auch Johannes kann sich ein Lachen nicht verkneifen.

„Ich glaube, Detlef möchte die Kurve hier links weniger abrupt abfallen lassen", sagt Johannes.

Tim schaut mich fragend an, und ich nicke. „Ja genau."

Tim und Johannes arbeiten einige Minuten konzentriert und ich kann direkt mitverfolgen, wie das Produktionsteil immer mehr die Form annimmt, die ich mir vorgestellt habe – es ist fast wie in den Fernsehserien, wo Zeugen einem Polizeizeichner helfen sollen, ein Bild des Täters zu erstellen. Erwartungsfroh schauen mich die zwei an, und ich nicke eifrig.

„Ja, prima, ganz genau so habe ich mir das vorgestellt."

Wir haben zwei Stunden gearbeitet, obwohl wir nur eine halbe Stunde geplant hatten, doch nun ist das Teil wirklich fertig, wir können es gleich an den Kunden zur Freigabe schicken. „So haben wir uns aber ganz schön viel Arbeit gespart", sagt Johannes erfreut.

Ich schüttle beiden die Hand. „Vielen Dank euch beiden!"

Am richtigen Platz

„Go to Gemba" ist ein Sprichwort, das seinen Ursprung im Japanischen hat. Gemba ist der Ort, an dem etwas passiert. Das kann der Ort des Geschehens sein, von dem ein Journalist berichtet, ein Tatort oder eben der Ort im Unternehmen, wo die Wertschöpfung passiert, wo die Menschen ihre tägliche Arbeit tun. Hierher müssen Manager kommen, wenn sie wirklich wissen wollen, was im Unternehmen passiert. Hierüber müssen sie Bescheid wissen, wenn sie wirklich gute Entscheidungen treffen möchten.

Gemba, das ist bestimmt kein Sitzungszimmer. Dort werden Vermutungen aufgestellt, dort wird philosophiert, verdächtigt und theoretisiert. Es werden Heilmittel ausgedacht und verschrieben, für die es im Betrieb gar keine Krankheit gibt. Und darum sollte jede Führungskraft wann immer möglich vor Ort entscheiden oder zumindest die Entscheidungen dort vorbereiten.

Wenn man so vorgeht, fühlen sich die Menschen ernst genommen, können zeigen, woran sie gerade arbeiten, und Schwierigkeiten auch mal ganz praktisch demonstrieren. Das ist tausendmal besser als eine abstrahierte Powerpoint-Präsentation, die dann vom Teamchef in einem Meeting vorgetragen wird.

„Go to Gemba" kann zu Beginn ganz schön unangenehm sein, und zwar für beide Seiten. Mitarbeiter wie Führungskräfte müssen sich daran gewöhnen. Die Mitarbeitenden können das Interesse der Führungskraft als Kontrolle missverstehen oder sich in ihrem Arbeitsfluss gestört fühlen. Die Führungskraft wiederum muss sich anstrengen, um vor Ort auch wirklich ernst genommen zu werden.

Doch wenn sich beide Seiten in Gemba treffen, können sie ganz viele Probleme und Fragen spontan, schnell und vor allem gemeinsam lösen. Kein Warten auf Meetings. Sehen, was vor und am Ort passiert – dafür lohnt es sich sogar, im Bedarfsfall den aktuellen Arbeitsprozess zu stören. Denn mit so kurzen und informellen Arbeitsmeetings kann man oft sehr viel Zeit und Frust sparen.

Meetings zu reduzieren oder ganz in die Mottenkiste zu verbannen heißt auch nicht, dass mehr Entscheidungsvorlagen von Einzelnen erarbeitet werden sollen. Nein, Entscheidungen, die in einem Team erarbeitet wurden, sind in über 90 Prozent der Fälle bessere Entscheidungen. Und darum müssen diese Teams eben ad hoc zusammenfinden, damit das beste Wissen und das beste Feedback zur Verfügung stehen.

Die Entscheidung selbst aber muss immer eine einzelne Person treffen. Demokratische Teamentscheidungen taugen nicht für Unternehmen. Jemand muss die Entscheidungskompetenz haben und muss sie dann auch ganz klar wahrnehmen. Es geht aber darum, dass die Person, die entscheidet, sich zuvor Rat bei den richtigen Mitarbeitern holt.

Um richtig gute Entscheidungen zu treffen, braucht es aber noch mehr.

***

Als ich mich an diesem Nachmittag von meinem Büro aus zu meinem täglichen Rundgang in die Produktion aufmache, habe ich noch nicht die geringste Ahnung, dass eine große Umwälzung bevorsteht. Ich pfeife etwas vor mich hin, hole mir in der Cafeteria noch schnell einen Riegel zur Stärkung und marschiere in Richtung Fabrikhalle, wo die zweite Schicht gerade abgeschlossen wird. Ich sehe Herrn Rieger, den Schichtleiter, der gerade die Übergabe an die nächste Schicht vorbereitet.

„Wie war die Schicht, Herr Rieger?", frage ich ihn, und er winkt mich zu sich an die Maschine heran, an der er gerade am Computer ein paar Zahlen ausdruckt.

„Sehr gut, dass Sie fragen, Herr Lohmann. Ich habe jetzt schon länger darüber nachgedacht – ich glaube, dass wir durch die Automatisierung der Spannvorrichtung an den CNC-Anlagen unglaublich viel Flexibilität gewinnen könnten. Die Rüstzeiten und damit die Auslieferungszeiten würden stark beschleunigt, und die Mitarbeiter könnten ihre Zeit in kundenwirksamere Tätigkeiten investieren. Ich habe verschiedene Möglichkeiten entdeckt, darf ich Ihnen das kurz zeigen?"

Herr Rieger führt mich von Maschine zu Maschine und macht mir klar, was genau er meint. Ich bin verblüfft. Bisher war ich kein großer Fan von Automatisierung, ich bin eigentlich ganz zufrieden mit der manuellen Bedienung und dem Output. Auch will mir nicht einleuchten, warum eine Automatisierung mehr Flexibilität zur Folge haben soll. Doch Herr Rieger zeigt mir ganz einfach und logisch auf, wo das Potenzial liegt. Ich weiß, da spricht jahrelange Erfahrung, und er hat sich das genau überlegt.

„Lassen Sie uns das mal so Pi mal Daumen zusammenrechnen, was das an Investitionen bedeuten würde, okay?"

Wir schnappen uns einen Taschenrechner, ein paar Blatt Papier und zwei Bleistifte und setzen uns in eine der vielen Kommunikationsinseln in der Fabrikhalle, die genau dafür gemacht sind: sich spontan zu treffen. Wir skizzieren, notieren, rechnen und diskutieren, bis die Köpfe rauchen. „Nun also, es handelt sich um etwa 100.000 Euro, Hannes. Haben Sie die Möglichkeiten auch schon mit anderen vom Team durchgesprochen? Wenn wir diese Vorrichtung automatisieren, müssen alle hier in der Halle überzeugt sein, dass das wirklich was bringt."

„Ja, die anderen sind mit mir in allen Punkten einig, außer bei einem, und den habe ich darum auch weggelassen."

„Na, dann wollen wir die 100.000 Euro mal investieren", sage ich zu Herrn Rieger und biete ihm meinen Handschlag an. Er ist ganz verblüfft: „Sie meinen, wir entscheiden das jetzt? Hier? Sie und ich?"

„Tun wir. Das hat mich überzeugt, alles sauber hergeleitet und die anderen sind auch schon mit einbezogen. Mehr brauche ich nicht." Ich danke und verabschiede mich.

Fünf Jahre später: Herr Rieger und ich stehen mal wieder in der Fabrikhalle. „Chef", fragt er, „was, denken Sie, wäre passiert, wenn wir damals diese Automatisierungs-Investitionen nicht gemacht hätten?"

Ich brauche nicht lange nachzudenken: „Wir wären fünfmal langsamer als vor fünf Jahren, weniger flexibel und weniger nahe am Kunden. Es ist doch einfach unglaublich, dass wir heute für den Kunden in 24 Stunden genau das Produkt, das er braucht, bereitstellen können, und das auch noch individualisiert. Das ist doch fantastisch. Das war also genau die richtige Entscheidung."

Volltreffer

Um über Budgets zu entscheiden, kann man Budgetmeetings machen. Um Projekte und Maßnahmen zu beschließen, die zur Erfüllung der Unternehmensstrategie beitragen, kann man Strategiemeetings einberufen, und um Investitionen zu tätigen, kann man Investitionsmeetings abhalten. Doch wer kommt zu diesen Meetings? Werden Sie die Produktionsmitarbeiter dazu einladen? Wohl kaum. Stattdessen drehen sich Führungskräfte, die die Arbeit vor Ort nicht genau oder gar nicht kennen, im Kreis und übertreffen sich gegenseitig mit realitätsfernen Theorien und Ideen. Die Chance, dass solche Diskussionen zu guten Entscheidungen führen, ist verschwindend klein bis inexistent.

Gute Entscheidungen kommen dann zustande, wenn alle Fakten, die bekannt sind, berücksichtigt und in die Überlegungen mit einbezogen werden. Die Kenntnis der Fakten verringert den Unsicherheitsfaktor für eine Entscheidung. Es gibt immer Unsicherheit, doch wenn ich alle Fakten kenne, kann ich die Unsicherheit besser managen.

Damit aber alle Fakten auf den Tisch kommen, müssen zuerst alle Informationen frei fließen können. In hierarchischen Situationen fließen Informationen immer weniger frei, als in ungezwungenen, informellen, nicht hierarchischen Settings. Denn hier existieren Faktoren wie ein bestimmtes Protokoll, eine Erwartungshaltung, manchmal auch die Angst, schlecht dazustehen oder auch der Wunsch, sich zu profilieren. All dies wirkt sich negativ auf die Diskussion aus.

Informelle Treffen dagegen sind getragen von echtem Interesse und echtem Wissen. Was wiederum heißt, dass die Information freier fließen kann und dass viel mehr relevante Fakten auf den Tisch kommen.

Gute Entscheidungen leben also von Hierarchielosigkeit. Dazu müssen Unternehmenschef und der Mann an der Maschine auf Augenhöhe kommunizieren können. Hierfür braucht man Orte, an denen man sich einfach ungezwungen treffen kann. Klassisch dafür ist die Kaffee-Ecke. Bei uns ist es die Kantine oder die Terrasse oder eben die kleinen Treffpunkt-Orte in der Fabrikhalle, wo sich die meisten dieser Gespräche ganz zwanglos ergeben. Man muss es ja nicht gleich auf die Spitze treiben wie Google, das in seinen Büros mehrere Cafeterias, Restaurants, Sofaecken, Spielecken und sogar Rutschbahnen hat. Diese sollen nicht nur die Kommunikation der Mitarbeiter ankurbeln, sondern natürlich auch die Kreativität und den Spieltrieb, ebenfalls wichtige Elemente für eine gute Kommunikation.

Heute spaziere ich mindestens zweimal am Tag durch die Cafeteria und – schönes Wetter vorausgesetzt – auf die Terrasse. Immer treffe ich dort Menschen im Gespräch an, die produktiv arbeiten und gemeinsam Neues aushecken. Nie bekomme ich das Gefühl, dass hier über Gebühr Pause gemacht wird, im Gegenteil: Ich glaube, dass in der Cafeteria und auf der Terrasse wohl am effektivsten in der ganzen Firma gearbeitet wird. Kopfarbeit, neue Lösungen ausdenken und kluge Entscheidungen herbeiführen braucht eben Raum, Zeit und eine entspannte Atmosphäre – und keine Meetings.

Fragen ganz unkompliziert vor Ort zu entscheiden hat noch einen weiteren Vorteil. Das funktioniert nämlich nicht nur, um das Tagesgeschäft zu regeln. Sondern auch, wenn es Probleme gibt.

Kapitel 6

Schrott-Ecke: Wie Probleme gelöst werden, wenn niemand schuld ist

Mit einem schnellen Blick aus meinen Augenwinkeln sehe ich, wie Daniel Reber seine Hände merkwürdig vor seiner Magengrube verknotet und seine Fingernägel in seine Handballen bohrt. Er steht verdruckst mitten in meinem Büro und blickt mich nervös an, während ich noch eine Notiz zu Ende führe. Au weia, denke ich. Das sieht nach wirklich schlechten Nachrichten aus.

Jetzt stehe ich auf und gebe ihm meine Hand zur Begrüßung. Dann nicke ich ihm zu, eine Aufforderung, sich zu setzen.

„Mir ist gerade ein großer Auftrag im Wert von über 100.000 Euro durch die Lappen gegangen, Chef", bringt der Vertriebsmitarbeiter mühsam heraus. Dann kommt ein großes Schweigen – er wartet offenbar darauf, dass jetzt das große Donnerwetter über ihn hereinbricht.

Aber ich lasse mir Zeit. Ich brauche erst mal ein paar Sekunden, um diese Hiobsbotschaft zu verdauen. Als ich mir sicher bin, dass ich meine Stimme unter Kontrolle habe, frage ich: „Was ist denn genau passiert?"

Reber rutscht auf seinem Stuhl hin und her. „Ich habe das Hellmann-Angebot falsch kalkuliert, es war viel zu teuer", erklärt er. „Als ich heute beim Kunden nachfasste, weil ich nichts mehr von ihm gehört hatte, sagte der mir, dass er gerade gestern der Konkurrenz den Auftrag gegeben hat."

117

„Nun ja, das ist natürlich ein herber Schlag", sage ich und schiebe gleich meine nächste Frage nach: „Was haben Sie denn als Kalkulationsgrundlage genommen?"

Der Vertriebler blickt mich verblüfft an. Offensichtlich hat er etwas ganz anderes erwartet als diese Frage. Halbwegs erleichtert setzt er zu einer längeren Erklärung an, und ich mache mir Notizen. Schnell sehe ich, wo der Fehler liegt: Die internen Kosten waren viel zu hoch berechnet. Unser Preis muss weit über dem des Konkurrenten gelegen haben. Kein Wunder, dass der Kunde sich nicht für uns entschieden hat.

„Wie konnte Ihnen dieser Fehler passieren?", frage ich nach und bin recht stolz auf meinen neutralen Tonfall, der auch seine Wirkung auf Daniel Reber nicht verfehlt. Er macht es sich auf dem Stuhl gleich etwas bequemer und atmet tief durch: „Naja, ich war an diesem Tag sehr gefordert, musste vieles erledigen, mehrere Dinge parallel machen. Dass mir die internen Kosten viel zu hoch gerieten, ein blöder Flüchtigkeitsfehler. Eigentlich hätte ich das bei der abschließenden Überprüfung des Angebots merken müssen. Hab ich aber nicht. Ich habe den Fehler einfach übersehen." Reber macht eine Pause und blickt recht geknickt drein.

Ich denke einen Moment nach. Dann stehe ich auf, schaue aus dem Fenster. „Nun, Herr Reber. So ein Fehler ist natürlich unnötig. Aber er kann jedem jederzeit passieren. Die Frage, die wir uns deshalb stellen sollten, ist: Was können wir unternehmen, damit solche Fehler nicht mehr vorkommen?"

„Naja, ich denke, wenn ein Kollege die Kalkulation noch einmal angeschaut hätte, wäre es ihm vermutlich aufgefallen", meint Reber zerknirscht. „Da das Angebot aber sehr schnell raus musste, habe ich es niemandem mehr gezeigt. Das werde ich natürlich in Zukunft anders machen. Und ich lege es den Kollegen auch gleich ans Herz, nochmal jemanden auf die Kalkulationen schauen zu lassen, bevor sie Preise rausgeben, die vielleicht nicht korrekt sind."

„Herr Reber, dieser Auftrag ist verloren. In Zukunft wissen Sie aber, worauf Sie achten müssen. Wenn Sie unsicher sind, fragen Sie einen Kollegen. Und zwar einen, der sich auskennt!" Ich verabschiede Daniel Reber mit einem kräftigen Händedruck.

Er ist schon fast zur Tür hinaus, als er sich noch einmal umdreht: „Heißt das, dass ich weiter hier arbeiten darf?"

Der Prozess

Wenn in einem Unternehmen Fehler passieren, sind Chefs und Mitarbeiter ganz schnell dabei, den Schuldigen zu suchen – und zu bestrafen. Das ist ein Impuls, der tief ins uns steckt. Alles, was wir seit frühester Kindheit erlebt und erfahren haben, hat uns gelehrt, dass es immer einen Schuldigen gibt. Oder besser: dass es ihn geben muss.

Ob beim Fußballspiel ein Fenster zerbricht, zu Hause ein Glas kaputtgeht oder die Mutter morgens entdeckt, dass die ganze Nacht die Kühlschranktür offen stand – schon als Kinder hören wir: „Wer war das?" Oder: „Wer hat nicht aufgepasst? Wem ist das passiert?" Den Gegenreflex erlernen wir gleich mit dazu: „Ich war's nicht!" Und wenn dann ein Vierjähriger trotz all seiner Bemühungen als Verursacher irgendeiner Kleinkatastrophe identifiziert wurde, hört er: „Pass besser auf!" oder „Schrei nicht, du hast ja selber Schuld!" Ja, denkt er sich, ich werde besser achtgeben. Damit meint er aber weniger, dass er in Zukunft besser auf das Glas Milch aufpasst, sondern darauf, dass er möglichst weit vom Tatort entfernt ist, wenn es ihm noch einmal umfallen sollte.

Die Schuld bei anderen zu suchen und sie weit von uns weg zu weisen ist für uns das Natürlichste der Welt. Wir sind darauf regelrecht konditioniert. Dieser von klein auf antrainierte Reflex ist für uns so selbstverständlich geworden wie das tägliche Zähneputzen.

Die Vorstellung, dass der Mensch schuldig ist und gegen diese Schuld ankämpfen muss, ist seit Abergenerationen in uns angelegt und tief verinnerlicht. Denn das christliche Kulturgut prägt unser Denken – auch das derjenigen, die längst nicht mehr treue Kirchgänger sind. 2.000 Jahre Christentum lassen sich eben nicht so schnell verleugnen. Die Erbsünde, also die Idee, dass wir seit dem Sündenfall von Adam und Eva im Garten Eden mit Schuld beladen sind, prägt noch immer unsere Gesellschaft.

Auch im juristischen Kontext geht es immer darum, Schuld festzustellen und den Schuldigen zu bestrafen. Das beschränkt sich natürlich nicht nur darauf, dass wir beim Schauen von Fernsehserien und Lesen von Kriminalromanen nur darauf warten, dass der Bösewicht gefasst und unschädlich gemacht wird. Auch in der Realität suchen wir nach dem Täter. Und zwar zu Recht. Wenn ein Verbrechen geschehen ist, muss der Kriminelle schließlich bestraft und unter Umständen eingesperrt werden. Ansonsten besteht die Gefahr, dass er wieder tätig wird. Einen Serienmörder frei herumlaufen zu lassen wäre nichts anderes als unverantwortlich der Bevölkerung gegenüber. Auch bei einem Unfall muss geklärt werden, wer der Verursacher ist; denn irgendjemand muss finanziell für den Schaden aufkommen. Aus Rechtssicht ist es immer „der Schuldige". Und ja, auf gesellschaftlicher Ebene ist das auch gerecht: Einer macht einen Fehler, tut etwas Schlimmes, schadet anderen Menschen – und bekommt die Quittung dafür in Form von Strafe, sei es nun eine Geldbuße oder der Freiheitsentzug.

Die Frage ist nur, ob diese Vorgehensweise in Wirtschaftsunternehmen genauso wirkungsvoll ist wie auf gesellschaftlicher Ebene. Leistet das Suchen und Bestrafen von Schuldigen wirklich einen Beitrag dazu, dass das Klima im Unternehmen besser wird? Sind die Probleme wirklich damit gelöst, dass der Schuldige gefunden ist – und der missglückten Aufgabe entledigt oder aus dem Unternehmen verbannt?

***

Das Restaurant mit Blick in den Hegau ist ein wunderschöner Ort, an dem ich gerne Zeit mit Freunden verbringe. Heute sitze ich hier aber mit meinem Mitgesellschafter Olaf Gustafsson. Nach einem langen und intensiven Arbeitsmeeting stoßen wir gerade mit einem guten Glas Rotwein auf die neuesten Entwicklungen im Unternehmen an und warten auf unser Essen.

„Wie geht es eigentlich Ihrer Tochter in den USA? Hat sie sich gut an der Universität eingelebt?", frage ich meinen Geschäftspartner. Strahlend erzählt er von seinem Nesthäkchen und wie sie das Studium an der Columbia University in New York in vollen Zügen genießt. Dann läutet sein Handy. Er schaut auf das Display. Er wechselt ein paar Worte mit dem Anrufer. Nach einem fragenden und um Entschuldigung bittenden Blick auf mich steht er auf und verlässt den Raum, um mit dem Anrufer in Ruhe zu sprechen.

Ich nippe an meinem Weinglas, lehne mich entspannt zurück und lasse meine Gedanken schweifen. Verrückt, denke ich, vor drei Jahren wäre ich niemals mit Olaf Gustafsson essen gegangen. Damals habe ich ihn gehasst wie die Pest. Jede Minute, die ich mit ihm verbringen musste, war eine Minute zuviel. Mit der Zeit wurde meine Aversion gegen ihn so übermächtig, dass ich mehrere Tage brauchte, um mich von unseren auf einmal im Jahr eingegrenzten Gesellschaftersitzungen zu erholen. Als ich nach einem dieser Treffen dann solche Magenkrämpfe bekam, dass ich meine Termine für die ganze nächste Woche spontan absagen ließ, merkte ich: So kann es nicht weitergehen. Ich zog die Notbremse und engagierte einen persönlichen Coach, der mir zeigen sollte, in welcher Sackgasse ich überhaupt steckte – und wie ich wieder herausfinden konnte.

Ich fing an, mich mit meinem Leiden zu beschäftigen, und stellte fest: Der Samen für meine Unzufriedenheit wurde nicht erst vor drei Jahren, sondern viel früher gelegt. Ganz zu Beginn, als ich bei allsafe Jungfalk nur als Minderheitsgesellschafter einsteigen durfte. Der damalige Besitzer wollte, anders als ursprünglich ausgemacht, nicht nur das Unternehmen, sondern eine ganze Holding verkaufen. Mich interessierte aber nur allsafe, also fanden wir die Lösung, dass ein dritter Hauptgesellschafter das Ganze kauft und ich mich für den Anfang nur am Produktionsunternehmen beteilige.

Mit der Zeit wurde mir aber immer klarer: So gut ich mich mit dem Hauptgesellschafter auch verstand, letztendlich ist es eben ein finanzgetriebener Investor. Durch seine Umsatzvorgaben konnten wir in den ersten Jahren die Produktivität und Effektivität stark steigern; das tat dem Unternehmen gut. Aber auf Dauer war Geld allein kein sinnvolles Ziel für mich. Ich wollte langfristig investieren. „Wenn ich jemanden bedienen muss, der nur auf Geld aus ist, kann ich mir auch eine Bank suchen. Die nimmt nur sechs Prozent", hatte ich für mich formuliert. Ab dem Moment war mit klar: Ich möchte zu 100 Prozent Unternehmer werden.

Als dann mein damaliger Mitgesellschafter die Kapitalbeteiligungsgesellschaft umstrukturieren wollte, bekam ich plötzlich kalte Füße. Was bedeutet das für mich? Wahrscheinlich werde ich einen Teil meiner Autonomie aufgeben müssen, fürchtete ich. Ein irrationaler Gedanke, der aber dazu führte, dass ich so unkooperativ wurde, dass er sich letztlich entschloss, alles an einen neuen Gesellschafter zu verkaufen. Weil ich mich aber immer unleidiger zeigte, verkaufte er nicht an mich, sondern an Olaf Gustafsson.

Der alte Gesellschafter war weg, der neue wurde mir vor die Nase gesetzt, und meinen Traum, zu 100 Prozent Unternehmer zu werden, sah ich förmlich wie ein Kartenhaus in sich zusammenfallen. Auch wenn ich Olaf Gustafsson noch nicht kannte, war er für mich subjektiv der Böse, der sich meinen Zielen in den Weg stellt. Ich war verbittert und völlig darauf fixiert, den Mitbesitzer zu verabscheuen. Und so verlief auch unsere Zusammenarbeit.

Egal, welche Kleinigkeit mein Mitgesellschafter von mir haben wollte, es gab von mir immer ein klares „Nein". Das ging so weit, dass ich ihm einmal den Satz „Sie sind doch selbst schuld, wenn Sie sich in dieses Unternehmen einkaufen, das werden Sie schon noch merken" entgegenschleuderte. Nach dieser Maxime lebte ich dann auch. Ich wollte wirklich, dass der Mitgesellschafter es bereut, sich an diesem Unternehmen beteiligt zu haben. An konstruktiver Zusammenarbeit mit ihm war ich nicht interessiert. Ich gab meinem Mitgesellschafter die Schuld an allem, was zwischen uns schieflief. Und es lief viel schief. Denn mein Verhalten vergiftete die Stimmung. Schließlich wurden unsere Treffen zu jährlichen Pflichtveranstaltungen reduziert. Als selbst die unerträglich wurden, kam dann der Coach ins Spiel.

Nach einigen Sitzungen reflektierten Denkens kam der Knackpunkt ans Licht. Wie Schuppen fiel es mir von den Augen: Die Tatsache, dass ich nicht der alleinige Besitzer war, hatte ich zu einem großen Teil selbst verursacht. Durch meine Eitelkeit, meinen Stolz, meinen Eigensinn und meine Angst. Und diese Ursache lag weiter zurück als die Zusammenarbeit mit Olaf Gustafsson. Er war sogar derjenige, der noch am wenigsten damit zu tun hatte. Der eigentlich Schuldige war nicht mein neuer Mitgesellschafter, sondern ich selbst!

Mit dieser neuen Sichtweise konnte ich die Situation nach und nach wenden. Erst als ich endlich anfing, das Problem auch bei mir zu suchen, und erkannte, dass ich an mir etwas ändern musste, um mit der Situation besser klarzukommen, änderte sich auch meine Beziehung zu meinem Geschäftspartner.

Wir sind auch heute noch keine dicken Freunde, aber wir respektieren uns gegenseitig. Wir wissen um die Stärken des anderen und arbeiten einander konstruktiv zu. So wie heute, als wir uns kurzfristig verabredet haben, um an einem Thema, das uns beide interessiert, mit gesammelter Kompetenz zu arbeiten.

Zufrieden blicke ich über die dunstige Hegaulandschaft, da kommt Olaf Gustafsson von seinem Gespräch zurück, und unser Essen wird auch gerade serviert. Wir prosten uns noch einmal zu. Und ich denke: Es hat zwar lange gedauert, aber gottseidank ist der Knoten jetzt endlich gelöst!

Ich war's nicht!

Wenn jemand verliebt ist, sieht er die Person seiner Träume nur positiv; seine Kapriolen schlagenden Gefühle lassen ihn den geliebten Menschen im besten Licht sehen. Dinge und Verhaltensweisen, die ihn bei anderen stören, findet er plötzlich bei seinem Schwarm interessant und anziehend. Die rosa Brille macht's möglich. Erst wenn die erste Verliebtheit verklungen ist, erkennt er, dass der andere durchaus auch Fehler hat, mit denen er klarkommen und sich befassen muss. Die Katerstimmung ist vorprogrammiert. Es ist nun mal so: Das Verliebtsein trübt den Blick für die negativen Seiten des Menschen.

Genauso verhält es sich, wenn ein Schuldiger gesucht und gefunden wird. Nur wird der arme Tropf dann nicht in den Himmel gehoben; stattdessen ist derjenige, dem die Schuld zugesprochen wurde, das schwarze Schaf und muss bestraft werden. Mit dieser Haltung entstehen ganz schnell Feindbilder. Und Feindbilder machen das Leben schön einfach. Denn mit der Identifizierung und Ausgrenzung des Übeltäters scheint die Sache ja erledigt. Klappe zu, Affe tot. Das einzige Problem dabei: Die Sache scheint eben nur erledigt, sie ist es aber nicht.

Wenn sich ein Paar streitet, bringt es nicht viel, wenn die Partner sich gegenseitig die Schuld dafür zuschieben, dass es gerade mal nicht so gut mit ihnen klappt. Auf ein „Nie hörst du mir zu" wird dann mit „Immer denkst du nur an dich" geantwortet. Sich auf die Schuldfrage zu konzentrieren hat zur Folge, dass die Welt nur in Schwarz und Weiß gesehen wird. Aber eine realistische Sichtweise ist das nicht.

Menschen mit einiger Lebenserfahrung gewöhnen es sich ab, andere zu idealisieren oder zu verdammen. Sie haben gelernt, dass jeder Mensch jederzeit positive und negative Seiten in sich trägt. Mit dieser Einstellung sieht man die Welt klarer: „Manchmal hörst du mir nicht zu. Mir wäre es lieber, wenn du dann etwas aufmerksamer zu mir wärst." Mit diesem differenzierteren Ansatz können Verhaltensweisen, die einen stören, weniger vorwurfsvoll angesprochen werden. Mit dieser Art der Kritik kann das Gegenüber auch viel besser umgehen. Es ist so viel einfacher, miteinander klarzukommen, und viele Probleme können auf diese Weise gemeinsam gelöst werden.

Ins Schwarz-Weiß-Denken zurückzuverfallen ist dennoch keine Kunst. Egal, wie weit Menschen von ihrer Persönlichkeit her entwickelt sind: Sobald sie sich in ihrer Existenz oder in ihrer Identität bedroht fühlen – zum Beispiel, weil sie Angst haben, ihren Job zu verlieren, von ihrem Partner verlassen zu werden oder eben nicht der Unternehmer sein zu können, der sie sein möchten –, bricht der rationale Film ab und der irrationale wird abgespult. Mit anderen Worten: Auch wenn es vom Kopf her klar ist, dass die Schuldfrage nichts bringt, kann es vorkommen, dass sie dennoch gestellt wird. Unbewusst. Wenn existenzielle Ängste angetriggert werden. Im Arbeitsleben können solche Zustände eine Person völlig lähmen. Und dazu führen, dass die eigentlichen Probleme nicht gelöst werden.

Schuldzuweisungen wirken sich im Unternehmen besonders kritisch aus. Nehmen wir einmal an, in einer Produktionsfirma geht eine teure Maschine kaputt, weil sie falsch bedient wurde. Dann gibt es in einem normalen Unternehmen zwei Möglichkeiten. Die erste ist, dass der Schuldige gefunden wird. Dann wird der Ertappte versuchen, sich herauszureden und die Ereignisse so zu drehen, dass er möglichst gut dasteht. Natürlich wird er trotzdem in die Wüste geschickt: Alle zeigen auf ihn, er wird mit weniger wichtigen Aufgaben betraut. Während er im Karriereknick feststeckt, kann er seinen Fehler bereuen. Ergebnis: schlechte Stimmung, und niemand weiß, was wirklich passiert ist.

Die zweite Möglichkeit ist, dass nie herauskommt, wer die Sache verbockt hat. Denn aus Angst vor den zu erwartenden Konsequenzen gibt niemand freiwillig zu, dass er derjenige war, der im entscheidenden Moment an der Maschine stand. Die persönlichen Folgen wären zu dramatisch. Untereinander wissen die Mitarbeiter vielleicht sogar, wer es war, doch die Belegschaft hält dicht. Sie fürchtet nicht zu Unrecht, dass der Kollege sogar entlassen werden könnte. Ergebnis: schlechte Stimmung und niemand weiß, was wirklich passiert ist.

Dieses Beispiel zeigt: Egal was passiert, das Unternehmen kann mit dieser Philosophie nur verlieren. Wenn etwas aus dem Ruder läuft, meldet sich keiner zu Wort. Der wahre Vorgang wird vertuscht und verschleiert. Die Führung will noch nicht einmal wissen, wie es zu dem Fehler kommen konnte. Sie arbeitet auch nicht daran, die fehlerhafte Bedienung der teuren Maschine in Zukunft unmöglich zu machen. Mit der Bestrafung des Schuldigen ist die Sache für sie erledigt; sie gehen dann zufrieden wieder zur Tagesordnung über.

Die Folgen für das Unternehmen sind dramatisch. In einer Unternehmenskultur, die nach Schuldigen sucht, will aus Angst vor Strafe niemand schuld sein. Die Folge ist Heimlichtuerei; mit der Zeit wird die Stimmung völlig vergiftet. Denn während sich die Unternehmensleitung auf die Suche nach dem schwarzen Schaf konzentriert, bleiben die Ursachen der Probleme verborgen. Und damit auch die Ansatzpunkte, um zu verhindern, dass der gleiche Fehler noch einmal passiert.

In vielen Fällen führt die Fixierung auf die Schuldfrage zu ganz schön absurden Scheinlösungen, wie bei diesem Beispiel aus den USA: Eine Dame bestellte bei einer Fast-Food-Kette einen Kaffee. Sie nahm das Getränk mit ins Auto, setzte sich wieder auf den Beifahrersitz und klemmte den Becher mit dem heißen Kaffee zwischen ihre Beine. Ihr Enkel, der fuhr, musste wegen eines entgegenkommenden Fahrzeugs abrupt bremsen, und der heiße Kaffee ergoss sich über die Beine der Frau. Sie verbrühte sich ziemlich schlimm. Ich weiß nicht, ob Sie sich schon einmal eine heiße Flüssigkeit über den Schoß geschüttet haben. Das ist sehr, sehr schmerzhaft und es dauert lange, bis die Brandblasen verheilt sind.

Dieses Missgeschick ist bestimmt schon vielen Menschen passiert. Hinterher ärgern sie sich, dass sie so unachtsam gewesen sind. Doch diese Frau suchte nach einem Schuldigen. Sie beschloss, die Fast-Food-Kette auf Schmerzensgeld zu verklagen. Sie gewann den Prozess – in Amerika ist das möglich. Interessant ist aber auch, wie das Unternehmen auf diesen Fall reagierte. Es ließ auf alle Pappbecher eine große Warnaufschrift drucken, die besagt: „Achtung, das Getränk, das Sie gleich konsumieren werden, ist heiß!"

Was hat die Fast-Food-Kette damit erreicht? Falls sich noch einmal jemand verbrüht und auf die Idee kommt, das Unternehmen zu verklagen, ist es aus dem Schneider. Es wird nicht noch einmal Gefahr laufen, die Schuld zugewiesen zu bekommen. Wird durch den Aufdruck aber verhindert, dass sich weitere Menschen den Kaffee über die Hose schütten? Wer es eilig hat und sich bisher den Pappbecher zwischen die Beine geklemmt hat, wird es auch künftig tun – ob mit oder ohne Warnhinweis. Das Ergebnis selbst ist eine Lachnummer. Fehlt nur noch, dass der Kunde beim Bezahlen unterschreiben muss, dass er den Warnhinweis gelesen und verstanden hat …

Echte Lösungen für Probleme werden so natürlich nicht gefunden. Statt nach einem Schuldigen zu suchen oder seine Kraft darauf zu verwenden, mögliche Schuldzuweisungen abzuwehren, wäre es doch viel sinnvoller, nach dem Grund des Problems zu suchen. Denn so lange die Ursache nicht identifiziert und ausgemerzt wird, ist die Wahrscheinlichkeit doch sehr groß, dass derselbe Fehler immer und immer wieder passiert.

Aber wenn nach den Schuldigen nicht gefahndet wird, dann muss doch auch niemand befürchten, zur Verantwortung gezogen zu werden. Dann hat man doch gar keine Chance mehr, zu erfahren, wer etwas verbockt hat. Und wie soll man denn das Problem bitteschön lösen, wenn sein Verursacher nicht einmal bekannt ist?

***

„Herr Lohmann, ich habe schlechte Nachrichten: Da ist eine fehlerhafte Charge vom ABS-Fitting im Umlauf", wirft mir Ulrich Grau, der gerade meine Bürotür aufgerissen hat, mit hochrotem Kopf entgegen, noch bevor die Türe ganz geöffnet ist.

„Kommen Sie erst einmal herein", bitte ich ihn und zeige auf den Stuhl. „Nehmen Sie doch Platz." Wir setzen uns an den Besprechungstisch. Ulrich Grau ist sichtlich aufgewühlt. „Was ist genau passiert?", frage ich.

„Unsere ABS-Teile aus der letzten Charge sind fehlerhaft. Das haben wir eben erst bei einer Prüfung festgestellt. Aber die Charge ist versehentlich schon ausgeliefert worden", sagt Grau, immer noch außer Atem.

„Um wie viele Teile geht es?", will ich wissen.

„Die Charge hat 8.000 Teile. Ob alle betroffen sind, wissen wir noch nicht, das müssen wir noch prüfen."

Mir wird auf einmal ganz kalt. „Gut, tun Sie das bitte sofort", weise ich ihn an. Und möchte gleich noch wissen: „Was kostet es unseren Kunden, ein Teil auszutauschen?"

„Um die 1.000 Euro", antwortet Ulrich Grau umgehend.

„Gut. Gehen Sie schon mal vor, ich stoße gleich zu Ihnen."

Sobald Ulrich Grau die Tür hinter sich zugemacht hat, atme ich scharf aus und stütze meinen Kopf in die Hände. Ich brauche keinen Taschenrechner, um zu realisieren, dass der größtmögliche Schaden mehrere Millionen Euro beträgt. Ich atme tief durch, trete an das Fenster meines Büros und blicke auf den perfekt gemähten Rasen und den strahlenden Sonnenschein. Wir verdienen zurzeit einen Bruchteil davon, und die Versicherung übernimmt Schäden auch nur bis zu einer halben Million. Sollten also alle Teile schadhaft sein, so müssten wir Insolvenz anmelden.

Ich versuche, ruhig zu bleiben. Meine Erfahrung sagt mir, dass es nichts bringt, jetzt in Hektik auszubrechen. Im Gegenteil. Worauf wir unsere Energie ausrichten müssen, ist, diesen Super-GAU zu verhindern. Gottseidank haben wir gute Chancen dazu, der Fehler wurde gleich bemerkt und gemeldet, und wir können sofort mit der Ursachenforschung und Lösungsfindung anfangen. Außerdem: Selbst wenn so viele Teile betroffen wären, dass wir Insolvenz anmelden müssten, wäre das trotzdem kein lebensbedrohlicher Zustand. Das Unternehmen und das Geld, das wir jetzt haben, wären weg, das stimmt. Aber die Menschen mit ihrer Kompetenz wären noch da. Und könnten jederzeit etwas Neues aufbauen. Das Einzige, was wir verlieren würden, wäre ein bisschen Geld. Na gut, ein bisschen viel Geld ... aber mehr nicht.

Mit diesen Gedanken im Hinterkopf verlasse ich mein Büro und gehe sicheren Schrittes zu meinen Leuten. Die haben schon ein Krisen-Meeting einberufen. Als ich im Besprechungsraum ankomme, sind alle, die zur Problemlösung beitragen können, dort schon versammelt.

„Okay, wir müssen jetzt sofort unsere Kunden über den Fehler und die möglichen Schäden informieren. Und dann müssen wir herausbekommen, wie groß der Schaden tatsächlich ist. Vielleicht kommen wir ja noch glimpflich davon", sage ich, während einer schon die Ansprechpartner auf seinem Laptop ausfindig macht.

„Die Lieferung der ABS-Teile ist schon gesperrt", sagt Herr Grau. „Wenn wir feststellen, dass nicht alles vom Schaden betroffen ist, können wir in den nächsten Tagen dann Chargenteile wieder freigeben ..."

Anderthalb Stunden lang rauchten die Köpfe im Besprechungsraum. Danach wusste jeder, was er als Nächstes zu tun hatte.

Tatsächlich betrug der Schaden am Ende nur eine Million Euro, nicht acht. Ein schmerzhafter Verlust, aber gerade noch tragbar. Gut, dass Herr Grau den Fehler sofort gemeldet hatte. Das hat unsere Reputation am Markt gerettet. Die umgehende Information unseres Kunden über das Worst-Case-Szenario hat uns in der Branche Pluspunkte eingebracht. Die Gespräche auf der Fachmesse, die wenige Tage nach diesem Vorfall stattgefunden hat, haben gezeigt, dass wir als offen und direkt erlebt wurden. Wir sind mit einem blauen Auge davongekommen. Und haben uns inzwischen von diesem Schlag wieder erholt.

***

Wer eine Unternehmenskultur installiert, die die Suche nach dem Schuldigen ausklammert, verschließt nicht die Augen vor Problemen und zeigt auch kein Desinteresse für die Ursachen. Im Gegenteil. In einer fehlertoleranten Kultur ist eine Suche nach dem Verursacher eines Unfalls oder Problems lediglich überflüssig; derjenige, der etwas vergeigt hat, oder der, dem ein Missstand auffällt, meldet sich nämlich von alleine.

Die Devise eines solchen Unternehmens ist: Fehlertoleranz statt Fehlergemauschel. Dieses einfache Prinzip schafft, wenn es gelebt wird, eine Atmosphäre, in der Fehler von jedem einzelnen Mitarbeiter der Belegschaft zugegeben werden. Der Verursacher eines Problems steht nicht mehr automatisch als Übeltäter da; deshalb sinkt für ihn die Hemmschwelle, einen Fehler zu melden, deutlich. Weil er keine Sanktionen befürchten muss, meldet er also das Problem, sobald er es sieht.

Der große Vorteil einer Unternehmenskultur, in der die heiklen Themen sofort aufs Tapet kommen, ist: Probleme werden noch im Anfangsstadium erkannt und beseitigt. Also bevor sie so groß werden, dass sie richtig viel Geld kosten. Der bekannte Effekt, dass unangenehme Informationen nur scheibchenweise ans Tageslicht kommen und mit jeder neuen Meldung nur noch unangenehmer werden, tritt hier nicht mehr auf. So hat die Führungsebene die Möglichkeit, Kunden und Partnern gegenüber sofort die ganze Wahrheit auf den Tisch zu legen, ohne Sorge zu haben, dass noch ein dickes Ende hinterherkommt. In Krisenfällen können sich Mitarbeiter und Führungskräfte darauf konzentrieren, nach Lösungen zu suchen, anstatt sich mit der Frage zu befassen, wer die Sache denn so schlimm verbockt hat. Die Suche nach den Ursachen und damit die Entwicklung von Lösungen für die Zukunft kann sofort beginnen.

Für mich ist die Sache sonnenklar: Ob sich ein Unternehmen langfristig erfolgreich am Markt zu behaupten vermag, entscheidet sich an folgender Frage: Wird, sobald ein Problem auftaucht, nach einem Schuldigen oder nach einer Lösung gefahndet?

Natürlich braucht es eine gewisse Stärke und innere Gelassenheit, um so zu arbeiten. Denn einen Schuldigen zu finden und zu bestrafen ist einfach. Es gibt einem das trügerische Gefühl, alles Notwendige getan zu haben. Echte Lösungen zu finden ist letztlich anstrengend. Denn die Lösungsfindung bedarf einer echten Analyse und der Zusammenarbeit aller Beteiligten.

Die innere Gelassenheit kann man durchaus auch mal verlieren, vor allem, wenn ein aufgetretener Fehler existenzbedrohend ist. Dann kann auch ein lösungsorientiert denkender Unternehmer aus der Rolle fallen, Schuld zuweisen und anderen Unrecht tun. Das ist nur menschlich und völlig normal. Gelassenheit kommt nicht von ungefähr, sondern davon, dass man sich immer wieder darin übt. Meine Mitarbeiter fragen mich manchmal, wie ich denn in brenzligen Situationen so ruhig bleiben kann. Ich gebe dann zur Antwort, dass mir diese Ruhe nicht einfach in die Wiege gelegt wurde, sondern dass ich jahrelang dafür üben musste. Was mir hilft: Ich bin mir gewiss, dass dies der einzige Weg ist, auf dem wir gemeinsam lernen und ein Unternehmen erfolgreich machen können.

Es gibt aber noch einen Grund, warum eine fehlertolerante Unternehmenskultur der einzige Weg zum Erfolg ist. Er liegt in der Abhängigkeit des Chefs von seiner Mannschaft. Ja, Sie haben richtig gelesen. Die Mitarbeiter mögen in gewisser Weise abhängig von ihrem Arbeitgeber sein, weil ihnen ohne Job ihre Lebensgrundlage fehlen würde. Aber die Abhängigkeit ist in Wirklichkeit gegenseitig. Mindestens genauso sehr ist auch der Unternehmer auf seine Belegschaft angewiesen. Die Mitarbeiter sind schließlich die Experten in der Firma – besonders in einem Unternehmen mit flachen Hierarchien. Sie sind es, die jeden Handgriff kennen und die Arbeit machen. Eine Firma ohne Mitarbeiter ist gar nichts. Ich denke da an das Gedicht von

Bertolt Brecht über berühmte Männer der Geschichte. Darin heißt es: „Caesar schlug die Gallier. Hatte er nicht wenigstens einen Koch bei sich?" Großes kann man nicht alleine schaffen, und die, die die Früchte ernten, sollten nie vergessen, dass sie dies nur dank des Beitrags anderer tun können.

Das gilt im Alltag eines Unternehmens – und in einer Krisensituation noch viel mehr. Gerade in unruhigen Zeiten sind Vorwürfe und Schuldzuweisungen völlig kontraproduktiv. Da braucht es schließlich alle Hände an Deck, keine ängstlichen Mitarbeiter, die um ihre Stelle bangen. Wer seine Mitarbeiter also mit Vorwürfen konfrontiert und für schuldig erklärt, der schaltet gerade in Krisenzeiten seine Schlüsselressource aus. Die Verursacher eines Unfalls sind letztlich die Einzigen, die wirklich helfen können, den Fall aufzuklären, die wahre Ursache zu finden und daraus wirkungsvolle Lösungsschritte abzuleiten.

Darum: Nur wenn wirklich niemand schuld ist – also wenn niemand schuld sein kann, weil die Schuldfrage sich einfach nicht stellt –, kann man die Ursachen finden und über Lösungen nachdenken.

Chefs, die Mitarbeiter entlassen, weil sie große Fehler gemacht haben, schneiden sich ins eigene Fleisch. Sie trennen sich ausgerechnet von den Menschen, die durch ihre Fehler am meisten gelernt haben. Und zwar so viel, dass sie in Zukunft viel besser aufpassen und auch ihre Kollegen auf mögliche Fehler aufmerksam machen können. Es macht also Sinn, gerade die Menschen, die Fehler gemacht haben, in der Firma zu behalten.

Es gibt also eine ganze Menge Vorteile für ein Unternehmen, wenn es endlich aus dem ewigen Kreislauf von Schuldzuweisung, Angst und Vertuschung herausfindet. Was eine fehlertolerante Unternehmenskultur außerdem noch mit sich bringt: Es werden nicht nur die akuten Probleme gelöst ...

***

Mathias Strohmeyer fährt gerade mit einem schwer beladenen Transportwagen an mir vorbei durch die Produktionshalle. Ich winke ihm zu, und er hält an.

„Was sind das für Teile?", will ich wissen.

„Eine ganze Ladung Rundloch-Schienen. Wieder ein Kunde, der nicht weiß, wie man bestellt", sagt er trotzig, und zeigt mir einen Vogel.

Ich folge Strohmeyer zu unserer Schrott-Ecke, wo er eine Schiene nach der anderen vom Wagen lädt und auf den Schrotthaufen stapelt. Unter seinen Schienen liegen bereits eine ganze Palette mit Kartons, beschriftet mit der Nummer 17179, eine Holzkiste mit Gurten, ein paar beschädigte Bügelsets, die Haltevorrichtungen für Motorräder, die ich vor einem Jahr in Brasilien gekauft habe, und einige weitere Einzelteile. Manche davon kaputt, andere noch originalverpackt.

In unserer Produktionshalle ist alles geordnet und durchorganisiert. Nur hier in der Schrott-Ecke herrscht gewolltes Chaos. Nicht, weil ich auf Unordnung stehe, sondern weil ich es für sinnvoll halte, den bestehenden Problemen ins Gesicht zu sehen.

Als ich das Unternehmen übernahm, bemerkte ich bei der Inventur, dass im Lager Tausende von Teilen seit über fünf Jahren herumlagen. Teils waren es Einzelteile, teils kleine Stückzahlen, manchmal aber auch ganze Wagenladungen Material, das lieblos in einer Ecke der Halle auf einen Haufen geworfen worden war.

Ich wollte wissen, was das für Ladenhüter waren. Um mir anhand der Lagerprotokolle einen Überblick zu verschaffen, brauchte ich einen ganzen Tag. Am Abend hatte ich den Haufen zumindest auf dem Papier kategorisiert: Gewisse Teile liefen einfach schlecht, andere lagen hier herum, weil es bei der Bestellung oder Lieferung Missverständnisse gegeben hatte, und wiederum andere waren Ausschuss. Am neugierigsten machten mich ungebrauchte und funktionierende Produkte von uns, die hier in kleinsten Mengen herumlagen. Hier fünf Zurrschienen, dort sieben Zurrpunkte ... Ich wollte wissen, was deren Geschichte war und was dazu geführt hatte, dass sie hier Staub ansetzten.

Um mir einen genaueren Überblick zu verschaffen, ließ ich alles aus dem Lager holen und in der Mitte der Produktionshalle aufbauen, damit man es aus der Nähe begutachten konnte. Zusammen mit meinem Produktionsleiter betrachtete ich diesen Berg. Bald wurde uns klar: Viele dieser Teile waren Reste einer Überproduktion. Und dann fiel bei uns der Groschen: Das hatten wir ja selbst verursacht!

Kunden bestellen oft eine ungerade Zahl von Teilen, zum Beispiel 92 Fittinge. Da bei der Produktion oft Ausschuss entsteht, nimmt man Material für 100 Fittinge. Zwei Teile sind vielleicht wirklich Ausschuss, sechs aber bleiben einfach liegen. Man legt sie ins Lager, weil man denkt: Der Kunde bestellt vielleicht in Zukunft das gleiche Teil nach. Frei nach Murphy's Law „Wenn etwas schiefgehen kann, wird es auch schiefgehen" kommt es dann immer wieder vor, dass einen Tag, nachdem die Teile aus der Überproduktion endlich entsorgt wurden, ein Kunde anruft und genau dieses Teil in einer Anzahl von fünf Stück wieder nachbestellen möchte. Na prima ...

Diese Art der Überproduktion hatte also zu dem unübersichtlichen, mit Einzelteilen vollgestopften Schrott-Lager geführt. Und natürlich auch zu Materialverschwendung, denn früher oder später werden die überschüssigen Teile einfach entsorgt.

Diese Erkenntnis war für uns beinahe wie die Entdeckung Amerikas. Weil wir die Teile wirklich physisch vor uns hatten, entstand ein nachhaltiger Aha-Effekt, der genau auf den Kern des Problems deutete. Kurze Zeit nach dieser Erkenntnis haben wir eine der wichtigsten Entscheidungen der letzten Jahre getroffen: gar nicht mehr auf Lager zu produzieren, sondern nur noch kundenbezogen. Heute haben wir eine punktgenaue auftragsbezogene Fertigung: Wenn der Kunde 92 Fittinge bestellt, dann produzieren wir auch nur 92. Falls dabei Ausschuss entsteht, wird eben sofort nachproduziert.

Die zweite wichtige Entscheidung, die aus diesem Erlebnis resultierte: Ab jetzt stellen wir alle problematischen Teile sofort in die Mitte der Produktionshalle, nicht erst einmal im Jahr bei der Inventur.

Diesen visuellen Aha-Effekt wollten wir nicht nur einmal haben. Wir dachten uns: Das Ausstellen dieser Teile in der Produktionshalle hat dazu geführt, dass wir effektiver produzieren. Also machten wir aus der improvisierten „Schrott-Ecke" eine permanente.

Und genau so machen wir es auch heute noch: Alle Teile, die dort hingelegt werden, bleiben so lange in der Schrott-Ecke liegen, bis für das Problem, wegen dem sie dort landeten, eine Lösung gefunden wurde. Vorher dürfen sie nicht entfernt werden. Auch wenn das manchmal sehr lange dauert.

Doch zurück zu Mathias Strohmeyer: „Wie meinen Sie das, der Kunde wusste nicht, was er bestellt?" frage ich ihn, während er immer noch Rundloch-Schienen in die Schrott-Ecke packt.

„Naja, der hat doch den Katalog vor sich und bestellt dennoch das Falsche. Statt Rundloch-Schienen wollte er eigentlich Schlüsselloch-Schienen. Als ich ihn am Telefon fragte, welche er genau wolle, redete er von runden Löchern, und die hat er dann auch bekommen."

Ich blicke meinen Mitarbeiter leicht amüsiert an. „Herr Strohmeyer, vor Kurzem haben Sie mir doch erzählt, dass Sie neulich fast an einer Internet-Bestellung für Ihre Tochter verzweifelt sind, weil Sie anhand der Bilder und Beschreibungen nicht erkennen konnten, welche Ausgabe von dem Bilderbuch die aus Pappe ist. Erinnern Sie sich?"

Das scheint Mathias Strohmeyer nun doch etwas zu denken zu geben. Er streicht sich mit der Hand mehrmals übers Kinn und blickt auf die Schrott-Ecke: „Ja, das stimmt genau. Wollen Sie mir damit sagen …"

„Sagen will ich gar nichts", unterbreche ich ihn. „Über die Ursachen müssen Sie sich ja Gedanken machen." Er blickt noch nachdenklicher, und ich schmunzle innerlich. Jetzt hab ich ihn am richtigen Ort. In seinem Kopf arbeitet es intensiv.

„Danke für den Hinweis, Herr Lohmann. Ja, es stimmt, dass unser Katalog nicht übersichtlich genug ist. Ich bespreche das gleich mal mit Heinz. Der hat das auch schon ein paar Mal gesagt. Und wenn wir unseren Katalog selbst nicht verstehen, wie können wir von unseren Kunden dann erwarten, dass sie da durchblicken? Oh ja, ich habe sogar eine Idee, was wir tun könnten, damit die Schrott-Teile hier schnell wegkommen."

Strohmeyer nickt mir abschließend zu und macht sich mit dem Transportwagen auf den Weg zurück.

Verstecktes ans Licht bringen

Fehlertoleranz und eine intakte Fehlerkultur helfen dabei, akute und sichtbare Probleme schnell und zufriedenstellend zu lösen, wenn sie noch klein sind. Aber eine fehlertolerante Kultur bringt noch viel mehr als nur das: Auch versteckte Missstände kommen mit dieser Methode viel schneller ans Licht. Und zwar ganz von allein, ohne dass man ständig nachfragen muss.

Unsere Schrott-Ecke ist ein gutes Bild für diese Fehlerkultur. Alles wird sichtbar gemacht: Ladenhüter, Qualitätsprobleme, Rücksendungen, Reklamationen. So lange sie dort sichtbar liegen, ist der Ansporn groß, das Problem zu lösen. Jeden Tag mahnen uns die sichtbar gemachten Fehler: Wir müssen uns darum kümmern.

Es mag provokant sein, Fehler und Probleme so öffentlich auszustellen, wie wir es tun. Aber es funktioniert. Weil niemand persönlich angegriffen wird, sondern einfach die fehlerhaften Arbeiten in der dafür vorgesehenen Ecke platziert werden. Unsere Fehlerkultur ist mittlerweile so weit eingespielt, dass in vielen Fällen bereits bei ersten Anzeichen von Problemen reagiert wird, und nicht erst, wenn der Schaden schon sichtbar geworden ist. Qualitätsprobleme in der Produktion werden heute umgehend genau dort gelöst; Material für die Schrott-Ecke fällt erst gar nicht an.

Wenn alle erfahren und erlebt haben, dass Offenheit nicht zu Strafe führt, sondern zu einer Auseinandersetzung mit der Problematik, dann wird plötzlich so manche Leiche aus dem Keller geholt. Es werden Probleme diskutiert, die zuvor tabu waren, weil die Schuldfrage im Raum stand. Indem sie endlich analysiert werden, ergeben sich Lösungen, die man mit geeinten Kräften umsetzen kann. So wird das Unternehmen nach und nach immer besser. Die Mitarbeiter lernen immer mehr dazu, sie spornen sich gegenseitig zu Höchstleistungen an. Nur auf diese Weise wird es möglich, einen großen Qualitätssprung zu erreichen und die Weichen für eine erfolgreiche Zukunft des Unternehmens zu stellen.

Eine lernende Organisation kann sich selbst immer wieder in Frage stellen. Das ist gut. Denn nur so wird sie nicht verknöchern und unbeweglich werden. Ein Unternehmen, in dem sich die Mitarbeiter und die Entscheidungsträger gegenseitig vertrauen, zusammenarbeiten und Probleme gemeinsam lösen, kann die Herausforderungen der Zukunft annehmen. Das gelingt aber nur, wenn alle, wirklich alle Personen im Unternehmen mitmachen und die neuen Spielregeln akzeptieren.

Es ist nicht einfach, eine fehlertolerante Unternehmenskultur zu entwickeln und danach zu handeln. Das bedeutet harte Arbeit und schließt auch Rückschläge mit ein. Es wirkt schließlich unserem Instinkt entgegen, nicht mit dem Finger auf einen Schuldigen zu zeigen.

Man braucht also viel Übung und entsprechend viel Geduld mit sich selbst und mit anderen, um diese Konditionierung abzulegen. Führungskräfte und Mitarbeiter müssen aktiv umdenken und immer wieder daran arbeiten, nicht wieder in alte Muster zurückzufallen. Das geht nur mit der wiederkehrenden Erfahrung, dass auf einen Fehler keine Strafe folgt, dass Fehler aber dennoch Konsequenzen haben. Die Konsequenzen dürfen hart und klar sein, aber nie personenbezogen. Und sie müssen für alle Personen in der Firma sichtbar werden. Erst wenn sich dieser Kreislauf etabliert hat, wird ein lösungsorientiertes Unternehmertum wirklich möglich.

Eine schuldfreie, fehlertolerante Kultur ist die einzige, die Unternehmen wirklich voranbringt. Doch gerade manche Instrumente, die im Unternehmensalltag zum Kanon gehören, stehen einer solchen Kultur im Wege ...

Kapitel 7

Schwarzes Brett: Warum Berichten schädlich ist

Mal schauen, wie gut wir letzte Woche waren! Voller Vorfreude öffne ich an diesem Montagmorgen die Datenbank, die die Aufträge erfasst. Zwar bin ich erst seit einigen Wochen Unternehmenschef, aber immerhin weiß ich schon, wo ich nachschauen kann, wie viele der Bestellungen pünktlich rausgegangen sind. Das Programm berechnet mir auf Mausklick die Statistik, samt einer übersichtlichen Grafik, die die Prozentzahl der versäumten Termine anzeigt.

„Was?!", rufe ich unwillkürlich aus. Mit meiner guten Laune ist es schlagartig vorbei: Die Grafik zeigt eine große rote Lücke zwischen Soll und Ist. 38 Prozent der Lieferungen haben letzte Woche nicht pünktlich das Werk verlassen. „Das muss sich dringend ändern", denke ich laut.

Die Tabelle und Grafik drucke ich sofort aus und gehe mit den beiden Blättern in der Hand aus dem Büro. Um solche Probleme in Zukunft zu vermeiden, muss ich erst mal herausfinden, was genau schiefgegangen ist. Dabei können mir nur die Menschen helfen, die an der Quelle sitzen: meine Mitarbeiter in Produktion und Versand.

Meine Miene muss etwas Außergewöhnliches an sich haben. Denn kaum bin ich hier angekommen, lassen die Mitarbeiter die Maschinen und Kartons schlagartig stehen und kommen schauen, was es denn gibt.

„Sehen Sie mal, diese ganzen Aufträge oben in der Liste sind letzte Woche nicht rechtzeitig ausgeliefert worden. Woran lag das denn?", frage ich.

Jetzt machen sie alle einen Schritt zurück, schauen einander an, manche gucken verlegen auf die Maschinen.

Nur Frau Konsek legt ihre Hände auf die Hüften, stellt sich breitbeinig vor die anderen und sagt mit lauter Stimme: „Es ging einfach gar nicht, die Lieferungen rechtzeitig rauszubringen. Es waren ja vier Leute krank!"

„Verstehe", antworte ich gelassen. „Aber vier Mitarbeiter, das erklärt noch nicht, warum mehr als ein Drittel der Bestellungen nicht ausgeliefert wurde. Ist sonst noch etwas schiefgegangen? Schauen Sie sich mal an, welche Bestellungen das waren", bitte ich die Mannschaft und strecke den Arm aus.

Die Mitarbeiter drängen sich um mich und verrenken ihren Hals, um auf das Blatt mit der Tabelle schauen zu können. Herr Lüdtke räuspert sich und deutet auf einige rot markierte Bestellnummern.

„Da, die Aufträge 4 bis 11, das waren alles Teile, zu denen Gummimanschetten gehören. Bei denen hat die Herstellerfirma nicht geliefert wie versprochen, da konnten wir gar nichts ma ..."

„Die Nummer 17, dafür war ich zuständig", fällt ihm Herr Brecheisen ins Wort. „Ich habe auch alles versucht und mir die Nachmittagsstunden extra dafür freigehalten. Aber wenn der Marco mir nicht rechtzeitig zuarbeitet, kann ich auch nicht zaubern ..."

Marco Kübler wirft ihm einen giftigen Blick zu. „Ich hatte doch noch den Auftragsstau von vorletzter Woche abzuarbeiten", verteidigt er sich. „Da hatten wir ja den Maschinenausfall, das musste noch alles nachgearbeitet werden."

Auf einmal fangen alle sieben Leute an, durcheinander zu reden und einander mit Erklärungen zu überbieten. Bevor hier noch ein Streit ausbricht, ergreife ich also lieber das Wort.

„Ich verstehe, in diesem Fall konnten die Termine einfach nicht eingehalten werden, weil mehrere unglückliche Umstände zusammengekommen sind." Ich falte die Blätter zusammen und stecke sie in die Hosentasche. „Was mich jetzt aber dringend interessiert, geht über diesen einen Fall hinaus. Ich wüsste gern, was Sie brauchen, damit es nächstes Mal runder läuft. Was sollen wir verändern?"

Die Mitarbeiter schauen erst mich, dann einander mit großen Augen an. Frau Konsek spielt an ihren Fingernägeln, Herr Lüdtke zupft sich am Ohrläppchen. Einige Sekunden lang herrscht Totenstille.

„Das haben wir doch nicht im Griff, wenn Leute krank werden, Maschinen ausfallen oder Zulieferer sich verspäten", meint Herr Lüdtke dann im Brustton der Überzeugung.

„Genau", stimmt ihm Herr Brecheisen zu. „Wir geben doch schon unser Bestes. Mehr geht einfach nicht. Was sollen wir da groß ändern?"

Das geht doch gar nicht!

Automatisierte Berichte sind einfach genial. Wenn es einen Effektivitätspreis für Unternehmenssoftware gäbe, dann müssten ihn die zentralen Controlling-Datenbanken bekommen. Mit ihrer Hilfe kann man mit nur einem Mausklick detaillierte Berichte über so ziemlich alles erstellen.

Klar, da es ein zentrales System ist, macht das normalerweise nicht jeder, sondern der Controlling-Chef in einem festgelegten Rhythmus. Die meisten Zahlen lässt er einmal pro Woche raus und verteilt sie an die jeweiligen Abteilungsleiter. Der Verkaufsleiter bekommt den Verkaufsbericht, der Einkaufsleiter den Einkaufsbericht, und so weiter und so fort. Und diese Chefs wiederum geben einzelne Teile an ihre Mitarbeiter weiter, je nach Zuständigkeiten. Das, was ich aus einem spontanen Impuls heraus gemacht habe, mit einem selbstgemachten Ausdruck in der Hand direkt zu den Mitarbeitern zu rennen und nicht zu ihrem Vorgesetzten, ist nicht die Regel. Aber warum ist mein Vorhaben, die Gründe für unerledigte Bestellungen herauszufinden, so grandios gescheitert – obwohl ich doch ein derart genaues Messinstrument zur Seite hatte? Warum konnten wir keinen Aktionsplan für die Zukunft erarbeiten, obwohl wir alle Daten präzise aufgeschlüsselt vor Augen hatten?

Ob Verkaufs-, Produktivität-, Qualitäts- oder sonstige Berichte, eins haben sie alle gemeinsam: Sie werten aus, was bereits geschehen ist. Sie geben Aufschluss über Ergebnisse, also über Abgeschlossenes. Und zwar mit einigem zeitlichen Abstand.

Das Heikle daran: Wenn der Bericht über meine Aktivität in der letzten Woche in der Mitte dieser Woche entsteht – und das ist im Unternehmensalltag üblich –, dann weiß ich als Mitarbeiter schon nicht mehr genau, was wann los war. Ich kann also die Gründe für Produktivität oder Ausfälle nicht mehr ganz nachvollziehen – außer in der letzte Woche ist etwas Spektakuläres passiert, das sich mir ins Gedächtnis gebrannt hat.

Außerdem werden in diesen automatisierten Berichten die Daten einer Woche zusammengefasst und nivelliert. Ein zäher Montag, ein erfolgreicher Dienstag, ein katastrophaler Mittwoch, ein mittelmäßiger Donnerstag und ein recht guter Freitag ergeben auf dem Papier eine mittelmäßige Woche. Die Aussagekraft des Gesamtergebnisses ist also, gelinde gesagt, nicht allzu hoch. Und selbst wenn die Mitarbeiter die Ergebnisse der letzten Woche nach Tagen aufgeschlüsselt bekommen: Der Bericht ist und bleibt ein Blick in die Vergangenheit. Sprich: Die Ergebnisse der letzten Woche lassen sich zu dem Zeitpunkt, zu dem der Bericht vorliegt, nicht mehr korrigieren.

Egal, wie gutgesinnt ein Chef ist, der die suboptimalen Ergebnisse mit seinem Team analysieren möchte, um daraus Handlungsfelder für die Zukunft abzuleiten, für die Mitarbeiter ist klar: Eine schlechte Woche bleibt eine schlechte Woche. So wird jede Diskussion über Probleme immer nur zu einem Palaver über Schuld oder Nichtschuld. Ein Satz wie „Letzte Woche waren Ihre Ergebnisse deutlich unter dem Durchschnitt" wird automatisch als Vorwurf gewertet.

Eigentlich logisch: Mitarbeiter, denen die roten Zahlen der letzten Tage vorgelegt werden, suchen automatisch nach Rechtfertigungen, warum der Misserfolg unvermeidlich war. Die Vergangenheit können sie schließlich nicht ändern. Sie können nur noch versuchen, ihr Gesicht zu wahren.

Der Chef wird auf jeden Fall versuchen, aus den Berichten Verbesserungsimpulse für die Zukunft abzuleiten. Dafür lässt er sie ja schließlich erstellen. Da er aber nicht an der Quelle sitzt, nicht in der Fabrikhalle oder dem Büro mit dabei ist, fällt es ihm schwer, die wahren Ursachen für Fehlentwicklungen zu erkennen. Er kann nur mit Vermutungen arbeiten. Und um die zu überprüfen, wird er zunächst detailliertere Berichte fordern und eine strengere Kontrolle vornehmen.

Angenommen, der Chef sieht im wöchentlichen Bericht dreimal hintereinander, dass in einer bestimmten Produktionslinie viel Ausschuss entsteht. Was wird er tun? Natürlich versuchen, den Ausschuss zu reduzieren. Die klassische Vorgehensweise dazu ist, die Kontrolle zu verstärken. Zum Beispiel, indem die Meldebedingungen für Ausschuss verschärft werden: Außer dem Produktionsmitarbeiter müssen noch zwei weitere Personen die Ware anschauen und die Ausschuss-Meldung unterschreiben.

Der Effekt dieser Maßnahme: Um sich und seinen Kollegen den erhöhten bürokratischen Aufwand und weitere Vorwürfe zu ersparen, wird der Produktionsmitarbeiter mangelhafte Produkte heimlich in der Mülltonne versenken. Das führt dazu, dass auf dem Papier der Ausschuss sinkt; der Chef denkt: Aha, die Produktion arbeitet jetzt sorgfältiger, weil sie besser kontrolliert wird. Die Maßnahme ist auf dem Papier erfolgreich, aber in Wirklichkeit wird noch genauso viel Ausschuss produziert wie vorher. Die verschärfte Meldepflicht ist sogar kontraproduktiv: Die Kreativität der Mitarbeiter wird für Vertuschungsstrategien statt für Problemlösungen eingesetzt.

Divide et impera

Der Selbstverteidigungsreflex, der bei den Mitarbeitern entsteht, wird verstärkt durch die Tatsache, dass das Berichtswesen hierarchisch ist. Der Chef ist schließlich der Einzige, der den gesamten Überblick über die Ergebnisse hat. Er bekommt den dicksten Bericht als erster und verteilt Auszüge daraus an seine Mitarbeiter. Außer ihm bekommt jeder nur das zu sehen, was ihn persönlich betrifft. Also hat der einfache Mitarbeiter auch keine Vergleichsmöglichkeit; er kann sich in den größeren Kontext nicht einordnen. Er ist stets allein auf weiter Flur und geht automatisch in Verteidigungsstellung.

Die Hierarchie kann durchaus ein gewolltes Machtinstrument sein. „Divide et impera", teile und herrsche, riet schon Macchiavelli seinem idealen Fürsten. Wer seine Untergebenen in viele kleine Gruppen aufspaltet, die kaum etwas voneinander wissen, hat es leicht, seine Machtstellung zu bewahren. Doch auch wenn die Motivation des Chefs nicht in kaltem Machtstreben besteht, sondern lediglich in der wohlgemeinten Absicht, die Mitarbeiter nicht mit zu vielen unnützen Informationen zu belasten, ist der Effekt letztendlich derselbe: Der Chef ist der Einzige, der den Überblick hat. Er hat die Informationshoheit, also hat er auch die Entscheidungshoheit. Aufgrund der ihm vorliegenden Zahlen und Informationen plant er und gibt Anweisungen an die Mitarbeiter. Diese wiederum haben gar keine Chance, sich selbst zu steuern, weil ihnen die Informationen dazu fehlen.

Durch das Berichtswesen werden Menschen also dumm und unselbstständig gehalten. Es bleibt bei einem Eltern-Kind-Verhältnis zwischen Chef und Angestellten: Der Chef hat das größere Wissen und dadurch das Recht, Anweisungen zu geben, und eine Fürsorgepflicht. Die Mitarbeiter tun, was ihnen gesagt wird. Da der Chef aber, anders als die Eltern, nicht ständig in der Nähe ist, können die Mitarbeiter nicht jederzeit nachfragen. Für Entscheidungen müssen sie langwierige Dienstwege gehen – je größer und hierarchischer das Unternehmen, desto mehr Zeit geht dabei verloren.

Als ich noch in der Automobilindustrie gearbeitet habe, hat mich das immer tierisch geärgert. Wenn der Drucker den Geist aufgab, konnte ich nicht einfach einen neuen kaufen. Zuerst musste ich Formulare ausfüllen, Unterschriften einholen und dann warten, bis das Ganze den Dienstweg überwunden hatte. In der Hoffnung, dass ich Wochen später einen neuen Drucker haben würde ... Ich will mir gar nicht ausrechnen, wie viel Geld das Unternehmen verloren hat, weil ich für jeden Ausdruck – und davon hatte ich viele – einen Weg von 30 Metern zurücklegen musste. Der Kopierer, auf den ich ausweichen musste, stand nun mal am anderen Ende des Flurs.

Doch die Machtlosigkeit der Mitarbeiter ist nicht das einzige Problem am Berichtswesen. Gefährlich ist auch: Derjenige, der alle Informationen zuerst hat, ist nicht der Unternehmer, sondern der oberste Controller. Er sammelt die Daten, wertet sie aus und gibt sie dann gebündelt an den Chef weiter. Er ist also derjenige, der allein entscheidet, was relevant genug ist, um weitergegeben zu werden. Der Chef des Controllings hat also das absolute Informationsmonopol und ist damit noch mächtiger als der Chef.

Solange ein gutes Verhältnis zwischen den beiden Schlüsselfiguren besteht, ist die Welt in Ordnung und die Arbeit geht ihren gewohnten Gang. Sobald aber ein Riss in der Beziehung da ist, kann der Controller den Chef manipulieren, und zwar einfach indem er Informationen gezielt zurückhält. Im schlimmsten Fall verkauft er die relevanten Zahlen und Daten an die Konkurrenz.

Das Berichtswesen ist offensichtlich so ineffizient und schädlich, dass man sich unweigerlich fragen muss, wozu es denn überhaupt erfunden wurde. Als es Ende der 1970er-Jahre mit Aufkommen der zentralen IT entstand, war es ein Mittel, um Daten transparent zu machen. Und zwar transparent für den Entscheidungsträger. Der brauchte unbedingt die Informationen, wie es wo im Betrieb steht, um seine betriebswirtschaftlichen Entscheidungen fundiert zu treffen. Und der Entscheider, das war natürlich der Chef. Nicht der Produktionsmitarbeiter.

Der einfache Mitarbeiter kannte nur seinen eigenen kleinen Arbeitsschritt. Anfang des 20. Jahrhunderts hatten die Mitarbeiter nicht das Rüstzeug, um mit Wissen etwas Sinnvolles anzufangen. Selbst wenn man ihnen alle Informationen im Betrieb zur Verfügung gestellt hätte, hätten sie daraus nichts ableiten können. Also musste der Chef entscheiden. Die Informationen wurden genauso hierarchisch und selektiv zugeteilt, wie die Arbeit organisiert war. Der Fließbandarbeiter wusste nur, dass er alle zehn Sekunden eine Schraube anziehen sollte. Der Vorarbeiter kannte mehr Arbeitsschritte und wusste, wen er wo einsetzen konnte. Der Schichtleiter wusste, was bis wann produziert sein musste und wie viel Material noch im Lager war. Den absoluten Überblick über die verschiedenen Abteilungen und die Zukunftsvision hatte nur der Unternehmer.

Die Berichte sorgten dafür, dass er diesen Überblick bekam. Sie erfüllten also ihren Zweck, die nötige Transparenz war vorhanden. Und damals waren die Informationen auch relevant. Heute wiederum sind durch den technischen Fortschritt die computererstellten Berichte derart detailliert, dass man nicht sagen kann, dass alles, was darin abgebildet ist, auch für Analysen nützlich ist.

Die Berichte, die das Controlling dem Chef übergibt, sind dick wie ein Krimi. Da steht alles drin, jede Zahl aus jedem Arbeitsbereich. Am Ende wird daraus eine Mappe, die so schwer und massiv ist, dass man jemanden damit erschlagen könnte. Und im übertragenen Sinn wird der Chef auch von all diesen Informationen erschlagen.

Wer hat schon Zeit, jede Woche einen dicken Wälzer gründlich durchzulesen? Wer hat den Nerv dazu, wenn er weiß, dass er von all dem Informationswust eigentlich nur fünf Kennzahlen braucht? Wenn absolut alle Informationen gesammelt werden, sind auch jede Menge Dinge dabei, die der Chef gar nicht wissen muss. Die wirklich relevanten Informationen gehen bei den zentral erstellten Berichten oft in der Masse unter.

Wenn das Berichten durch das zentrale Controlling so viele Nachteile hat, müsste man es doch glatt abschaffen. Aber herrscht dann nicht das absolute Chaos? Der Chef hätte dann gar keinen Überblick mehr über die Arbeitsergebnisse. Er könnte den Mitarbeitern keine Anweisungen mehr geben und auch nicht eingreifen, wenn etwas aus dem Ruder läuft ...

***

Pedro Velázquez lässt sich seinen Jetlag nicht anmerken, sondern läuft erstaunlich munter mit mir herum. Mein brasilianischer Geschäftspartner ist auf Besuch hier in Deutschland und ich zeige ihm, wie es bei allsafe Jungfalk so zugeht. Gerade führe ich ihn durch unsere Maschinenhalle. Er schaut sich mit seinen wachen dunklen Augen alles genau an.

„Was sind das für Schilder an den Maschinen?", will er wissen und zeigt auf einen Zettel, der an der CNC-Maschine klebt. Ich übersetze für ihn auf Englisch:

„Hier steht: Crash am 14.2.2001. Stillstand 7 Stunden, Kosten 4.500 Euro."

Senhor Velázquez reißt die Augen auf. Dann geht er mit raschen Schritten von einer Maschine zur nächsten und überschlägt: An etwa jedem zweiten Gerät hängt so ein Zettel, an einigen sogar zwei oder drei mit unterschiedlichen Jahreszahlen. Mit zusammengezogenen Augenbrauen kommt er wieder bei mir an.

„Sie dokumentieren diese ganzen Vorfälle so, dass jeder die Zettel sehen kann? Und das auf viele Jahre?", fragt er mich mit einem entsetzten Gesichtsausdruck.

„Ja", antworte ich, ohne zu wissen, worauf er hinauswill.

„Fühlen sich die Mitarbeiter, die den Fehler verursacht haben, da nicht entblößt?", flüstert er mir hinter vorgehaltener Hand zu.

„Fragen Sie das am besten die Mitarbeiter. Sie haben sich dieses System selbst ausgedacht. Ich weiß auch nicht genau, wie das organisiert ist", antworte ich in normaler Lautstärke. „Hier, Herr Roberts ist Ire – er kann das sogar auf Englisch erklären! "

Ich führe Senhor Velázquez zu dem Mann, der am Cutter arbeitet. Mein Geschäftspartner schaut mich nochmal fragend an, doch als ich ihm ein drittes Mal zunicke, fasst er Mut. Er stellt sich vor und fragt den Mitarbeiter, wie er zu diesen Zetteln an den Maschinen steht.

Herr Roberts lächelt zufrieden. „Ich arbeite ja an verschiedenen Maschinen, da sind die Zettel schon sehr hilfreich. Sie sind das erste, was ich mir anschaue, wenn ich an einen anderen Platz wechsle. Da stehen ganz genau die möglichen Fehlerquellen – und, schauen Sie mal, sogar die Ursachen für die vergangenen Crashs. Hier zum Beispiel, wo ich jetzt arbeite, steht: ‚Notabschaltung am 6.5.2008 für 4 Stunden. Ursache: Bediener war abgelenkt durch Lärm der benachbarten Anlage.‘ Da weiß ich also von Anfang an: Wenn ich an diesem Arbeitsplatz bin, muss ich besonders konzentriert sein, denn die Maschine daneben ist so laut, dass sie mich ablenken könnte.“

„Ja, aber für den, der den Crash verursacht hat, ist es doch peinlich, dass alles so dokumentiert wird“, sagt Senhor Velázquez ungläubig.

„Ach was, es steht gar nicht dabei, wer das war. Außerdem geht es ja nicht um Schuldzuweisungen. Mir sind auch schon Fehler passiert, die Zettel dort und dort drüben habe ich selbst aufgehängt.“

Herr Roberts deutet mit weitläufigen Armbewegungen auf verschiedene Maschinen. „Es geht darum, Fehler in Zukunft zu vermeiden. Der Zettel hilft mir, zu erkennen, worauf ich an dieser Maschine besonders achten muss.“

Mein Geschäftspartner ist jetzt sichtlich in Gedanken vertieft. Einige Sekunden lang sagt er gar nichts mehr, sondern schaut nur verwundert ins Leere.

„Muito obrigado“, sagt Senhor Velázquez nach einer Weile und merkt gar nicht, dass er ins Portugiesische zurückgefallen ist. Beim Weitergehen dreht er sich noch einmal um und starrt ein paar Augenblicke lang zu Herrn Roberts zurück.

Mit Sextant und Chronometer

Wenn das zentrale Berichten abgeschafft ist, hat der Chef tatsächlich die Macht abgegeben. Wenn die Informationen nicht zuerst bei ihm, sondern bei seinen Mitarbeitern landen, hat er schließlich nicht mehr viel zu sagen. Und ja, es ist richtig: Mit Anweisungen und Entscheidungen kann er nicht mehr in die Arbeit seiner Leute eingreifen. Das Positive daran: Er muss es auch nicht. Die Mitarbeiter steuern sich selbst und kontrollieren sich gegenseitig

– wenn sie die Informationshoheit übertragen bekommen. Wenn jeder Mitarbeiter selbst entscheidet, was er wie seinen Kollegen weitergibt und wonach er sie fragt, fühlen sich die Leute endlich verantwortlich.

Wer selbst schon Zettel mit Fehlerursachen an eine Maschine gehängt hat, wird auch viel mehr auf die Zettel achten, die die Kollegen aufhängen. Weil er weiß: Die haben das getan, weil es mich angeht, weil es mir hilft.

Bis vor 30 Jahren wurden produzierte Güter anschließend einer Qualitätskontrolle unterzogen. Im Kontrollraum saß dann ein Prüfer mit Messgeräten, der Ausschuss aussortierte. Frühestens bei der nächsten Schicht, oft aber erst in der nächsten Woche bekamen die Arbeiter dann das Feedback. Inzwischen wird die Qualitätskontrolle meist von den Personen durchgeführt, die die Gegenstände hergestellt haben. Also von den Mitarbeitern selbst. Dafür werden sie in der Berufsausbildung geschult und können mit Messschiebern und Spannungsmessern umgehen. Sie wissen, worauf sie achten müssen und was mögliche Fehlerquellen sind. „Beim Teil BR22 muss ich vor allem darauf achten, dass die Schrauben fest angezogen sind, und beim Teil A7 darauf, dass die Kante sauber abgeschliffen ist, sonst kann die Steckverbindung haken."

Diese Verantwortungsverlagerung hat zwei Vorteile: Zum einen gibt es niemanden, der den Mitarbeitern sagt: „Das Teil war schlecht", was nur zu Missmut führt. Sie entscheiden das, natürlich anhand objektiver Kriterien, selbst, und das stärkt ihr Selbstbewusstsein und ihre Eigenständigkeit. Zum anderen erkennen die Mitarbeiter frühzeitig, wenn ein Teil nicht den Anforderungen genügt. So können es sofort korrigieren und ein weiteres Teil produzieren. Eventuell arbeiten sie dafür heute fünf Minuten länger. Dafür ist die bestellte Lieferung gleich vollständig, es muss nicht bis morgen gewartet werden, um ein Teil auszutauschen und dann noch mal alles zu zählen und zu überprüfen. Das spart am nächsten Tag mindestens eine halbe Stunde Arbeit. Und dem Kunden einen Tag Wartezeit.

Wenn das zentrale, vergangenheitsorientierte Berichten abgeschafft und durch ein dezentrales, für jeden zugängliches und verständliches Informationssystem ersetzt ist, werden also Fehler umgangen, während sie sich noch abzeichnen. Dort, wo nicht Berichte und Anweisungen des Chefs den Ton angeben, gibt es auch keine „klärenden" Sätze wie: „Ab jetzt darfst du die

Anlage nicht mehr bedienen, das soll der Herr Müller machen." Das wäre, je nach Veranlagung des Mitarbeiters, entweder eine Erleichterung oder eine Demütigung. Auf jeden Fall würde es ihm Verantwortung entziehen. Nein, wenn jeder an sich selbst berichtet, muss sich der Mitarbeiter auch nach begangenen Fehlern weiterhin der Verantwortung stellen. Er weiß, dass er die Anlage auch zukünftig bedienen wird, selbst wenn er sie beinahe kaputtgemacht hat. Aber genauso gut weiß er jetzt auch, worauf er künftig achten muss, wenn er daran arbeitet.

Diese Art der Selbststeuerung gilt nicht nur bei Bedienungsfehlern an Maschinen und der Produktion von Ausschuss, sondern auch bei den Umsatzzahlen, der Kundenzufriedenheit usw. Aber unter welchen Umständen funktioniert es tatsächlich? Ganz ohne Feedbackmechanismus kann es ja nicht gehen. Deshalb reicht es nicht, das klassische Berichtswesen abzuschaffen, man muss es durch ein anderes Informationssystem ersetzen. Mit einem System, das den Mitarbeitern erlaubt, ihren Fortschritt bei der Arbeit selbst zu bestimmen. Und zwar in Echtzeit.

Was Mitarbeiter brauchen, um selbst den Laden voranzubringen, ist eine Art Navigationsgerät, das ihnen jederzeit erlaubt, ihre Position auf der Landkarte zu bestimmen und wenn nötig korrigierend oder optimierend einzugreifen. So wie – auch vor GPS-Zeiten – auf hoher See ein Kapitän jederzeit bestimmen konnte, wo sein Schiff gerade stand. Dazu brauchte er einen Sextanten, eine genaue Uhr, eine Seekarte, eine Navigationstabelle und einen Zirkel. Mit diesen Instrumenten konnte er anhand des Sonnenstands seinen Standort bestimmen. So wusste er, in welche Richtung er steuern musste, um sein Ziel zu erreichen. Ein verantwortungsbewusster Kapitän führte diese Messungen mehrmals täglich durch.

So, wie lediglich der Kapitän das nötige Wissen und die Werkzeuge zur Navigation seines Schiffes besaß, hatte der Unternehmens-Chef die alleinige Kompetenz, Entscheidungen zu treffen. Heutzutage steht das Handwerkszeug dafür, fundierte Entscheidungen zu treffen, allen Mitarbeitern durch ihre Ausbildung zur Verfügung. Fehlt nur noch das Wissen um die aktuelle Position.

Für den Arbeitsablauf in einem Unternehmen heißt das, dass der Mitarbeiter bestimmte Informationen braucht, die ihm sein Handeln schnell zurückspiegeln. Aber welche Informationen sind wichtig und hilfreich? Das herauszufinden ist nicht ganz trivial. Es sind vor allem Erfahrungswerte, die bei der Informationsauswahl eine Rolle spielen. Bei allsafe Jungfalk sind wir seit acht Jahren dabei, auszutesten und immer wieder neu zu justieren, wer wann welche Informationen braucht und welche nicht. Bei manchen Kennzahlen, die wir entwickelt haben, hat sich im Nachhinein herausgestellt: „Diese Information hätte ich viel früher gebraucht", oder: „Das veröffentlichen wir seit anderthalb Jahren und es wirft kaum jemand einen Blick darauf. Anscheinend ist es nicht relevant."

Genauso schwierig wie die Auswahl der Informationen ist deren Umsetzung. Die Informationen müssen eindeutig, präzise und vergleichbar sein und gleichzeitig nicht so stark normiert, dass ihre Aussagekraft leidet. Wo und wie sie bekanntgegeben werden – durch Zettel an Maschinen oder als Aushang am Schwarzen Brett, zentral oder von Einzelpersonen – muss immer wieder neu austariert werden. Das ist ein fortlaufender Prozess. Aber der Aufwand lohnt sich.

Mit einem Informationssystem, das jedem erlaubt zu erkennen, wo er jetzt gerade steht, haben die Mitarbeiter auch die Chance, sofort korrigierend einzugreifen, wenn etwas aus dem Ruder zu laufen droht. Noch bevor die Fehler passieren, noch bevor eine schlechte Nachricht entsteht, die auf dem Schreibtisch des Chefs landen könnte. Es geht aber nicht nur um die Vermeidung von Fehlern. Ein solches individuelles Informationssystem erlaubt noch viel mehr ...

***

„Also diese Kunden haben manchmal Vorstellungen ... ", höre ich Helge Westphal in der Cafeteria zu Peter Maier aus der Produktion sagen. Während ich mir etwas zu Essen hole, kann ich das weitere Gespräch der beiden nicht überhören.

„Wir haben doch gerade schon die Lieferzeiten von fünf auf drei Tage verkürzt. Ursprünglich waren es sogar einmal zehn Tage! Und jetzt fragt mich ein Kunde allen Ernstes, ob es nicht auch in zwei Tagen geht. Er will das Sicherungssystem noch vor dem Wochenende in seine LKWs installieren. Na super, hätte er sich das nicht früher überlegen können?"

„Und was hast du ihm geantwortet?", fragt Maier seinen Kollegen.

„Na, was wohl? Dass wir unser Bestes tun, ich es aber nicht garantieren kann. Und dass wir schon hart am Limit arbeiten."

Peter Maier runzelt die Stirn. „Du, eigentlich stimmt das im Moment gar nicht. Wir haben eine starke Auftragslage, ja. Aber ich glaube, dass wir schon noch Luft für das eine oder andere hätten."

Jetzt kann ich mich nicht mehr bremsen und setze mich zu den beiden Mitarbeitern an den Tisch. „Sie meinen also, dass es noch schneller gehen kann?", frage ich Herrn Maier und stelle meinen Teller ab. Der überlegt kurz und nickt.

„Prima, dann schlage ich vor: Ab morgen schreiben wir nicht mehr ‚Lieferzeit drei Tage' in die Auftragsbestätigungen, sondern ‚Lieferzeit 24 Stunden'. Wenn sich die Kunden das wünschen, dann sollten wir es zumindest versuchen."

Die beiden Mitarbeiter schauen mich leicht entsetzt an. „Also, ich weiß nicht", zweifelt Herr Maier jetzt doch. „Nur einen Tag? Bei manchen kleinen Aufträgen ist das wohl zu schaffen, aber nicht durchgängig bei allen."

„Bei allen müssen wir es ja auch nicht machen", beruhige ich ihn. „Nur für die Kunden, die das wünschen. Nur für die, denen es wichtig ist."

Herr Maier und Herr Westphal schauen einander an. Dann nicken sie vorsichtig.

„Ich hoffe nur, dass uns das nicht auf die Füße fällt", ergänzt Herr Westphal. „Wenn wir so was versprechen und dann nicht einhalten können, bekomme ich übermorgen jede Menge wütende Anrufe von Kunden."

Er schaut mich an, als wollte er mich dazu bringen, zurückzurudern. Ich nehme meinen Teller und stehe auf.

„Aber gut, versuchen wir es. Wer nicht wagt, der nicht gewinnt", sagt er jetzt und macht sich selbst Mut mit seiner Entschlossenheit.

Eine Woche später kommt Herr Westphal in mein Büro.

„Dass man manchmal nach den Sternen greifen muss, um etwas zu erreichen, ist mir schon klar. So habe ich dieses ambitionierte Ziel ja auch eingeschätzt. Aber dass wir das Ziel auch noch erreichen, das hätte ich wirklich nicht gedacht! Aber schauen Sie mal ... ", sagt Herr Westphal und hält mir stolz einen Ausdruck unter die Nase.

„Seitdem wir die ‚Durchlaufzeit Produktion' von drei Tagen auf 24 Stunden verringert haben, ist die aufgewendete Zeit tatsächlich auf 24 Stunden gesunken." Er springt auf und winkt mir, ihm zu folgen. Mit langen Schritten geht er über den Flur in die Produktionshalle. „Na, fällt Ihnen etwas auf?"

Ich muss lachen. „Ich schaue hier jeden Tag rein, natürlich ist mir schon vor einer Weile was aufgefallen! In den Gängen stehen überhaupt keine Paletten und Kisten mehr rum."

„Ja, eben", Herr Westphal nickt begeistert. „Schauen Sie mal, da drüben schieben gerade zwei Mitarbeiter eine Ladung Sicherungsstangen direkt von der CNC-Maschine zum Nachschleifen. Früher stand das Material zwischen zwei Arbeitsschritten einen halben Tag herum, jetzt geht das ruckzuck von einer Maschine zur nächsten", sagt er begeistert.

„Und wissen Sie was? Auch die Informationen fließen jetzt viel schneller. Früher habe ich doch manchmal erst zwei oder drei Aufträge gesammelt, bevor ich sie weitergegeben habe. Jetzt, wo ich weiß, dass wir am neuen Zeitrekord arbeiten, schicke ich alles sofort los. Ich dachte erst, das sei stressig. Aber eigentlich ist es eine Riesenerleichterung!" Herr Westphal schaut mich an und lächelt zufrieden. „Es gibt nur einen Nachteil", sagt er dann betont ernsthaft. „Ich habe keine Ahnung, wie wir diesen Rekord noch toppen sollen ..."

Wir lachen beide und machen uns auf den Weg zurück in die Büros.

***

Wenn jeder jederzeit nachvollziehen kann, wo das Unternehmen und er persönlich gerade stehen, können nicht nur Fehler vermieden werden, sondern auch ohnehin schon gute Ergebnisse noch weiter verbessert werden.

Bei Zahlen, die von einem zentralen Controlling kommen, ist für den Einzelnen nicht mehr genau nachvollziehbar, wie sie zustande gekommen sind. Es sind abstrahierte, sozusagen entfremdete Zahlen. Wenn sie schlecht sind, kann sich der Einzelne immer noch einreden: „Der Controller hat bestimmt nicht alles gewertet, was ich geleistet habe. Er hat manche Zahlen einfließen lassen und andere nicht." Oder: „Das liegt nur an der mäßigen Leistung der anderen, das konnte ich nicht auffangen." Fremde Zahlen betreffen ihn also nicht direkt. Aber wenn der Mitarbeiter die Zahlen selbst ins System einträgt und nachvollziehen kann, nach welchem Schlüssel das Ergebnis ausgerechnet wird, sind es plötzlich seine eigenen Zahlen. Und der persönliche Ehrgeiz ist geweckt. Nicht nur der eines einzelnen Mitarbeiters, sondern der des gesamten Teams.

Das faszinierende an diesem System ist: Die Mitarbeiter brauchen keine zentral vorgegebenen Umsatzziele, um sich für gute Ergebnisse ins Zeug zu legen. Sie sind von sich aus motiviert. Allein das Wissen darum, dass sie selbst Einfluss auf das Betriebsergebnis haben und dieses auch jederzeit kontrollieren können, weckt ihren Sportsgeist.

Dann kann es auch mal passieren, dass die Mitarbeiter eine Woche vor Monatsende feststellen: „Wow, unser Umsatz ist diesen Monat richtig gut. So gut, dass wie ihn nur noch um 50.000 Euro steigern müssten, um einen neuen Rekord hinzubekommen!" Wer springt auf solche Ziele nicht an? Wenn die Vorstellung, einen neuen Rekord aufzustellen, einmal im Raum steht, stacheln sich die Mitarbeiter ab da gegenseitig an, um den aktuellen tatsächlich zu knacken. Die Mitarbeiter in der Bestellannahme rufen schnell noch ein paar Kunden an, die schon eine Weile nichts mehr bestellt haben, und fahren noch einige Aufträge ein. Die Produktionsmitarbeiter denken nicht schon am Freitagmittag ans Wochenende, sondern arbeiten auch am Nachmittag noch auf Hochtouren, jeder schaut, wie er in der ihm zur Verfügung stehenden Zeit noch ein Quäntchen produktiver sein könnte – und siehe da: Der Rekord wird gebrochen!

Dieses Szenario ist bei uns vor nicht allzu langer Zeit tatsächlich eingetreten. Ich habe mich nur gewundert, warum Freitagnachmittag noch so viel los war. Am nächsten Montag habe ich es dann verstanden. Den Rekordumsatz haben wir, wie immer, mit einem Betriebsfest gefeiert. Die Stimmung in der Organisation war großartig. Wie sollte es auch anders sein? Eine Grillfeier an einem sonnigen Frühlingstag, das Anstoßen auf das Erreichte und das Bewusstsein darüber, etwas Herausragendes geschafft zu haben, erfüllt jeden mit Stolz.

Nur Gewinner?

Bei diesem System gewinnen die Kunden besseren Service, die Mitarbeiter Selbstbestimmung und Selbstbewusstsein und der Chef jede Menge Freiheit. Gibt es also nur Gewinner? Nicht ganz. Zwei Gruppen verlieren, wenn die Mitarbeiter sich selbst kontrollieren: die Controller und die klassischen Manager.

Diejenigen, die es gewohnt sind, mit Zahlen zu jonglieren und daraus Strategien abzuleiten, die Organisatoren, die bisher festgelegt haben, was wann von wem gemacht werden soll, diejenigen, die auf der Firmenbaustelle als Einzige wussten, wo die Ziegelsteine gerade benötigt werden, und den Mitarbeiter mit seiner Schubkarre dorthin geschickt haben – diese Menschen werden in einer Organisation, die die Mitarbeiter befähigt, sich selbst zu organisieren und zu steuern, praktisch arbeitslos. Denn die klassischen Manager, die in pyramidalen Unternehmen meistens auf der mittleren Führungsebene wiederzufinden sind, werden durch die Einführung eines dezentralen Informationssystems entmachtet. Oder anders gesagt: Sie sind einfach nicht mehr notwendig. Wenn die Mitarbeiter sich die Arbeit selbst einteilen, brauchen sie niemanden mehr, der es für sie tut. Und erst recht niemanden, der ihnen sagt, was sie heute machen sollen, was nun Priorität hat. Sie entscheiden das einfach selbst – weil sie alle notwendigen Informationen jederzeit abrufen können.

Deswegen sträuben sich auch manche Führungskräfte gegen die Einführung eines dezentralen Informationssystems. Sie fürchten um ihre Macht, und das zu Recht. Wenn sich die Mitarbeiter selbst organisieren, bleiben den Managern mehrere Möglichkeiten. Erstens: Sie werden wieder gute Sachbearbeiter. Sie wissen und können schließlich genauso viel wie die übrigen Mitarbeiter auch. Zweitens: Sie suchen sich eine neue Stelle, wo noch Führungskräfte des alten Schlags gebraucht werden. Oder aber, und das ist die dritte Möglichkeit, sie wachsen über sich hinaus und werden zu echten Führungspersönlichkeiten. Dazu muss jedoch eine gewisse Veranlagung da sein. Denn zu einem echten Führungsjob gehört viel mehr als nur das Organisieren, Planen und Entscheiden.

Eine Führungspersönlichkeit, die nicht mehr organisiert, braucht andere Qualitäten. Sie ist ein Menschenfänger, ein Empathiekünstler. Jemand, der andere inspirieren und begeistern kann, der Menschen führt, nicht antreibt. Jemand, der die Stimmung im Team aufnimmt und es auffängt, wenn es mal nicht gut drauf ist. Das ist die eine Möglichkeit.

Die zweite Sorte Führungskraft, die Unternehmen mit flachen Hierarchien benötigen, ist die des Analysators und Baumeisters von Rahmenbedingungen. Das ist jemand, der die Abläufe und Prozesse in seinem Bereich anschaut, analysiert und sich überlegt: Wie können wir produktiver werden? Welche Organisationsformen, welche Strukturen brauchen meine Mitarbeiter, um frei und selbstbestimmt zu arbeiten? Um unsere Ziele schneller zu erreichen? Also: der Prozess-Gestalter.

Manche Führungskräfte sind begabter auf der Prozessebene, andere als Menschenfänger und -entwickler. Beides braucht ein Unternehmen. Führungskräfte, die diese Fähigkeiten besitzen, sind weiterhin gefragt und anerkannt. Denn Macht ist in Organisationen, die sich vom Berichtswesen befreit haben, nicht mehr definiert durch einen Informationsvorsprung, sondern durch Kompetenz.

Heißt das also, dass Berichte komplett überflüssig geworden sind? Nicht ganz. Eine bestimmte Sorte Bericht ist schon hilfreich. Aber nicht mehr der klassische Bericht über Zahlen, Daten und Fakten, der zentral erstellt und an die Vorgesetzten verteilt wird, sondern der selbsterstellte, individuelle, persönliche Bericht an sich selbst.

Die Führungskräfte in der mittleren Führungsebene meines Unternehmens schreiben jeden Monat einen Bericht. Eine DIN-A-4-Seite, ohne Zahlentabellen, nur in Textform. Diese Berichte sind so unterschiedlich wie die Menschen im Unternehmen; sie unterliegen keinem standardisierten Format, sondern sind individuell gestaltet und liefern Antworten auf Fragen wie beispielsweise: Was war im letzten Monat gut, was war schlecht? Was gab es für Probleme? Ergebnisse wie Monatsumsatz, Deckungsbeitrag, Lagerhaltung etc. stehen zwar auch drin, aber ergänzt durch einen frei formulierten Text. Ein Element, das alle wählen, ist: Was will ich im nächsten Monat machen? Und: Was von dem, was ich mir für den vergangenen Monat vorgenommen habe, habe ich auch erreicht?

So werden diese Berichte ein Element der Selbstreflexion und Selbstkontrolle. Sie dienen nicht dazu, dass ich als Chef die Ergebnisse auswerte und kontrolliere, sondern dazu, dass jede Führungskraft sich selbst kontrolliert. Die Mitarbeiter bekommen einen Überblick darüber, wie sie gegenüber ihren eigenen Zielen dastehen. Die Tatsache, dass ich die Berichte auch lese und dass sie auf dem Server auch für alle anderen Kollegen frei zugänglich sind, ist für die Mitarbeiter eine moralische Unterstützung, aber nur ein sekundärer Effekt.

Optimal wäre es, solche Berichte nicht nur monatlich abzufassen, sondern in Kurzform wöchentlich oder sogar täglich. Viele Mitarbeiter scheuen diesen Aufwand, aber die Erfahrung zeigt: Diejenigen, die sich die Mühe machen, arbeiten effektiver (an der richtigen Stelle) und effizienter (mit besserer Wirkung derselben Arbeitszeit) als ihre Kollegen. Sie steuern sich selbst und können viel fundierter entscheiden, ob sie neue Aufgaben noch übernehmen oder doch besser ablehnen. Durch diese Steigerung der Wirksamkeit sparen sie sich im Endeffekt Mühe und Arbeitszeit und leisten trotzdem mehr.

Selbstreflexion und Selbstkontrolle – damit steigert man den Unternehmenserfolg. Und nicht nur den ...

Kapitel 8

Bibliothek: Warum Mitarbeiter sich nur selbst befördern können

Wie eine Rakete stürmt der Produktionsleiter auf mich zu und baut sich vor mir auf. Mit meinem Glas in der Hand stehe ich wie versteinert mitten im Pausenraum. Rasch stelle ich das Glas auf den nächsten freien Tisch, setze mich und zeige auf den Stuhl gegenüber.

„Wo brennt's denn?", frage ich und nippe an meiner Apfelschorle.

Der Produktionsleiter setzt sich. „Herr Lohmann, wir müssen Arne Kleinhaus zur Wiederholungsprüfung schicken. In 14 Tagen läuft sein Schweißpass ab. Zum Glück habe ich das eben noch in den Unterlagen gesehen. So langsam wird es knapp, und er könnte beim Schweißen noch ausfallen ..."

Mein Produktionsleiter, Max Flegler, schaut mich mit einem triumphierenden Blick an, als ob er gerade das Bernsteinzimmer für mich entdeckt hätte. Ich würde ihm gern den Gefallen tun und ihn loben; stattdessen trinke ich einen Schluck von meiner Schorle, während er mich weiterhin erwartungsvoll anblickt.

„Wir müssen den Kleinhaus zur Wiederholungsprüfung schicken, finden Sie?", frage ich naiv.

Herr Flegler hatte gerade zu seinem ersten Bissen angesetzt, jetzt legt er die Gabel wieder auf den Teller und schaut mich kopfschüttelnd an. Dass ich die Genialität seines Einschreitens in Sachen Schweißpass-Krisenmanagement nicht auf Anhieb erkenne ...

„Haben wir denn für ihn entschieden, dass er Schweißer sein will?", schiebe ich trocken nach.

Der Produktionsleiter macht noch größere Augen. „Herr Lohmann, was meinen Sie denn damit? Sie wissen ja: Ohne gültigen Pass kann er für uns nicht schweißen. Das müssen dann seine Kollegen tun. Wir würden da einfach auf Arbeitskraft verzichten, die wir aber dringend brauchen. Das kann ja wohl nicht Ihr Ernst sein!", sagt der Produktionsleiter mit Nachdruck.

„Klar, für uns als Firma ist es schon sinnvoll, wenn er einen Schweißpass hat. Für ihn selbst ist es aber genauso sinnvoll. Wenn er in 14 Tagen nämlich keinen mehr hat, wird er im nächsten Monat nur noch Montagearbeiten machen können. Zahlenmäßig ausgedrückt heißt das: 200 Euro weniger Gehalt. Überlegen Sie mal, das ist wie bei einem Taxifahrer. Der muss auch regelmäßig Wiederholungsprüfungen ablegen, um weiterhin seine Arbeit machen zu können. Haben Sie schon mal einen Taxifahrer gesehen, der darauf wartet, von irgendjemandem zur Auffrischprüfung geschickt zu werden?"

Max Flegler schaut mich noch einen Moment fragend an, dann überzieht ein Lächeln sein Gesicht, und er fängt jetzt endlich an, sein Mittagessen zu verzehren. Ich verabschiede mich und bringe mein Glas zum Spülbecken.

Am nächsten Tag sagt er mir zwischen Tür und Angel mit dem gleichen triumphierenden Blick wie gestern: „Ich habe Kleinhaus gebeten, sich um einen Kurs zu kümmern, wenn er weiterhin schweißen will. Seit heute morgen ist er angemeldet. Er hat sich ganz allein das Training ausgesucht, das am besten zu seinen Arbeitszeiten passt und hat gleich beim Anbieter angerufen. Ich musste gar nichts tun! So langsam fange ich an, Sie zu verstehen, Herr Lohmann ..."

Selbstverschuldete Unmündigkeit

Das ist doch wirklich seltsam: Menschen, die sich ihr Glück bisher immer selbst erarbeitet haben, werden plötzlich zu Opfern des Schicksals, wenn sie in die Betriebe kommen.

„Der Chef muss mich zur Schulung schicken, damit ich auf dem neuesten Stand bin und meinen Job ordentlich machen kann." „Wenn ich am PC arbeiten soll, muss der Betrieb dafür sorgen, dass ich ihn bedienen kann." Solche oder ähnliche Sätze fallen tagtäglich in den Unternehmen. Das zeigt: Mitarbeiter haben die Erwartung, dass das Unternehmen sich um ihre Fort- und Weiterbildung kümmert. Mehr noch: Sie empfinden sogar, dass sie ein Recht auf Weiterbildung haben. Ob sie befördert werden oder nicht, hängt aus ihrer Sicht davon ab, ob sie gute oder schlechte Karten haben. Also ob sie einen wohlgesinnten Chef haben, der in sie investiert, oder eben einen, der sich einfach nicht um sie kümmern mag. Und wen der Chef vernachlässigt, der hat halt einfach Pech gehabt. Kurz: Die meisten Mitarbeiter haben eine ausgeprägte Anspruchshaltung an ihre Vorgesetzten. Sie haben den Anspruch, dass die Chefs ihre Karrieresprünge organisieren. Und das, obwohl sie die bisherigen Sprünge immer selbst organisiert haben. Mit ihrer Bewerbung. Mit ihrer Ausbildung. Mit ihrem Studium.

Ein paradoxer Bruch, der genauso zuverlässig und flächendeckend eintritt wie der Winter immer zur gleichen Zeit im Jahr. Ich selbst mache übrigens keine Ausnahme von dieser Regel.

Als ich mit 25 Jahren meine erste Stelle antrat, da war ich Konstrukteur bei Daimler, brach dieses merkwürdige Naturgesetz auch über mein Leben ein. Wie ein Jongleur hatte ich im Studium bis dato alles selbst organisiert: Welchen Schein brauche ich wofür? Was muss ich tun, um mich zur Prüfung anzumelden? Welche Kurse bauen auf welchen auf, und welche Leistungen muss ich sammeln, um eine Stufe weiterzukommen? Bei so viel Freiheit durch jede Menge Wahlfächer war ein hohes Maß an Selbstorganisation gefordert. Natürlich waren die Informationen offen für alle. Aber man musste sich eben selbst um seinen Abschluss kümmern. Keiner kam und sagte „Meld' dich doch mal da an".

Das Studium hatte ich schnell durchgezogen. Und als ich bei Daimler anfing, wäre ich – das hätte man zumindest meinen wollen – bereit für die nächste Herausforderung gewesen. Doch dazu kam es gar nicht. Im Gegenteil. In diesem riesigen Unternehmen, in dem jeden Tag Dutzende Mitarbeiter Fortbildungen besuchten, gab es nicht einmal eine Übersicht über die Weiterbildungsmöglichkeiten. Kein Vorlesungsverzeichnis, kein Kursangebot, nein, nicht einmal eine Liste der Fortbildungsbereiche. Null. Nada. Ende der Durchsage.

Stattdessen bat mein Chef mich eines Morgens in sein Büro und eröffnete mir: „Lohmann, es gibt einen Kurs für Stücklistenverwaltung und Zeichnungsstandards. Da schicke ich Sie jetzt mal hin."

Ein Kurs für Stücklistenverwaltung ... aha. Interessant, dachte ich nur. Von Stücklistenverwaltung hatte ich bislang nie gehört, vielleicht haben sich der Begriff und das Ereignis deshalb auch so in mein Gedächtnis eingebrannt. Jedenfalls sah ich mich zu nichts anderem in der Lage, als das Angebot – oder eigentlich die Anweisung – anzunehmen. Ob ich diesen Kurs brauchte oder nicht, konnte ich schließlich gar nicht einschätzen. Ich wusste nicht, was der Chef mit mir vorhatte, ich wusste nicht, was für andere Kurse und Weiterbildungsfelder für meinen Job interessant wären. Es wurde einfach für mich gedacht und gehandelt. Also stellte ich die Entscheidung des Chefs gar nicht in Frage, sondern ging einfach hin. Zu dem Kurs, der sich als der langweiligste meines Lebens herausstellen sollte.

Ein Paradox: Die ganze Freiheit, die Studenten in Deutschland haben, ist beim Eintritt in die meisten Firmen plötzlich weg. Informationen werden einem vorenthalten, man kann nicht mehr selbst herausfinden, was es braucht, um voranzukommen. Stattdessen muss man brav warten, bis der Chef einen darauf aufmerksam macht, dass man noch etwas lernen müsste, und dann entscheidet, was genau, wann am besten, von wem und in welcher Form.

So findet innerhalb weniger Tage ein Paradigmenwechsel statt: vom selbstständig denkenden, selbstbestimmten Studenten zum unselbstständigen Mitarbeiter. Und das Verrückte ist: Die meisten gewöhnen sich schnell daran und nehmen das nach einer Weile als Normalität wahr.

Das gilt nicht nur für die Menschen in den Unternehmen, sondern diese Haltung ist in der ganzen Gesellschaft verankert. Unsere Erfahrung und die Geschichten, die wir erzählt bekommen, lehren uns, dass es in der Wirtschaft eben so läuft. Dass die Chefs über uns verfügen, über die Weiterbildung entscheiden und sich darum kümmern. Wir sind schlichtweg darauf konditioniert zu glauben, dass Eigenverantwortung aufhört, sobald man einen Arbeitsvertrag unterschreibt und sich in eine Festanstellung begibt.

Doch mit dieser Haltung tun sich Mitarbeiter keinen Gefallen. Denn dadurch begeben sie sich in eine Unfreiheit. Sie delegieren die Verantwortung für ihre Weiterbildung, für ihre Karriere und damit für ihr ganzes

Leben an andere Menschen. Doch diese Konsumhaltung ist nicht mehr zeitgemäß.

Der Führungsstil der Vergangenheit sah durchaus vor, dass man als „Untergebener" von der Gunst und dem Wohlwollen seines Vorgesetzten abhängig war, um etwas zu erreichen. Das war so und wurde akzeptiert. Es gab feste Regeln, klare Anweisungen, einen autoritären Führungsstil; all das führte dazu, dass Mitarbeiter beim Betreten des Werktors ihren Kopf ausschalteten. Die heutigen Mitarbeiter sind zwar mündige Menschen, werden aber oft wieder klein, indem sie sich den gängigen Annahmen unterordnen.

Verstärkt wird die gefühlte Unmündigkeit der Mitarbeiter insbesondere von den Gewerkschaften. Diese Organisationen waren bis vor 30 Jahren vielleicht noch sinnvoll: In einer Zeit, in der Profit den Ausschlag in der Wirtschaft gegeben hatte, und Ungerechtigkeiten und Ausbeutung tatsächlich noch Themen waren, hatten diese „Anwälte der Mitarbeiter" noch eine Aufgabe: die Einhaltung der Rechte der Arbeitnehmer zu wahren.

Die heutigen Verhandlungen der Gewerkschaften haben jedoch nichts mehr mit einem Dienst an den Arbeitnehmern zu tun. Im Gegenteil. Wer genau hinschaut, wird sehen: Das Einzige, was Mitarbeiter von ihrer Schutzorganisation haben, ist die Tatsache, dass sie klein und abhängig gehalten werden. Zu Beispiel, indem Bildungstage für sie verhandelt werden. „Herrn Brecheisen stehen im Jahr fünf Fortbildungstage zu." So steht das dann im Tarifvertrag. Ganz egal, ob diese Tage wirklich notwendig sind oder nicht. Ob sie ausreichend sind oder nicht. Und ob sie der Person entsprechen, für die diese Organisation die Verhandlungen führt. Indem fremde Menschen die Anzahl der Bildungstage für die Mitarbeiter festlegen, werden die Mitarbeiter entmündigt. Der tatsächliche Bedarf an Weiterbildung interessiert die Gewerkschaften schließlich am wenigsten. Dabei brauchen manche Menschen mehr Fortbildung als andere, um für sich und für die Firma voranzukommen. Andere kommen ganz ohne Bildungstage voran, benötigen vielleicht ganz andere Maßnahmen, um sich weiterzuentwickeln.

Die strenge Befolgung des Regelwerks für die Weiterbildung bleibt nicht ohne Folgen für Arbeitgeber und Arbeitnehmer. Das geht so weit, dass Mitarbeiter absurde Kurse besuchen, die ihnen beruflich nichts nützen. Schön, wenn ich als Monteur einen Chinesischkurs besuchen darf. Bringt es mich aber beruflich als Monteur weiter? Wenn ich nicht zufällig in China eine Maschine aufbauen soll, wohl kaum. Aber da der Kurs nun mal in der langen Liste der möglichen Weiterbildungen steht, die die Gewerkschaft ausgehandelt hat, muss der Arbeitgeber diesen Kurs auch finanzieren. Auswüchse wie Ikebana-Kurse auf Firmenkosten sind somit vorprogrammiert.

Wenn im Regelwerk stünde, dass der Mitarbeiter das Recht auf Selbstbestimmung in Sachen Karriere hat, seinen Wissensstand erhöhen, sich weiter qualifizieren, seine Kompetenz verbessern darf – das wäre etwas anderes. Dann würde der Mitarbeiter in die Pflicht genommen, sich genau für diese Punkte selbst zu engagieren.

Gewerkschaften kranken heute aber nicht nur daran, dass sie Regelwerke schaffen, die eine Unmündigkeit bei Arbeitgebern und Arbeitnehmern hervorrufen, sondern auch daran, dass sie nach wie vor den „Mitarbeiter gegen den Chef" zu verteidigen versuchen. Die Frage ist nur, wozu. Chefs, die – zumindest bei uns in Deutschland – nicht begriffen haben, dass ihre Mitarbeiter ihr wertvollstes Gut sind, sind automatisch schnell weg vom Fenster. Und wer wiederum weiß, wie wertvoll seine Mitarbeiter sind, der achtet darauf, dass er sie für jeden Mehrwert, den sie sich erlernen oder erarbeiten, belohnt. Um gut behandelt zu werden, brauchen die Mitarbeiter also gar keine Beschützer. Kein komplexes Regelwerk, das sie klein und unmündig hält und jegliche Eigeninitiative unterdrückt. Denn die Anspruchshaltung, die Mitarbeitern damit eingeflößt wird, fördert nicht das gemeinsame Arbeiten und stellt keinen Gewinn für beide Seiten dar, sondern verhindert beides.

Beim Betreten des Firmengeländes die Verantwortung für die eigene Arbeit abgeben. Das kann doch kein Mitarbeiter wirklich wollen! Denn der Effekt dieser Anspruchshaltung ist für den Mitarbeiter rundum negativ. Wer nicht für seine Weiterbildung sorgt, der sorgt auch nicht für den Werterhalt oder die Wertsteigerung seiner Arbeitskraft. Mit anderen Worten: Er arbeitet konsequent gegen eine Gehaltserhöhung, eine Beförderung und gute Chancen auf dem Arbeitsmarkt.

Deshalb: Mitarbeiter haben nicht ein Recht auf Weiterbildung. Nein, sie haben eine Pflicht dazu. Sie sind für ihre Weiterbildung selbst verantwortlich, wenn sie frei und mündig sein wollen. Zugegeben, das ist anstrengender, als auf Anweisungen zu warten. Aber wer frei sei möchte, muss auch Verantwortung übernehmen. Nicht, weil ich es sage, sondern weil es nicht anders geht. Freiheit und Verantwortung gehen Hand in Hand, sie lassen sich einfach nicht voneinander trennen.

Wenn ich also Freiheit haben will, habe ich auch Verantwortung. Entweder lasse ich mich leben, indem ich Dinge mit mir geschehen lasse, oder ich lebe und gestalte meine Karriere selbst. Dazu gehört die Selbstreflexion, die Auseinandersetzung mit den eigenen Stärken, Schwächen und Grenzen. Und das lohnt sich. Letztlich geht es darum, die wichtigste Ressource, die wir als Menschen überhaupt haben, unsere eigene Arbeitsleistung, zu verkaufen. Und wenn das so ist, dann liegt es im Interesse jedes Mitarbeiters, seine eigene Arbeitsleistung zu erhöhen und mehr aus sich zu machen.

Wer feststellt, dass er ein fachliches Defizit hat, und dieses durch den Besuch eines Kurses oder einer Weiterbildung verkleinert, wird zu einem wertvolleren Mitarbeiter für die Firma. Wenn eine Führungskraft merkt, dass sie mit bestimmten Verhaltensmustern bei den Mitarbeitern immer wieder aneckt, und sich dann auf die Suche nach einem passenden Managementkurs macht, wird sie im Anschluss daran viel besser mit ihren Problemen umgehen können. Und das nicht, weil der Chef das angeordnet hat, sondern weil die Person die Situation aus eigenem Antrieb angepackt und gelöst hat. – Ein Gewinn für Führungskraft und Firma gleichermaßen.

Und wenn ein Verkaufsmitarbeiter, der den französischen Markt bearbeitet, seine Sommerferien mit der Familie in Frankreich verbringt und dann noch einen einmonatigen Intensivkurs in Business-Französisch anhängt, um seine Konversationsfähigkeiten zu verbessern, kann man ziemlich sicher davon ausgehen, dass viele französische Kunden unkomplizierter und besser mit diesem Kollegen zusammenarbeiten können, was sich garantiert auf die Verkaufszahlen auswirken wird.

Die Aufgabe eines guten Chefs besteht also darin, seinen Mitarbeitern deutlich zu machen, dass es in ihrer Verantwortung liegt, sich weiterzubilden. Und dass der Chef die Leistungssteigerung, die dadurch entsteht, natürlich honorieren wird.

Doch in der Praxis ist das nicht immer leicht umzusetzen. Auch nicht, wenn man es als Chef gerne möchte ...

***

Eigentlich hätte ich vorhersehen können, dass Paul Lemke mir eines Tages kündigen würde. Aber als er mir seine Entscheidung mitteilte, war ich doch ziemlich bestürzt. Damit wir uns richtig verstehen: Herr Lemke ist kein ehemaliger Chef, sondern ein ehemaliger Mitarbeiter.

Ich hatte ihn ein paar Jahre zuvor aus dem Sauerland abgeworben, und er ist innerhalb von wenigen Wochen mit Sack und Pack und der ganzen Familie in den Hegau gezogen. Ohne mit der Wimper zu zucken. Er hatte einfach gemerkt, dass er sich zu mehr berufen fühlte, als nur Werkzeuge zu konstruieren.

Bei uns bekam er eine anspruchsvolle Tätigkeit im Entwicklungsprozess: die Herstellverfahren für neue Produkte definieren, festlegen, welche Arbeitsanlagen dafür benötigt werden, und die damit verbundenen Projekte leiten. Kurz: Er wurde in nur wenigen Jahren vom Werkzeugbauer zum Methodenspezialist. Ein beachtlicher Karrieresprung für den frischgebackenen Familienvater.

Doch seine Selbstbestimmung war für meine Firma Segen und Fluch zugleich.

Herr Lemke war zweifellos ein sehr guter Mitarbeiter. Er wartete nicht darauf, belehrt zu werden, sondern holte sich selbstständig Informationen, eignete sich Wissen an und war so ehrgeizig, dass er zusätzlich zu seiner Techniker-Ausbildung nebenberuflich Betriebswirtschaft studierte. Nicht nur auf eigene Initiative, sondern auch auf eigene Kosten.

Herr Lemke hatte mit jedem Monat immer breiteres Wissen, wurde kompetenter, leistungsfähiger – kurz: ein Vorzeigemitarbeiter. Aber mit seinem Können stiegen auch seine Ansprüche. Und damit meine ich nicht die finanziellen. Denn wenn jemand nur halb so stark in Vorleistung geht wie er, bin ich schon zu beachtlichen Gehaltserhöhungen bereit.

Nein, Paul Lemke ging es nicht ums Geld, ihm ging es um Selbstverwirklichung. An die betriebswirtschaftliche Ausbildung knüpfte er den Wunsch nach ganz neuen Herausforderungen. Konkret war es sein erklärtes Ziel, Fertigungsleiter zu werden. Plötzlich stand auch ich vor einer Aufgabe, die alles andere als banal war: Herrn Lemkes Wunsch nach mehr Verantwortung wollte ich gern entgegenkommen, aber die Position, die er anstrebte, war schon besetzt. Also betraute ich ihn im Rahmen seiner Stelle mit so vielen spannenden Aufgaben wie möglich. Alle neuen Projekte, die Forschergeist und selbstständiges Denken erforderten, waren ihm sicher. Aber das reichte nicht. Wenige Wochen nach seinem Abschluss in Betriebswirtschaft kam er in mein Büro und legte mir sein Kündigungsschreiben auf den Tisch. Er bedankte sich bei mir für die wertvollen Erfahrungen und die tolle Zeit im Unternehmen und verließ mein Büro.

Hmm, Herr Lemke hat sich selbst befördert – wenn ich ihn schon nicht befördern konnte, dachte ich, nachdem er die Tür hinter sich zugemacht hatte. Nachdem ich mir einen Espresso gegönnt hatte, ging es mir schon wieder besser. So leid es mir auch tut, dass ich einen der wertvollsten Mitarbeiter verloren habe: Eigentlich bin ich richtig stolz auf Peter Lemke!

Reisende soll man nicht aufhalten

Wenn Mitarbeiter ihre Beförderung in die eigene Hand nehmen, kann es vorkommen, dass ihre Selbstbestimmung sie in ein anderes Unternehmen führt – wenn der angestrebte Posten innerhalb der eigenen Hallen nicht vorhanden oder schon besetzt ist. Für den Chef ist das zunächst eine schmerzliche Erfahrung: Er verliert einen guten oder sogar sehr guten Mitarbeiter, muss sich schnell um einen Nachfolger kümmern, muss also aus der Not heraus und nicht aus eigenem Antrieb aktiv werden. Und trotzdem ist die Beschäftigung solcher Mitarbeiter, auch wenn sie nur einige Jahre im Unternehmen bleiben, kein Verlust, sondern unterm Strich ein Gewinn.

Ein Mitarbeiter, der die Verantwortung für seine Entwicklung wahrnimmt, und sich aus eigenem Antrieb weiterbildet, wird innerhalb kurzer Zeit dazulernen. Von der Zusatzqualifikation profitieren beide Seiten: Der Mitarbeiter bekommt eine anspruchsvollere Tätigkeit, die ihm mehr Freude macht und unter Umständen auch eine Gehaltserhöhung einbringt. Der Unternehmer hat im Gegenzug einen Mitarbeiter, der einen größeren Mehrwert schafft, weil er sein nun breiter gestecktes Wissen anwenden kann.

Ein Unternehmen, das eine Kultur des persönlichen und beruflichen Wachstums lebt, bekommt bessere und qualifiziertere Menschen und erhöht damit seine Schlagkraft und sein Potenzial. Bei allsafe Jungfalk hat diese

Kultur zum Beispiel dazu geführt, dass einige Leiharbeiter mittlerweile nicht nur fest angestellt sind, sondern sogar die Teamleitung übernommen haben. Menschen, die das Arbeitsamt schon abgeschrieben hatte, tragen heute Führungsverantwortung. Und das nicht, weil sie zum Teamleiter ernannt wurden. Den Status haben sie sich selbst erarbeitet.

Doch wie sollen sich Mitarbeiter zielgerichtet weiterentwickeln, wenn man als Chef oder Personaler nicht die passenden und für die Unternehmenszwecke sinnvollen Fortbildungen aussucht? Vorgesetzte sind doch dazu da, um die Potenziale ihrer Leute zu erkennen, sie in Einklang mit dem Firmenwohl zu bringen und weiterzuentwickeln. Oder?

Mag sein, dass diese Lösung für manche radikal klingt: Ich behandle meine Mitarbeiter aber nicht anders als meine eigenen Kinder. Die würde ich auch niemals beeinflussen wollen oder auch nur beraten, was sie studieren sollten. Nein, meinen Kindern und meinen Leuten sage ich eigentlich das Gleiche: Du bist deines Glückes Schmied. Du musst selbst herausfinden, was du machen willst und was du dazu brauchst. Um das Geld musst du dir keine Sorgen machen, darum kümmere ich mich schon. Trotzdem nehmen die Mitarbeiter ihre Beförderung immer noch zu selten in die Hand. Ja, sie tun sich sogar schwer damit, sich um ihr aktuelles Arbeitspensum zu kümmern!

Wenn ein Mitarbeiter anfängt, bei allsafe zu arbeiten, bekommt er einen Paten aus dem Kollegenkreis an die Seite, den er bei Unklarheiten oder Unsicherheit um Rat fragen kann. Gleichzeitig bekommt er eine Einarbeitungscheckliste mit 40 bis 50 verschiedenen Punkten, die er in den ersten Tagen abarbeiten soll. Wenn Mitarbeiter in meinem Bereich tätig werden, sage ich ihnen am ersten Tag: „Das ist alles, was Sie in den nächsten Tagen kennenlernen sollten. Organisieren Sie sich so, dass Sie an die Informationen kommen. Und wenn Sie etwas erledigt haben, haken Sie es ab. So haben Sie immer die Kontrolle darüber, wo Sie gerade stehen und was noch zu tun ist."

Absolut jeder neue Mitarbeiter nickt zuversichtlich, wenn er die Checkliste entgegennimmt. Doch selbst mit dieser klaren Anweisung kommen viele neue Mitarbeiter trotzdem noch einen Tag später in mein Büro und sagen: „Herr Lohmann, wir müssen noch folgenden Punkt erledigen ..."

Mittlerweile unterbreche ich sie schon, wenn ich das höre, und sage: „Nicht wir müssen das, Sie müssen es tun! Und Sie haben alles, was Sie dazu brauchen!"

Selbst wenn die Ziele sonnenklar sind, sind manche überfordert mit der Freiheit, diese in Eigenregie zu erreichen. Sie sind es gewohnt, sich als Arbeitnehmer in Unfreiheit zu begeben und alles „mit sich geschehen" zu lassen, anstatt es selbst zu organisieren. Ja, Mitarbeiter tragen selbst zu ihrer Unfreiheit bei. Aber zum Abhängigkeitsverhältnis gehören wie zu jeder Beziehung zwei Seiten. Nicht nur die Mitarbeiter haben Defizite, nein, auch viele Vorgesetzte ziehen Bestätigung daraus, ihren Leuten durch Tipps, Ratschläge und Best-Practice-Beispiele zum Erfolg zu verhelfen. Doch schon das Wort „verhelfen" verrät einiges über das Machverhältnis in dieser Konstellation: Chefs, die ihre Mitarbeiter zum Jagen tragen, tun nichts anderes, als sie zu bevormunden.

Echte Fürsorglichkeit wäre, den Mitarbeitern nicht Arbeit und Denken abzunehmen, sondern sich darum zu kümmern, dass sie ihre Chancen wahrnehmen. Ein Vorgesetzter sollte wie ein Inkubator sein, in dem sich neue Talente entwickeln können, und wenn sie entwickelt sind, ist der Inkubator nicht mehr nötig.

Wenn Vorgesetzte also wollen, dass ihre Mitarbeiter verantwortlich handeln und sich weiterentwickeln, muss er ihnen auch die Freiheit dazu lassen. Und ihnen die nötigen Informationen zur Verfügung stellen, auf deren Grundlage sie entscheiden können, in welche Richtung ihre Weiterbildung gehen soll. Die Aufgabe der Führung ist also, den Rahmen abzustecken, in dem die Mitarbeiter ihre Verantwortung wahrnehmen können. In unserer Firma machen wir das über drei Instrumente: die Bibliothek, die Kompetenzmatrix und eine Übersicht über sinnvolle Weiterbildungsfelder.

Prozessorientiertes Arbeiten, Management-Literatur, Fachbücher rund um unsere Kernkompetenz: In der firmeneigenen Bibliothek können sich Mitarbeiter in verschiedene Themen einlesen, die für uns als Firma relevant sind. Manche setzen sich in der Pause mit einem Buch auf das bequeme Sofa, andere stöbern während der Arbeitszeit nach Inspiration, wieder andere sitzen noch nach Feierabend da oder nehmen sich interessante Bände mit nach Hause. Aber hauptsächlich findet die Weiterbildung und Lektüre mitten im Unternehmen statt, am Rande eines der Großraumbüros. Die Buchregale sind das Einzige, was die Leseecke vom Arbeitsbereich trennt. So gleicht die Bibliothek einer Insel im Meer der Geschäftigkeit, sie ist nur weniger abgeschieden und weniger still. Und das ist Absicht. Im Gegensatz zu den klassischen mit Redeverbot versehenen Bibliotheken gehört hier ein gewisser Geräuschpegel mit zum Konzept. Schließlich sollen die Mitarbeiter immer wissen, wo sie sich befinden und wozu sie sich gerade weiterbilden. Stille? Gibt es zu Hause. Hier ist Leben angesagt. Nicht umsonst hängt an der Stellwand in der Bibliothek auch das selbstentwickelte Kompetenzraster.

Die tabellenförmige Matrix gibt einen Überblick darüber, welcher Mitarbeiter über welche Kompetenzen verfügt und auf welcher Expertenstufe er sich dabei befindet. Generalisten haben oftmals Basiswissen in vielen Feldern, während Spezialisten nur ein oder zwei Bereiche ausfüllen, dafür aber auf sehr hohem Niveau. Ausgefüllt wird das Kompetenzraster nach einer gemeinsamen Einschätzung von Mitarbeitern und Vorgesetzten. Indem die Kompetenzen und Fähigkeiten jedes Einzelnen erfasst werden, können wir langfristig die Wissenslandschaft des ganzen Unternehmens dort abbilden. Mitarbeiter und Führungskräfte sehen so auf einen Blick, wer was kann, wen sie also für bestimmte Aufgaben ansprechen können und wen eher nicht. Vor allem aber bildet die Matrix einen Anreiz zur Weiterbildung für die Mitarbeiter. „Ach, Schienenfertigung, das will ich auch beherrschen. In Zukunft möchte ich dort mindestens Basiskenntnisse haben." So nehmen die Mitarbeiter ihre Weiterentwicklung in die Hand. Sie entscheiden selbst, in welchen Bereich sie sich hinentwickeln wollen, und überlegen sich ebenfalls selbst, wie sie die nötigen Kenntnisse erlangen können. Das kann das Selbststudium in der Bibliothek sein, eine Schulung oder einfach nur das Reinschnuppern bei Kollegen, das Learning by Doing.

Und damit die Mitarbeiter wissen, welche Weiterbildungsmöglichkeiten sie haben, stellen wir ihnen außerdem eine Übersicht der Kurse zusammen, die sich als relevant fürs Unternehmen erwiesen haben. Anders als bei den Listen der Gewerkschaften, in denen vom Ikebana-Kurs über das Fechten bis hin zum Swahili querbeet so ziemlich alles angeboten wird, beschränkt sich unsere Liste auf die Kurse, die sich als zentral für die Weiterentwicklung in unserer Branche und spezifisch in unserem Betrieb herausgestellt haben. Wenn ein Mitarbeiter zur Überzeugung gelangt, dass er einen anderen Kurs braucht als die, die auf der Liste stehen, und dies glaubhaft macht, ist das kein Problem. Im Gegenteil. Ich persönlich freue mich umso mehr darüber, wenn mein Team sich selbst überlegt, in welche Richtung es sich noch verbessern kann. Und bin da auch bereit, es zu unterstützen.

Wir stellen also viel zur Verfügung, doch zwingen wir niemanden zu seinem Glück. Anmelden muss sich jeder selbst.

Ob Leseecken, Kompetenztabellen und Kursangebote oder eben Lerntagebücher, Fortbildungs-AGs und Weiterbildungsimpulse: Egal, welche Instrumente Führungskräfte nutzen, Hauptsache sie fördern den Eigenantrieb der Mitarbeiter zur Fortbildung. Denn nur, wer selbstbestimmt lernt, ist wirklich motiviert, hat steile Lernkurven und entwickelt sich rasch weiter. Und zwar in Bereichen, die ihm wirklich liegen.

Die Mitarbeiter zum Jagen tragen ist unterm Strich verschwendete Energie. Wenn eine Führungskraft aber merkt, dass ein Mitarbeiter mehr erreichen will, ist die Energie, ihn auf dem Weg zu diesem Ziel zu unterstützen, genau richtig angelegt. Auch wenn diese Investition dem Chef Kopfzerbrechen bereiten kann. Denn Mitarbeiter, die sich aus Eigenantrieb fortlaufend weiterbilden, brauchen auch Aufgaben, die ihren steigenden Kenntnissen und Fähigkeiten angemessen sind. Der Drang, weiterzukommen, kann dazu führen, dass ein Mitarbeiter die Firma verlässt, wenn er sein Wissen nicht anwenden kann oder darf. Deshalb besteht eine wichtige Führungsaufgabe darin, immer wieder herausfordernde Aufgaben für solche Höchstleister zu finden. Wer die Weiterbildung der eigenen Mitarbeiter unterstützt, dann aber keine Knacknüsse für sie bereit hält, der verschwendet seine wichtigsten Ressourcen. Und zwingt die besten Leute dazu, zu gehen.

Wenn ein Mitarbeiter also in ernsthafte Vorleistung geht, um sich weiterzubilden und für die Firma wertvoller zu werden, so muss der Vorgesetzte diese Vorleistung honorieren; sei es durch einen finanziellen Gegenwert, sei es durch das Übertragen von neuen, verantwortungsvollen Aufgaben. Oft geht das eine Hand in Hand mit dem anderen. Ist dies nicht möglich, bleibt einem nichts anderes übrig, als sich für die gemeinsame Zeit zu bedanken. Und sich zu freuen, dass dieser gute Mitarbeiter einen überhaupt ein Stück weit begleitet hat. Auch wenn es zunächst aussieht wie ein Verlust für die

Firma: Letztlich sind qualifizierte Mitarbeiter, auch wenn sie nach einer Zeit das Unternehmen wieder verlassen, das deutlich bessere „Geschäft" als loyale, aber unmotivierte. Zum einen sind sie echte Zugpferde, die den Karren voranbringen. Zum anderen bleiben sie Botschafter des Unternehmens, die die gewonnene Wertschätzung nach außen tragen. Wer Menschen wirklich die Freiheit lässt, zu kommen und zu gehen, sich weiterzuentwickeln und ihr Potenzial voll auszuschöpfen, der wird einen guten Ruf bekommen, so dass es ihm an guten Arbeitskräften nicht mangeln wird.

Langfristig gesehen hat es keinen Sinn, die Potenziale von Menschen einzuschränken, nur weil man sie an den Betrieb binden möchte. Echte Unternehmer sind altruistisch genug, um ihre Mitarbeiter nicht als Human Resources zu sehen, sondern als Menschen, die nur dann glücklich und somit leistungsfähig sein werden, wenn sie im richtigen Umfeld sind. Auch wenn dieses Umfeld irgendwann nicht mehr das eigene Unternehmen ist.

Zu Peter Lemke habe ich zum Beispiel weiterhin ein hervorragendes Verhältnis. Ich habe ihn nicht „verloren", er arbeitet nur woanders. Und ich weiß, dass er immer gut über uns spricht und weiterhin Botschafter für unsere Firma ist. Neulich besuchte er uns sogar mit einer Gruppe von Mitarbeitern, um ihnen zu zeigen, wie wir bei uns im Betrieb bestimmte Dinge anpacken – eben anders.

Die meisten Mitarbeiter bleiben aber erstaunlich lange im Unternehmen. Und das liegt nicht daran, dass sie sich nicht weiterentwickeln, sondern an anderen Faktoren.

Kapitel 9

Tischtennisplatte: Was Menschen ans Unternehmen bindet, obwohl sie keine Karriere machen können

Herr Wuliger, da möchte ich ganz ehrlich zu Ihnen sein. In unserem Unternehmen können Sie keine Karriere machen", antworte ich dem Stellenbewerber auf seine Frage nach den Aufstiegsmöglichkeiten.

Thomas Wuliger kann seine Enttäuschung über das Gehörte nicht so richtig verbergen.

„Wenn Sie als Mitarbeiter im Prozess Marketing anfangen, dann sind Sie anfangs kein Junior-Manager, um sich dann zum Senior-Manager und schließlich zum Teamleiter hochzuarbeiten", dopple ich nach.

Der Bewerber ist sichtlich betrübt. Das Notizheft, das er am Anfang unseres Gesprächs aufgeschlagen hat, schiebt er jetzt zur Seite und legt den Stift in den Falz. Dann kreuzt er die Arme und lehnt seinen Rücken an die Stuhllehne.

„Moment einmal, das verstehe ich nicht. Warum war dann die Stelle als Junior-Manager ausgeschrieben?", fragt Thomas Wuliger nach.

„Warum denn nicht? Wir suchen schließlich jemanden, dessen Kompetenzprofil am ehesten mit dem eines Junior-Marketeers vergleichbar ist.

Schauen Sie: Wir sind einfach anders organisiert als die meisten Unternehmen. Für eine Ausschreibung müssen wir aber einen Weg finden, externen Personen zu erklären, was sie bei uns erwartet. Den klassischen Aufstiegsweg kann man hier zum Beispiel nicht durchlaufen. Aber man kann andere Dinge machen."

Thomas Wuliger hat sich wieder aufgerichtet. Jetzt stützt er seine Arme auf die Tischkante und greift mit der rechten Hand nach dem Stift.

„Sie bewerben sich jetzt für eine Stelle im Marketing. Aus Ihrem Lebenslauf lese ich heraus, dass Sie gerne mit Menschen in Kontakt sind ..."

Herr Wuliger zieht die Augenbrauen hoch.

„ ... der Fußballverein, das Volontariat im Altenpflegeheim, die Tatsache, dass Sie an der Uni Tutor waren ... Ich kann mich irren, ich nehme das jetzt aber mal als Beispiel, ok? Wenn das stimmt, dass Sie gut mit Menschen können, dann könnte der Verkauf auch etwas für Sie sein. Irgendwann konnten Sie dann anfangen, in Projekten Führungsverantwortung zu übernehmen. Nur so, um ein paar Beispiele zu nennen. Was Sie wollen, das wissen ja nur Sie selbst. Tatsache ist: Sie können sich hier schon weiterentwickeln. Nur auf eine andere Art und Weise als in den festen Strukturen, die Sie kennen. Und vor allem: viel schneller."

Thomas Wuliger macht sich jetzt Notizen in seinem kleinen schwarzen Heft.

„Das heißt, dass ich mich in die unterschiedlichsten Richtungen weiterentwickeln kann, nicht nur in meinem Fachgebiet?", sichert er sich ab.

Ich nicke, und er schreibt weiter Stichworte in sein Heft – jetzt mit spürbar größerem Enthusiasmus.

„Ach, und noch was, was Sie vielleicht wissen sollten", sage ich, um ihn wieder ins Gespräch zurückzuholen. „Um die Entlohnung brauchen Sie sich keine Sorgen machen. Darum kümmere ich mich schon. Herr Brecheisen aus dem Verkauf hat sich zum Beispiel auf eigene Faust noch Wissen zu Projektmanagement angeeignet und hat dann ein paar neue Verantwortlichkeiten bekommen. Mittlerweile ist er das, was wir in unserem Vokabular „Experte für Projektleitung" nennen. Formell ist er Verkäufer, er verdient aber wie ein Abteilungsleiter in einem klassischen Unternehmen. Und dazu muss er weder auf eine Beförderung warten noch darauf, dass eine Stelle als Abteilungsleiter frei wird. Er macht einfach das, was er immer schon gemacht hat, baut aber seine Tätigkeit laufend aus."

Jetzt hat Herr Wuliger wieder aufgehört zu schreiben. Wie ein Fragezeichen sitzt er da.

„Wenn Sie möchten, bringe ich Sie gerade kurz zu ihm. Sie können zusammen in die Cafeteria gehen und Herrn Brecheisen alle Ihre Fragen zu seiner Arbeit hier im Betrieb stellen. Ich warte in meinem Büro auf Sie. Einverstanden?"

Eine Stunde später klopft er wieder an meine Bürotür. Ein Lächeln ziert Wuligers mittlerweile entspanntes Gesicht. Sein Notizheft steckt er in die Tasche und setzt sich wieder an den Besprechungstisch. „Herr Lohmann, für mich ist die Sache jetzt klar, ich habe keine weiteren Fragen. Aber vielleicht wollen Sie noch etwas über mich wissen?"

Landschaft statt Leiter

Die Karriereleiter, die man Stufe für Stufe erklimmen kann, ist für Stellensucher der Anreiz, sich bei Alpha-Organisationen zu bewerben. Sie verspricht Aufstiegs- und Weiterbildungschancen; im Klartext heißt das: mehr Macht, mehr Verantwortung, mehr Geld. Je größer das Unternehmen, desto besser die Aufstiegschancen, denn mit der Unternehmensgröße korreliert auch die Anzahl der Stufen in der Hierarchie. Und je mehr Stufen, desto höher die Wahrscheinlichkeit, in diesem Betrieb noch „jemand zu werden".

Neun Entwicklungsstufen stehen zum Beispiel zwischen dem Junior-Konstrukteur und dem Bereichsleiter in einem klassisch organisierten Betrieb, der inhaltlich mit meinem vergleichbar ist. Nach dem Einstieg in den Job wird man irgendwann Senior-Konstrukteur, dann stellvertretender Teamleiter, dann Teamleiter, dann stellvertretender Gruppenleiter, dann Gruppenleiter, dann stellvertretender Abteilungsleiter, dann Abteilungsleiter, dann stellvertretender Bereichsleiter, um dann nach einem langen Aufstieg endlich die Bergspitze – die Professur sozusagen – zu erreichen. Wer oben angekommen ist, der hat's geschafft. Er kann die Aussicht genießen und sich am Erreichten erfreuen: am Gehalt, am Status, an der Macht. Denn danach streben wir schließlich, wenn wir von Karriere sprechen. Wir wollen bewundert werden, wir wollen, dass andere zu uns aufschauen, wir wollen wichtig sein und wir wollen bestimmen. Kurz: Wir wollen im Rampenlicht stehen.

Geld, Status, Macht: Auch wenn es so klingt, als seien diese Ziele von gestern, so strebt letztendlich jeder Mensch danach, selbst junge Leute mit postmateriellen Wertesystemen. Denn ein höheres Gehalt heißt mehr Kaufkraft und Lebensqualität, und dies wiederum ist ein starker Antrieb. Zumindest so lange, bis ein gewisser Lebensstandard erreicht ist, ab dem jede Gehaltserhöhung nur noch ein Pluspunkt fürs Ego ist, aber keine reale Veränderung des Lebensstils mehr herbeiführt. Und Status und Macht bedeuten nicht unbedingt, sich über andere zu erheben oder zu herrschen, sondern auch selbstbestimmt zu leben. Wer mächtig ist, bestimmt, welche Projekte er diese Woche in welcher Reihenfolge bearbeitet, aber auch wie er sich kleidet, in welchen Restaurants er verkehrt, mit wem er sich umgibt etc.

Dieser natürliche Antrieb der Menschen, weiterzukommen und sich in der Gesellschaft zu behaupten, wird vom klassischen Karrieremodell der pyramidalen Organisation voll angetriggert. Denn die Karriereleiter gibt den Mitarbeitern den Ansporn, es auf die nächste Stufe zu schaffen und so immer mehr aus sich zu machen. Daraus erklärt sich, warum dieses Modell sich immer noch hält – obwohl es nüchtern gesehen schwerwiegende Nachteile birgt.

Höher, schneller, weiter: Das ist das Ziel Nummer eins für einen Mitarbeiter, der auf der Karriereleiter steht, unabhängig davon, welche Stufe er erreicht hat. Aus seiner Sicht völlig verständlich, aber aus Unternehmenssicht nicht gerade klug. Davon zeugen auch die Mitarbeitergespräche in Alpha-Unternehmen, bei denen die Angestellten sich am stärksten dafür interessieren, welche Seminare sie noch belegen müssen, um es auf die nächste Stufe zu schaffen. Und nicht darum, was sie tun könnten, um dem Unternehmen noch besser zu nützen. So verfehlt das Instrument der Karriereleiter ihr Ziel, Mitarbeiter anzuregen, sich im Sinne des Unternehmenserfolgs weiterzuentwickeln. Ohne es zu wollen, gibt diese Struktur den Anreiz, egoistisch zu denken statt in Win-win-Szenarien.

Doch nicht nur für die Unternehmen, auch für die Mitarbeiter hat die klassische Karriereform klare Nachteile.

Wer sich die zahlreichen Karrierestufen genauer anschaut, wird feststellen: Zwischen der Stelle des Junior-Konstrukteurs und der des Senior-Konstrukteurs gibt es zwar in der Bezeichnung und der Bezahlung einen erheblichen Unterschied. Aber genau genommen macht der Senior-Konstrukteur genau den gleichen Job wie der Junior-Konstrukteur. Das Aufgabenfeld verändert sich mit der Beförderung kaum. Warum auch? Irgendwie gehört es sich, nach einigen Jahren die Menschen zu befördern, aber eigentlich sollen sie die Arbeit tun, die sie schon immer getan haben. Übung macht den Meister.

Was die fachliche Entwicklung angeht, so stellt ein Aufstieg den Mitarbeiter schon vor die Aufgabe, Weiterbildungen zu besuchen und damit Pluspunkte zu sammeln. Mitarbeiter lernen in ihrem Gebiet aber dauernd dazu. Ihre Weiterbildung ist also real gesehen kontinuierlich und steht mit der Beförderung zur nächsten Karrierestufe in keinem natürlichen Zusammenhang. Eine Beförderung bildet also für den Mitarbeiter keinen Anreiz, sich zu verbessern, weil er ohnehin weiter den Job machen wird, den er schon die ganze Zeit gemacht hat. Der einzige Unterschied: Auf seiner Visitenkarte steht jetzt nicht mehr Junior-, sondern Senior-Konstrukteur. Und die Zahl, die monatlich auf seinem Konto erscheint, hat sich verändert.

Einen Unterschied sieht das Karriereleiter-Modell aber schon vor. Nur dass er nirgendwo abgebildet wird. Deshalb treffen seine Konsequenzen viele Mitarbeiter irgendwann wie ein Schlag. Denn nachdem anfangs die Verbesserung der Fachkompetenz im Vordergrund steht, heißt es nach einigen Jahren: „Die nächste Herausforderung für Sie ist es, Führungsverantwortung zu übernehmen." Aus einem Schwarz-Weiß-Stummfilm wird das Arbeitsleben zu einem modernen Film in Farbe und Ton. Für manche eine erfreuliche Nachricht. Für andere die Vollkatastrophe.

Teams anzuleiten gehört zur klassischen Karriere einfach unausgesprochen dazu. Ob man dazu die richtigen Anlagen und Fähigkeiten hat oder nicht, spielt eine eher untergeordnete Rolle. Schulungsprogramme, Tagungen und Seminare versuchen die Defizite aufzufangen, die in Wirklichkeit gar nicht aufzufangen sind. Befördert wird ja „der beste Mann im Team", also die beste Fachkraft. Und nicht der beste Menschenführer. So ist Führung in der klassischen Organisation quasi der Preis, den man bezahlen muss, um überhaupt die Karriereleiter zu erklimmen.

Fachspezialist oder Menschenspezialist – dies ist der einzige wahre Kompetenzunterschied zwischen Mitarbeitern. Deshalb ist auch die einzige echte Hierarchiestufe, die wir haben, jene zwischen Fachkräften und Führungskräften. Gut, wir unterscheiden auf der Sachebene noch zwischen dem einfachen Mitarbeiter und dem Sachexperten. Insofern gibt es zwei Sorten der Führung: Menschenführung und inhaltliche Führung durch Fachwissen.

Alle anderen Stufen fallen weg, was nicht bedeutet, dass alle Mitarbeiter gleich viel können und verdienen. Nein, im Gegenteil. Ein einfacher Mitarbeiter auf der Sachebene kann ein Schweißer sein, der in der Fertigung und in der Verpackung arbeitet. Weil er ein breiteres Können hat als ein Monteur, der nur in der Fertigung arbeitet, hat er mehr Kompetenz, leistet mehr für das Unternehmen und verdient deshalb auch deutlich mehr als sein Kollege, der rein formal auf derselben Stufe wie er steht.

Experten wiederum sind noch ein Stück weiter: Es sind Menschen, die sich einen enormen fachlichen Vorsprung erarbeitet haben. Sie sorgen dafür, dass immer das aktuellste Wissen im Haus ist, und dass in der Firma „state of the art" gearbeitet wird. Diese Experten haben durch ihre hohe Kompetenz eine Entscheidungsposition inne, also Prozessverantwortung, aber keine Personalverantwortung.

Und das ist der Knackpunkt: In einem Beta-Unternehmen kann der Fachexperte Fachexperte bleiben und sich dennoch weiterentwickeln. Im Alpha-Unternehmen muss er sich entscheiden: Entweder ich steige weiter auf, dann muss ich aber Teams anleiten, oder ich bleibe eben stehen. Und damit ist meine Karriere beendet.

Dann gibt es noch die Führungskräfte mit Personalverantwortung. Was aber nicht heißt, dass sie die einzigen sind, die Entscheidungsmacht haben. Führungsverantwortung in einem System mit flachen Hierarchien kann jeder einfache Mitarbeiter übernehmen. Denn in Projekten entsteht die Führungsverantwortung aus der Situation heraus. Da kann jemand in einem Projekt den Hut aufhaben und fürs Ergebnis verantwortlich sein, während er in einem anderen Projekt nur anderen zuarbeitet.

Vor einigen Jahren hatten wir ein Entwicklungsprojekt für einen Automobilhersteller. Die Sicherungsstange wurde unter der Leitung eines Ingenieurs erfolgreich entwickelt und der Prototyp wurde an den Kunden zur Prüfung geliefert. Nach einer Woche bekamen wir das Bauteil wieder zurück: zerbrochen! Und zwar schon bei einer mittelmäßigen Belastungsprobe. Offensichtlich war bei der Entwicklung etwas grundlegend schiefgegangen. Wir mussten schnell noch mal darangehen, um die Reklamation zufriedenstellend zu bearbeiten. In jedem klassischen Unternehmen würde sich sofort der Entwicklungsingenieur dransetzen. Der Fehler ist ja in der Entwicklung passiert. Aber bei diesem Projekt wurde das anders gelöst.

Der Ingenieur, der das Entwicklungsprojekt geleitet hatte, setzte sich mit dem Mitarbeiter für Qualitätssicherung in seinem Team zusammen. Und schnell kamen die beiden darauf, dass der Qualitätsspezialist viel Erfahrung darin hatte, Fehler und Probleme zu erkennen und eine passende Lösung dafür zu finden. Und zwar mehr als der Ingenieur.

Also übernahm der Qualitäter temporär die Führung des Projekts. Von der Rollenverteilung her hätte er nicht die Verantwortung dafür gehabt, aber er war der kompetenteste für diesen Spezialfall – und daraus ergab sich eine natürliche Verantwortlichkeit. Seine übrigen Aufgaben stellte er dafür ein wenig zurück und nahm das Zepter in die Hand. Nach kurzer Zeit waren die Fehler ausgemerzt und der nächste Prototyp bekam vom Automobilhersteller das Daumen-hoch-Zeichen. Die Teile wurden bestellt. Die Aufgabe war gelöst, und der Qualitätssicherer übergab die Projektleitung wieder an den Entwicklungsingenieur; alle weiteren Optimierungen und Anpassungen waren dessen Aufgabe.

Führung und Verantwortung sind in einem Unternehmen mit flachen Hierarchien also nicht an die formelle Position und auch nicht immer an die vorgegebene Rollenverteilung gebunden. Führungsverantwortung ist in Beta-Unternehmen in erster Linie an Kompetenz gekoppelt. Deshalb kann sie sich sogar aus der Situation heraus ergeben.

Die Vorteile dieses Systems: Zum einen erlaubt die Rollenvielfalt den Mitarbeitern, voneinander zu lernen, da sie nicht immer die gleiche Tätigkeit ausüben wie Menschen, die ihren festen „Zuständigkeitsbereich" haben. Zum anderen bekommt absolut jeder Einzelne zu gewissen Zeitpunkten Status und Höchstbedeutung – durch die Möglichkeit, in Projekten durch Führungsrollen Einfluss zu nehmen. Und drittens ist der Vorteil für das große

Ganze: den Status und die Macht hat der Mitarbeiter nicht kraft seiner formalen Position, sondern aufgrund seiner Kompetenz. Das bedeutet auch: Er hat die anspruchsvollen Rollen in den Projekten nicht „auf sicher". Wenn er sie also weiterhin bekommen möchte, kann er sich nicht auf seinen Lorbeeren ausruhen, sondern muss aktiv und initiativ bleiben und seine Kompetenz immer wieder unter Beweis stellen. So entstehen statt zementierter Machtstrukturen ganz natürliche Autoritäten.

Klar, in einem solchen System ist eine andere Form der Zusammenarbeit und Kommunikation notwendig. Dies erfordert eine hohe Flexibilität aller, bietet im Gegenzug aber auch mehr Entfaltungsmöglichkeiten.

Dass flache Hierarchien insgesamt besser funktionieren als die pyramidalen Strukturen von früher, haben in den letzten Jahren immer mehr Unternehmen verstanden. Nur: Wenn ein Unternehmen keine Aufstiegschancen bieten kann, braucht es andere Anreize, um Mitarbeiter zu gewinnen und zu binden. Mit Status kann man da nicht werben. Aber man kann mit anderen Dingen auf sich aufmerksam machen.

Wer in einem klassischen Unternehmen als Schweißer angestellt ist, der macht die ganze Zeit nur das: Er schweißt. In einem Beta-Unternehmen könnte er außerdem noch fünf andere Herausforderungen meistern, wenn er möchte. Und die darf er sich selbst aussuchen. Arbeitsbereiche sind also nicht festgefügte Größen, die aufgrund eines Organigramms unveränderlich sind, sondern sie lassen sich anreichern. Das wird in der Fachsprache als „Job Enrichment" bezeichnet. Der Job wird reicher, ausgeschmückter, interessanter. Generalisten, die gern über den eigenen Gartenzaun schauen, bekommen so die Möglichkeit, neue Bereiche kennenzulernen und auch dort Verantwortung zu übernehmen.

Der zweite Grund, warum Stellen in Beta-Unternehmen für Mitarbeiter attraktiv sind, ist die Tatsache, dass die Weiterentwicklung wirklich stetig gefördert wird. Nicht durch Fortbildungen, die einmal im Jahr angeboten werden, sondern durch immer neue Ziele, die sich die Mitarbeiter selbst setzen. Zu deren Erreichung bekommen sie Freiräume und, wenn nötig, individuelle Unterstützung durch Coachings. Mit jedem Tag weiten Mitarbeiter ihre Komfortzone so ein Stück weit aus. Und verzeichnen schon nach kurzer Zeit erstaunliche Lernkurven.

Und das dritte Argument: Das Gehalt ist in einem solchen System nicht an die Position oder den Titel gebunden, sondern an die Kompetenz. Was der Mitarbeiter kann und wie gut er dieses Können ausschöpft, das bestimmt das Gehaltsniveau. Wer stets an sich arbeitet, kann sehr schnell auf eine Stufe gelangen, die man in einem anderen Unternehmen erst durch mühsame und kleine Karriereschrittchen erreichen kann.

Ja, das System birgt lauter Vorteile. Es aufzubauen und stabil zu halten ist jedoch nicht so einfach. Die Umsetzung erfordert viel Geduld und Geschick.

***

„Mit dem Beglinger, das geht ja gar nicht", heult sich der Finanzleiter bei mir aus. „In den neun Jahren, seitdem ich hier arbeite, habe ich mich noch nie über einen Kollegen beschwert. Aber so kann ich einfach nicht weiterarbeiten!"

Stimmt, in den neun Jahren, seitdem er hier arbeitet, hat er außerdem den Eindruck gemacht, dass ihn nichts aus der Ruhe bringen kann. Also muss es ernst sein.

„Was genau ist das Problem?", will ich wissen.

„Jedes Mal, wenn ich ihn um Datenmaterial bitte, findet Beglinger eine Möglichkeit, mir auszuweichen. Wenn er etwas will, muss es immer ruckzuck gehen. Aber wenn ich mal etwas brauche, verweist er mich immer wieder an seine Mitarbeiter. Was ja überhaupt kein Thema wäre, wenn die die Infos hätten. Ich brauche ja keine Chefbehandlung, mir geht es um die Arbeit. Aber nachdem ich ein paar Mal aufgelaufen bin, weiß ich einfach: Der Einzige, der mir die Qualitätsdaten und die Details zu Reklamationen geben kann, ist er persönlich. Und er weigert sich einfach, seinen Job zu machen!"

Hmm, das hört sich ernst an, denke ich bei mir. Beim Finanzleiter bedanke ich mich für seine Offenheit und beschließe, gleich nach der Mittagspause zu Herrn Beglinger zu gehen.

Im Prozess Qualität angekommen, bleibe ich aber erst bei einem Mitarbeiter stehen, der einige Tische weiter arbeitet. Während ich mich mit ihm austausche, beobachte ich Herrn Beglinger aus einiger Entfernung.

Einen Azubi, der offensichtlich etwas von ihm wissen will, weist er mit einer Handbewegung wieder weg. Seinen Kopf hebt er dabei gar nicht vom Bildschirm, mit der anderen Hand hält er die Maus fest.

Einige Sekunden später ruft er einer anderen Mitarbeiterin zu: „Frau Feuerstein, bringen Sie mir mal ein belegtes Brötchen mit, wenn Sie in die Cafeteria gehen!" Kein „bitte", kein „wären Sie so nett". Seine Aufforderung klingt wie ein Schießbefehl.

Einige weitere Minuten der Beobachtung und vor meinem inneren Auge kristallisiert sich langsam eine Hypothese heraus.

Der ehemalige Abteilungsleiter ist kein Abteilungsleiter mehr, seitdem wir die Organisationsform vom Pyramiden-Modell zu unserem Brummkreisel-Modell umgestellt haben. Und mit dem damit verbundenen Statusverlust scheint Herr Beglinger gar nicht zurechtzukommen.

Vorher hatte er Status und Macht durch seine Funktion und seinen Titel. Das gab ihm Sicherheit, die Spielregeln und die Verhaltensmuster waren klar. Jetzt, wo diese weggefallen sind, findet er sich unvermittelt in einem neuen, unbekannten System wieder und weiß nicht, wie er darin navigieren kann. Es fehlen ihm die Instrumente, die Landkarte, vielleicht sogar das Gefährt dazu.

Beim Abendspaziergang grüble ich noch immer über Beglingers Situation. Eigentlich müsste man ihm die Führungsverantwortung entziehen, geht mir durch den Kopf.

In der früheren hierarchischen Struktur sind seine Führungsmängel nicht groß aufgefallen. Als Abteilungsleiter hat es gereicht, dass er „der beste Mann im Team" war. Die Spielregeln für die zwischenmenschliche Kommunikation und der Informationsfluss waren formalisiert.

Im jetzigen System aber, das eine gute Kommunikation, Flexibilität und echte Führungsqualitäten erfordert, kommen Mängel brutal ans Licht. Echte Führung ist einfach nicht sein Ding.

Aber zurück ins Glied wird er sicher nicht gehen wollen bei dem Geltungsbedürfnis, das er an den Tag legt. Unter Umständen werde ich mich von ihm trennen müssen, wenn ich ihm seinen Job wegnehme.

Auf der anderen Seite, denke ich mir, hat Beglinger 25 Jahre Berufserfahrung. Er ist wirklich der Qualitätsexperte hier. Wenn ich ihn verliere, verliere ich also wirklich den besten Qualitätsingenieur.

Am nächsten Morgen wache ich mit dem Entschluss auf: Beglinger ist mir einfach zu wichtig. Bevor ich ihn verliere, versuche ich lieber, seinen Job anzupassen. Solange, bis ich die Stelle gefunden habe, die ihm wirklich auf den Leib geschneidert ist. Zwei Tage später sitzt Beglinger mit mir in einer Besprechungsecke.

„Ich höre von anderen, dass sie von Ihnen nicht immer alles bekommen, was sie von Ihnen brauchen. Und merke: Etwas hat sich verändert in Ihrer Leistung, seitdem wir die Organisationsstruktur umgestellt haben. Das würde ich mir gern mit Ihnen zusammen ein bisschen genauer anschauen. Vielleicht finden wir ja heraus, was wir tun können."

Beglinger wird ganz rot im Gesicht und bekommt Schweißhände. Auf meine Ausführungen reagiert er gar nicht. Aber auf mein Angebot, wöchentliche Coaching-Gespräche mit mir zu führen, willigt er nach einigem Hin und Her ein.

Nach drei Monaten sagt mir Beglinger in unserem zwölften Gespräch plötzlich: „Ich glaube, ich will gar kein Experte Qualität mehr sein, sondern Projektleiter."

Ob diesem Sinneswandel überrascht, denke ich mir: Na, das kann ja heiter werden. Aber gut, Beglinger muss schließlich selbst herausfinden, was für ihn das Beste ist. Auch wenn ich es für eine Fehlentscheidung halte: Wir beschließen, einen neuen Qualitätsleiter zu suchen, damit Beglinger Projektleiter werden kann. Gesagt, getan.

Nach einigen Wochen steht Begliner wieder in meinem Büro. Peinlich berührt sagt er mir mit leiser Stimme:

„Nein, Projektleiter ist doch nicht das Richtige für mich."

Gottseidank! Besser spät als nie, denke ich dann und antworte: „Das passt gut. Der neue Qualitätsleiter hat gerade den Hut genommen, haben Sie das mitbekommen? Sie könnten also, wenn Sie wollten, sogar zurück auf Ihren alten Posten."

Beglinger strahlt jetzt übers ganze Gesicht. „Das gibt's ja nicht ... Natürlich will ich das!"

Das Führungsproblem haben wir dann auch noch in den Griff bekommen, als klar war, welche Aufgaben zu Beglinger passen – nämlich die fachlichen. Seitdem ergänzt ein zweiter Qualitätsexperte das Team. Einer, der sich um die Menschen kümmert.

Maßgeschneidert

Alte Statussymbole und Hierarchiemodelle loszulassen ist für manche Mitarbeiter eine echte Herausforderung. Und für Chefs ist es ebenso wenig trivial, neue Aufgabengebiete für Mitarbeiter zu definieren, wenn es kein hierarchisches System gibt, an dem er sich festhalten kann. Immer wieder neue Aufgaben zu finden, an denen Mitarbeiter fachlich und persönlich wachsen können, ist anstrengend. Denn letztlich bedeutet es, für jeden Mitarbeiter seinen ganz individuellen Job zu schneidern. Einen, bei dem dessen größten Talente zum Einsatz kommen und wo seine Schwächen ihm nicht ihm Weg stehen. Dies erfordert eine tiefe Auseinandersetzung mit dem Menschen; nicht nur beim Vorstellungsgespräch, sondern immer und immer wieder. Wenn es schließlich klappt, wird man für die Mühen aber auch belohnt: Die Mitarbeiter haben wirklich den Job, der voll zu ihnen passt und füllen nicht eine vorgegebene Schablone aus. Und weil er ganz genau auf ihre Persönlichkeit und ihre Fähigkeiten zugeschnitten ist, bringt er den Mitarbeitern Freude und Erfüllung und der Firma einen großen Nutzen. Mitarbeiter, die ihren Platz gefunden haben, sind nicht nur motiviert und engagiert, sondern sie spielen auch ihre größte Trumpfkarte aus – und bringen dem Unternehmen somit den größtmöglichen Nutzen.

Richtig interessant werden die Karrierevorteile einer Beta-Organisation aber, wenn man sie für Menschen fortgeschrittenen Alters durchdekliniert.

Wer mit 50 Jahren noch Karriere machen will, wird in einem Alpha-Unternehmen mit seinen Wünschen nicht weit kommen. Das Ziel, Vorstandsvorsitzender zu werden, ist einfach nicht mehr erreichbar, wenn man nicht schon 20 Jahre vorher angefangen hat, darauf hin zu arbeiten. Das gleiche gilt für einen Jobwechsel im fortgeschrittenen Alter. In klassischen Unternehmen ist es, besonders in begehrten Branchen, fast ein Ding der Unmöglichkeit, mit 60 Jahren überhaupt noch eine Stelle zu finden. Da sind Arbeitnehmer mit viel Arbeitserfahrung einfach zu teuer für Unternehmen, in denen die Erfahrung automatisch in die Gehaltsmodelle einfließt.

In einem Beta-Unternehmen, in dem die Arbeitsstellen dynamisch sind und individuell gestaltbar, lässt sich auch für ältere Menschen eine passende Form der Zusammenarbeit finden. Statt Aufstieg nach oben finden sie eher ihren Platz in der Breite der Landschaft. Sie werden aber nicht an den Rand der Gesellschaft gedrängt, sondern haben eine faire Chance, Erfüllung in der Arbeit zu finden. Nicht indem sie mehr Status erlangen, sondern indem sie eine Aufgabe bekommen, in der sie wirklich sie selbst sein können und sich nicht verstellen müssen.

Aber auch die richtig jungen Mitarbeiter profitieren von dieser Organisationsform. Ihr größter Vorteil: Trotz ihres zarten Alters und ihrer geringen Arbeitserfahrung bekommen sie sehr rasch Verantwortung übertragen. Das verleiht ihnen Bedeutung und Wichtigkeit. „Wow, da ist endlich mal ein Chef, der auch nach unserer Meinung fragt! Auch wir dürfen entscheiden, obwohl wir noch so jung sind!"

Wie viele junge Mitarbeiter müssen in hierarchisch strukturierten Firmen jahrelang Geduld an den Tag legen und in stupider Routinearbeit versinken, anstatt richtig gefördert zu werden? Das passiert in einem gut geführten niedrighierarchischen System nicht. Jede Person wird stattdessen an den Platz gesetzt, an dem sie sich optimal einbringen kann. Und davon profitieren eben vor allem auch die jungen Fachkräfte, die sich hier in ihrem eigenen Tempo entwickeln können und nicht in dem Takt, den die Firma ihnen vorgibt.

Für die Außenwelt ist diese extreme Individualität der Arbeitsstellen meistens unverständlich. Und die Idee dahinter jedem neuen Geschäftspartner zu erklären, ist zu zeitaufwändig und manchmal auch zu mühselig. Manche Partner ticken eben noch ganz anders, was aber nicht heißt, dass man nicht trotzdem mit ihnen arbeiten kann. Man muss nur in ihrer Welt bleiben, und von den Stellenbezeichnungen sprechen, die sie kennen.

Bei uns schreibt zum Beispiel jeder auf seine Visitenkarte, was ihm im Kontakt nach außen am meisten nützt. Wenn also der „Experte Einkauf" es mit statushörigen Menschen zu tun hat, kann er „President Purchasing" auf seiner Karte stehen haben. So wird die Kommunikation nach außen leichter. Ich zum Beispiel habe sogar verschiedene Visitenkarten mit verschiedenen Titeln und kann je nach Bedarf mit der passenden Stellenbezeichnung auftreten. Mal bin ich „Geschäftsführer", mal „Inhaber", mal „CEO", mal „President". Titel sind Schall und Rauch für uns, für externe Personen sind sie aber Orientierungshilfen, und da spielen wir ganz pragmatisch nach diesen Spielregeln mit.

Nun gut, bei Mitarbeitern mit viel Verantwortung kann man sich diesen Prozess der individuellen Suche noch vorstellen. Aber wie sieht es bei den ganz einfachen Mitarbeitern aus, die auf der Sachbearbeitungsebene oder in der Produktion arbeiten? Was genau bindet Menschen ans Unternehmen, wenn sie wirklich keine Karriere machen können, sondern auf der gleichen Ebene bleiben, und zwar in Bereichen, wo es gar nicht so viele Führungsrollen gibt?

***

„Das machen wir jetzt noch versandfertig und verpacken es", sagt ein Mitarbeiter und fuchtelt wild mit dem Klebeband rum, während ich an ihm vorbeilaufe. Ich sehe, wie er eine Schachtel mit dem Klebeband achtlos zuklebt, so schnell und routiniert, dass er nicht einmal hinguckt. Stattdessen ruft er seinem Kollegen zu: „Hey, hast du gestern den Tatort gesehen?"

Keine zehn Sekunden später stehen die Befestigungselemente verpackt auf einer Palette. Ein Stück Klebeband hängt noch lose an der Schachtel runter, eine andere Stelle ist wiederum so undicht, dass es mich nicht wundern würde, wenn einige der kleineren Teile gleich herausfielen. Kein schönes Bild, denke ich mir. Ich schaue mir die anderen Kartons an: Die sehen noch schlimmer aus.

Das Verpacken hat in unserer Prozesskette offensichtlich keine besonders hohe Wichtigkeit. Die Leute machen es, weil es einfach dazugehört und weil man sonst die Ware nicht versenden könnte. Sie legen aber keinen besonderen Wert darauf, dass der Arbeitsschritt sorgfältig ausgeführt wird. Er scheint ihnen eher lästig zu sein, als wäre das gar nicht Teil ihrer Arbeit. Entsprechend schlampig sieht das Ergebnis dann eben auch aus.

Schade, denke ich, und laufe mit energischen Schritten auf und ab. Wir entwickeln doch so tolle und wertvolle Produkte. Wenn sie aber so beim Kunden ankommen, kommt diese Hochwertigkeit gar nicht rüber. Mancher Kunde wird wohl so gutmütig sein, zu denken, dass hier wohl der Ferienjobber am Werk war, und darüber hinwegsehen. Aber wenn die Ware immer so schlampig verpackt zu ihm gelangt, werden wir mit der Zeit ein richtig schlechtes Image bekommen. Ganz zu schweigen davon, dass es beim Anliefern auch Verluste geben kann, wenn Teile wirklich herausfallen sollten, und das wiederum würde auch noch zu kostspieligen und peinlichen Reklamationen führen.

Nein, ich brauche nicht weiter darüber nachdenken, hier muss ich sofort eingreifen. Ich nehme den Tatort-Fan und seinen Kollegen zur Seite und deute auf die gerade verpackten Kisten:

„Hallo, Herr Frank, hallo, Herr Ritzi, ich sehe, Sie haben das Tempo beim Verpacken richtig angezogen. Glückwunsch!"

Die beiden Männer schauen einander zufrieden an.

„Effizienz ist ja auch wichtig für uns, aber wir wollen immer auch an unsere Kunden denken. Und da ist mir gerade was aufgefallen. Schauen Sie mal: Wenn Sie eine Befestigungsstange bestellen und bekommen so einen Karton zugestellt, wie würde das auf Sie wirken?" Ich zeige auf die gerade verpackten Kleinteile.

Herr Frank nimmt die Kiste in die Hand, da fällt tatsächlich eine Schraube raus.

„Ups, stimmt, da habe ich wohl zu sehr Gas gegeben."

Herr Ritzi beobachtet den Karton noch aus der Entfernung.

„Hm, so sieht es auch aus: Wie schnell mal eben verpackt. Für die Außenwahrnehmung ist das wirklich nicht so toll. Aber beim Tun denke ich ehrlich gesagt auch nicht daran. Da denke ich auch immer, es geht um Geschwindigkeit. Wir haben ja noch Wichtigeres zu tun als zu verpacken ..."

„Sie haben Wichtigeres zu tun? Herr Ritzi, da darf ich Sie beruhigen: Verpacken ist genauso wichtig wie Montieren und Schweißen. Sie haben ja selbst gesehen: Für die Außenwirkung ist es nicht nur wichtig, es ist entscheidend! Die Verpackung ist unsere Visitenkarte gegenüber dem Kunden. Da bildet sich der erste Eindruck von unserem Unternehmen! Das wissen Sie selbst als Verbraucher. Offensichtlich nehmen wir das intern aber viel zu wenig wahr. Und gerade Sie, die die Waren verpacken, sollten unbedingt anfangen, aus der Kundenperspektive zu denken. Ich bin der Meinung, wir sollten hier etwas unternehmen, damit wir eine Veränderung hinbekommen. Wer möchte sich gerne darum kümmern?"

„Ich nehm's in die Hand", sagt Herr Frank wie aus der Pistole geschossen.

Nach vierzehn Tagen ist im Verpackungsprozess bereits ein völlig neuer Standard die Regel. Schachteln und Kartons verlassen nicht nur einfach sauber verpackt die Halle, sondern auch noch schön beschriftet mit einem Klebeetikett mit unserem Logo. Eine Qualitätskontrolle wurde eingerichtet, eine Art Vier-

Augen-Check, bei dem jede Verpackung nochmal von einem Kollegen geprüft und für gut befunden wird. Alles sieht viel sauberer und hochwertiger aus. Aber nicht nur das: Die Verpacker lassen sich immer wieder etwas einfallen, um den Verpackungsprozess noch weiter zu verbessern und die Verpackung zu einem wichtigen Element des Gesamtproduktes zu machen.

Das Wozu

Nähen, um die Miete zahlen zu können, oder Nähen, um das größte Patchwork der Welt herzustellen: Durch welche Brille man die eigene Tätigkeit betrachtet, macht einen erheblichen Unterschied für die eigene Motivation. Wer seiner Tätigkeit Bedeutung zuschreibt, entwickelt einerseits den Ehrgeiz, sie qualitativ besonders gut auszuführen. Andererseits überlegt er, wie er das Ergebnis in Hinsicht auf den gegebenen Zweck optimieren kann. Und schließlich erfüllt ihn allein das Wissen mit Stolz, dass er selbst mit der Erledigung einer klitzekleinen Aufgabe einen wichtigen Beitrag zu einem großen Projekt leistet.

Die Bedeutung der eigenen Arbeit fürs große Ganze, also fürs Unternehmen und für den Kunden, zu kennen, erfüllt selbst scheinbar unbedeutende Tätigkeiten mit Sinn. In Beta-Unternehmen, wo es für Produktionsmitarbeiter beispielsweise keine klassischen Aufstiegschancen gibt, ist genau die Sinnvermittlung der entscheidende Grund, um in der Firma zu bleiben.

Verpacken, Kopieren, Kaffee kochen: Egal, wie unbedeutend eine Tätigkeit erscheinen mag oder für wie unwichtig sie in der klassischen Wirtschaft erklärt wird: In Wirklichkeit sind auch Kleinigkeiten entscheidend für ein Unternehmen. Wenn ein Kunde, der zu Besuch kommt, keinen Kaffee bekommt oder einen kalten Kaffee oder eine viel zu volle Kaffeetasse, mit der ihm ein Fleck auf der Hose sicher ist, dann wird er garantiert einen schlechten ersten Eindruck von der Firma haben – egal, wie gut die Produkte sind, wie toll und außergewöhnlich der Service.

Kaffeekochen als doofer Praktikantenjob? Von wegen!

Mitarbeitern zu vermitteln, wie enorm wichtig selbst einfache und Routinetätigkeiten für den Unternehmenserfolg sind, verleiht ihrer Arbeit Sinn und ihnen selbst Bedeutung. Dies ist das entscheidende Instrument, mit dem Beta-Chefs auch einfache Mitarbeiter halten können.

Gerade jene Mitarbeiter, die starre Strukturen, feste Abläufe und die ausschließliche Konzentration auf ihre Parzelle Arbeit gewohnt sind, die also nur einen bestimmten Arbeitsschritt in einer ganzen Prozesskette repetitiv ausführen, verlieren mit der Zeit den Bezug zum Endkunden. Ihnen die Augen zu öffnen für die Wirkung ihrer Arbeit, führt einerseits zu einem anderen Selbstverständnis, zum Beispiel „Lebensretter" statt „Arbeiter", und sorgt andererseits dafür, dass sie die Qualität ihrer Ergebnisse besser einschätzen können. Denn wer sich in den Kunden hineinversetzen kann, hat eine Vorstellung davon, wie das Produkt in seiner bestmöglichen Form aussieht, und kann die tatsächliche Arbeit mit diesem Wunschbild abgleichen. Die Folge sind selbstbewusste, stolze Mitarbeiter – auch in ganz einfachen Jobs.

Das Bewusstsein, eine sinnvolle Aufgabe zu erfüllen, ist ein wichtiger Motivator. Gibt es noch weitere?

Klimaverbesserung

Ja: Freude an der Arbeit haben Menschen dann, wenn das Betriebsklima stimmt. Bei einer Umfrage der Bertelsmann-Stiftung 2011 gaben 72 Prozent der Beschäftigten das Betriebsklima als wichtigsten Faktor dafür an, ob sie mit ihrer Arbeitsstelle zufrieden sind.

Betriebsklima ist ein schwammiger Begriff. Dazu gehört natürlich vor allem das Verhältnis unter den Kollegen und zu Vorgesetzten, aber auch die Rahmenbedingungen: Ob man ständig unter Druck steht oder Freiräume genießt, ob Zeit für informelle Kontakte zu Kollegen da ist, ob die Vertrauensbasis stimmt.

Was kann ein Chef tun, um das Betriebsklima zu fördern? Zum Beispiel: nicht penibel die Arbeitszeiten erfassen, sondern darauf vertrauen, dass die Mitarbeiter ihre Arbeit tun. Egal, ob sie dafür um sechs Uhr morgens kommen und um fünfzehn Uhr wieder gehen, ob sie als Langschläfer spät kommen und lange bleiben oder ob sie sich eine ausführliche Mittagspause gönnen, in der sie noch die Kinder von der Schule abholen. Die Vertrauensarbeitszeit ist bei uns ein wichtiges Instrument dafür, den Mitarbeitern Freiraum und Eigenverantwortung zu geben. Was wiederum fürs Betriebsklima enorm wichtig ist.

Damit die Mitarbeiter zwischendurch mal entspannen können, stehen bei uns in der Produktionshalle eine Tischtennisplatte, ein Dartspiel, ein Boxsack und ein Tischkicker. Die Sportgeräte dürfen auch während der Arbeitszeit gerne zu einem freundschaftlichen Match gegen einen Kollegen genutzt werden. Das hat gleich zwei Vorteile: Wer eine Arbeit macht, bei der er sich stark konzentrieren muss, bekommt so den Kopf wieder frei. Und außerdem tut es dem Verhältnis zu den Kollegen gut.

Viele solcher Kleinigkeiten machen ein gutes Betriebsklima aus. Zusammen mit einem Bewusstsein für den Sinn der Arbeit und der Möglichkeit, sich individuell in die Breite oder in die Tiefe weiterzuentwickeln, sorgt das für Freude an der Arbeit und dafür, dass die Mitarbeiter eine starke Bindung zum Betrieb entwickeln. Natürlich muss auch die monetäre Seite dem entsprechen, was sie investiert haben und leisten. Das Geld ist aber immer nur ein Hygienefaktor.

Wenn es aber keine Karrierestufen mehr gibt, hat dann nicht der Entscheidungsträger im Unternehmen gar nichts mehr zu sagen? Was passiert eigentlich, wenn der Anführer fehlt und nicht mehr führt? Treibt dann das „Boot Unternehmen" nicht orientierungslos umher? Wie kann dies vermieden werden?

Kapitel 10

Teeküche: Wie Fortschritte gemacht werden, wenn der Chef machtlos ist

D er Umzug ist in vollem Gang. Links von mir bauen zwei Mitarbeiter mobile Trennwände auf, rechts fährt vorsichtig ein Gabelstapler mit einer Ladung Hochregalträger vorbei.

Moment mal. Hochregalträger? Wozu brauchen wir die denn?

Ich folge dem Gabelstapler bis in den hinteren Bereich des Neubaus. Was ich da sehe, haut mich fast um. Hier wird gerade eifrig ein Regallager aufgebaut!

Ich winke zwei Mitarbeiter zu mir: „Frau Matuschek, Herr Grissler, sagen Sie, was wird denn das hier?"

„Das neue zentrale Materiallager für den Bereich Textil", antwortet Herr Grissler stolz.

Meine Stirn legt sich in Falten. „Aber wir waren uns doch einig, dass wir kein Lager mehr haben wollen! Schon gar kein zentrales! Wir tun doch alles, um zu dezentralisieren." Ich merke, dass ich lauter werde. Die beiden Mitarbeiter schauen mich verdattert an. Ich atme tief durch und zwinge mich, ruhig zu bleiben.

„Kurz vor Weihnachten haben wir doch über die Ziele des Umzugs gesprochen. Ich habe erklärt, warum es so wichtig ist, dass wir uns ohne Lager aufstellen. Dass wir alle Vormaterialien gleich sortenrein auf die Arbeitsplätze verteilen, damit Sie immer den Überblick darüber haben, was noch da ist, und damit wir uns Transportwege ersparen. Und Sie alle haben eifrig genickt und mitdiskutiert. Über die Details der Produktion, wo welche Organisationseinheit hinkommt und wie wir es schaffen, die Vormaterialien immer rechtzeitig am Arbeitsplatz zu haben. Ich dachte, Sie hätten verstanden, worauf ich hinauswill!"

Herr Grissler und Frau Matuschek wechseln einen betroffenen Blick.

„Ja, wissen Sie, Herr Lohmann", erklärt Frau Matuschek, „wir haben uns gedacht, wenn man von den Zulieferern große Mengen auf einmal bestellt, ist das viel günstiger. Und dann müssen wir das Material ja irgendwo unterbringen, bis es gebraucht wird, nicht?"

„Sie sagen doch immer, wir sollen uns selbst organisieren", ergänzt Herr Grissler selbstbewusst. „Und das haben wir getan!"

„Ja, das haben Sie wohl", seufze ich.

So ein Mist. Weil ich glaubte, die Mitarbeiter hätten mein Konzept verstanden und würden es mittragen, habe ich mir die Layouts zur Planung der Werkhalle, die sie entworfen hatten, gar nicht mehr genau angeschaut. Und jetzt haben sie ein Lager gebaut, das ich nie wollte, das ich sogar für ausgesprochen kontraproduktiv halte. Nun steht es da, schon fast fertig. Das noch mal abzubauen würde die Mitarbeiter richtig frustrieren und etliche Stunden Zeit kosten.

Ich könnte mir die Haare raufen. Aus meiner Sicht ist dieser Teil des Umzugs komplett schiefgegangen. Aber die Mitarbeiter haben halt ihre eigene Sicht.

„Zeigen Sie mir, wo Sie welchen Bereich vorgesehen haben", fordere ich die beiden auf. Sie führen mich herum und zeigen mir Arbeitsplätze, Wege, Lager, Versandrampe. Hm. Nicht das, was ich geplant und entworfen hätte, aber offensichtlich haben sie sich etwas dabei gedacht.

Herr Grissler sieht mich von der Seite an. „Sollen wir alles noch mal umbauen?", fragt er mit deutlichem Frust in der Stimme.

„Darüber muss ich noch einen Moment nachdenken. – Nein. Nein, Sie haben das so geplant, wie Sie es für richtig gehalten haben. Also lassen wir das erstmal so. Sagen wir für sechs Monate. In dieser Zeit können wir sehen, ob Ihr System funktioniert. Wenn ja, behalten wir es bei, wenn nicht, bauen wir halt noch mal um."

Ohnmacht an der Spitze

Macht abzugeben ist eine große Entlastung für den Chef. Die Mitarbeiter organisieren ihren Bereich selbst, treffen eigenständige Entscheidungen. Der Chef muss nicht mehr überall seine Finger drin haben. Er wird nicht ständig um Rat gefragt und um Entscheidungen gebeten. Er muss sich nicht mit jedem Detail im Betrieb beschäftigen, nicht ständig in jedem Bereich auf dem neuesten Stand der Dinge sein. Dadurch gewinnt er große Freiheit.

Und die Mitarbeiter gewinnen Freiraum. Sie eignen sich das Wissen an, das sie für ihren Aufgabenbereich brauchen, und entwickeln eigene Lösungen und Ideen. Damit bringen sie den Laden voran. Meistens jedenfalls.

Aber eben nicht immer. Dass der Chef auf Kontrolle verzichtet, hat auch seine Kehrseite: Die Mitarbeiter entscheiden nach ihrem Kenntnisstand und ihrem eigenen besten Wissen und Gewissen. Und ihre Ansichten stimmen nun mal nicht unbedingt mit denen ihres Chefs überein. Also kann sich das, was die Mitarbeiter tun und wie sie es tun von der Denkweise und den Plänen des Unternehmers deutlich unterscheiden. Manchmal sind ihre Entscheidungen sogar den vom Chef ins Auge gefassten Zielen des Unternehmens diametral entgegengesetzt.

Zum Beispiel, wenn das Unternehmen auf schnelle, effiziente Bearbeitung von Aufträgen abzielt und in diesem Bereich der Beste werden will, die Arbeitnehmer aber stattdessen um jeden Preis die Kosten senken wollen und so zwangsläufig eher langsamer werden. Oder wenn das Unternehmen dezentral angelegt ist und die Mitarbeiter durch die Hintertür wieder zentrale Strukturen reinbringen.

Da steckt keine böse Absicht dahinter. Aber es passiert.

In solchen Fällen ist der Chef eines Beta-Unternehmens wirklich machtlos. Wenn ihm etwas nicht passt, kann er nicht eingreifen. Um genau zu sein: Natürlich könnte er schon eingreifen; formell hat er jedes Recht dazu. Schließlich ist er der Geschäftsführer und könnte sein Veto einlegen und die Bremse ziehen: „Nein, so wie ihr das geplant habt, will ich das nicht. Wir machen das anders."

Aber wenn sich der Chef für einen Führungsstil entschieden hat, bei dem er die Macht bewusst in die Hände der Mitarbeiter übergibt, darf er diese nicht nach Belieben wieder an sich reißen. Auch dann nicht, wenn seine Mitarbeiter hin und wieder eine Entscheidung treffen, die ihm wehtut. Sonst würde sich ihre Macht ja nur darauf beschränken, sich für genau das zu entscheiden, was der Chef ohnehin will. Sie würden natürlich schnell merken, dass sie dann keine echte Verantwortung tragen, sondern nur als Marionetten agieren. Die Aufforderung an die Mitarbeiter, mitzudenken und Verantwortung zu übernehmen, würde sich sofort als Lachnummer entpuppen.

Vergessen Sie nicht: Es ist ein gutes Stück Arbeit, die notwendigen Strukturen dafür zu schaffen, dass die Mitarbeiter ihre Entscheidungen selbst treffen können und jederzeit an die relevanten Informationen kommen. Es braucht außerdem einige Jahre, die Menschen davon zu überzeugen und daran zu gewöhnen, dass sie wirklich selbst die Entscheidungen treffen dürfen und auch die Verantwortung dafür tragen müssen. Mit einem einzigen Eingriff des Chefs, der ihn wieder als Ober Mufti installiert, würde die ganze Aufbauarbeit wieder zunichte gemacht.

Wenn es also in einem dezentral geführten Unternehmen nicht so läuft, wie sich der Geschäftsführer das vorgestellt hat, muss er sich am Riemen reißen. Schließlich hat er sich mit gutem Grund zu einem Führungsstil entschlossen, der die Mitarbeiter in Entscheidungsprozesse einbezieht und ihnen weitreichende Verantwortung überträgt. Diese Entscheidung aber braucht in der Folge eine ruhige Hand und kein nervöses Herumreißen am Steuer – heute so und morgen anders, dies dürft ihr entscheiden, jenes aber nun doch lieber nicht.

Die Entscheidung ist grundsätzlich: Entweder der Chef pflegt den alten Führungsstil und positioniert sich als Alpha-Tier. Er leitet ein hierarchisch strukturiertes Unternehmen und lenkt es über die Werkzeuge Weisung und Kontrolle. Dann läuft im Optimalfall alles genau so, wie er es haben will – aber es läuft auch nichts anderes. Die Mitarbeiter ergreifen keine Eigeninitiative. Der Chef erlebt keine bösen Überraschungen – aber auch keine positiven. Das Unternehmen läuft bestenfalls gleichmäßig, es entwickelt keine Eigendynamik. Das Ergebnis: Langeweile. Der Fortschritt des Unternehmens verläuft, wenn es gut läuft, linear.

Oder der Chef entscheidet sich für einen modernen Führungsstil. Einen, bei dem jeder Mitarbeiter selbst die Verantwortung für sein Umfeld trägt. Das lässt Raum für kreative Lösungen, und es entstehen Initiativen, die sich der Chef nicht einmal hätte erträumen können. Der Fortschritt des Unternehmens kann, wenn es gut läuft, exponentiell steigen. Dazu muss der Chef aber auch wirklich die Hände bei sich behalten. Auch wenn die Mitarbeiter Mist bauen.

Ich habe anlässlich des Umzugs meines Unternehmens das Führungsmodell mit selbstständig entscheidenden Mitarbeitern zementiert. Und mir in der Situation mit dem Hochregallager gesagt: Wer weiß, vielleicht hat die Lösung der Mitarbeiter ja auch Vorteile. Ich muss ja nicht in jedem Punkt recht haben. Warten wir ab, was es bringt.

Aber es stehen ja nicht immer nur Missverständnisse und unterschiedliche Auffassungen darüber, wie das Unternehmensziel erreicht werden kann, dahinter, wenn dem Chef das Verhalten seiner Mitarbeiter gegen den Strich geht. In der Regel handeln die Mitarbeiter zwar in bestem Willen fürs Wohl der Firma oder zumindest für das, was sie als das Wohl der Firma ansehen. Aber nicht immer ...

***

„Herr Lohmann, ich möchte Ihnen was zeigen." Udo Sauer winkt mich an den Computer, der in der Produktionshalle steht. Etwas verwundert bemerke ich, dass er seine Hände zu Fäusten ballt und spreizt. Immer wieder.

„Gehen Sie doch mal im Browser auf den Verlauf."

Ich klicke den Menüpunkt an und starre verwundert auf die lange Liste. „Das war aber nicht alles für die Firma! Hier hat jemand immer wieder auf Ebay gesurft."

Ich klicke den Link an – und bin sprachlos. Hier laufen mehrere Auktionen, in denen unsere Sicherungsstangen und Gurte verkauft werden. Unter einem Account, der mir nichts sagt.

„Wir verkaufen doch bisher nur auf Bestellung per Anruf, Mail oder schriftlich, oder?", frage ich Herrn Sauer verwundert. „Dass unser Vertrieb sich jetzt auch auf Ebay tummelt, ist mir neu. Und dann so ein merkwürdiger Accountname?"

„Das ist nicht unser Vertrieb", meint Herr Sauer grimmig. „Das ist Claus Bayer. Der schmuggelt die Sachen abends spät aus der Firma – er hat ja den Schlüssel – und dann verscherbelt er sie über Ebay. Das Geld wandert in seine eigene Tasche."

Diebstahl? Und dann auch noch die gestohlene Ware über den Firmen-PC verscherbeln? Das ist dreist!

Ich kann es noch gar nicht fassen. Bayer arbeitet seit anderthalb Jahren bei uns, und ich habe ihm voll vertraut. Er ist Teamleiter für fünf Mitarbeiter. Wenn da was krumm laufen würde, müsste es doch schon längst jemandem aufgefallen sein. Andererseits steht da unleugbar dieses Angebot online, auf dem mir unsere Sicherungsgurte frech ins Gesicht starren.

„Sind Sie sicher, dass es Herr Bayer ist? Hinter diesem Accountnamen könnte sich doch jeder verbergen", frage ich Udo Sauer. Er nickt eifrig.

„In unserem Bereich ist er der Einzige, der einen Firmenschlüssel hat. Und ich habe ihn schon zweimal abends mit einer Riesentasche aus der Halle gehen sehen."

„Warum um alles in der Welt haben Sie nicht schon früher was gesagt?"

Verlegen wirft er mir einen Seitenblick zu. „Er ist doch der Teamleiter. Er hätte mir eine Menge Ärger machen können. Aber gestern hat er mich angebrüllt, dass ich den PC freigeben soll, weil eine von seinen Auktionen gerade abläuft. Da hatte ich die Nase endgültig voll."

Ich drucke Screenshots von den Auktionen aus und stürme damit in mein Büro. Bei Hehlereiverdacht kann Ebay den Account zurückverfolgen. Wenn es wirklich Claus Bayer war, werde ich ihm fristlos kündigen. Und ihn anzeigen.

Missbrauchte Freiheit

Ganz klar: Nicht jeder Mitarbeiter handelt immer in den besten Absichten. In einem Unternehmen gibt es, wie überall anderswo auch, die Egoisten, die Faulen, die Machtgierigen, die Kriminellen. Nicht oft, aber es gibt sie. Das ist kein Problem, das sich nur auf Beta-Unternehmen beschränkt. Auch in einem hierarchisch geführten Unternehmen können Diebstahl und Schmarotzertum vorkommen. Mitarbeiter feiern krank, surfen während der Arbeitszeit auf ihren Lieblings-Webseiten, nehmen Briefumschläge, Druckerpapier und Stifte mit nach Hause. Aber ihnen sind engere Grenzen gesetzt, da Kommen und Gehen registriert werden und ihnen ständig jemand über die Schulter schaut.

Wo die Mitarbeiter nicht kontrolliert werden, haben solche Menschen größere Chancen, mit ihrem schädigenden Verhalten durchzukommen. Wer einen Schlüssel hat, kann sich jederzeit frei in der Firma bewegen und hat die Gelegenheit zu stehlen, zu sabotieren, die Räume und Geräte für private Zwecke zu nutzen ...

Im Fall der gestohlenen Sicherungsgurte hat es fast zwei Monate gedauert, bis dem Dieb das Handwerk gelegt wurde. Bei engerer Führung wären wir ihm wohl schneller auf die Schliche gekommen. Ist das Beta-Unternehmen also ein Tummelplatz für Lumpen und Gauner?

Nein, in dem geschilderten Fall lag das Problem darin, dass wir zwar längst kein hierarchisch aufgebautes Unternehmen mehr waren, aber auch noch kein lupenreines Beta-Unternehmen. Es war ja bereits einigen Mitarbeitern bekannt, dass ihr Teamleiter stiehlt. Die trauten sich nur nicht, die Vorfälle zu melden. Obwohl die Position des Teamleiters bei uns eigentlich eine dienende ist – er erklärt, lernt ein, koordiniert und unterstützt seine Teammitglieder –, hatte sich bei den Mitarbeitern noch die übliche Einstellung erhalten, dass er ein Vorgesetzter ist und damit eine Machtposition ausübt. Offenbar waren da noch genug hierarchische Strukturen in den Köpfen präsent, um die Betroffenen zu lähmen. Es lag also nicht nur an den neuen, liberalen Strukturen, sondern an den Resten von alten Strukturen.

Eltern – Kind, Lehrer – Schüler, Meister – Lehrling, Vorgesetzter –Angestellter. Meist wird das ganze Leben eines Menschen davon bestimmt, dass einer das Sagen hat und der andere nach dessen Willen handeln muss. Wenn er es nicht tut, gibt's kein Fernsehen, schlechte Noten oder eine Abmahnung. Dieses Verhältnis von Boss zu Untergebenem ist tief verankert und lässt sich nicht von heute auf morgen ändern. Nur langsam wird das neue Miteinander auf Augenhöhe verinnerlicht.

Ich bin sicher, sobald ein Unternehmen es schafft, auch die letzten Überbleibsel hierarchischen Denkens abzubauen und auszumerzen, werden die Mitarbeiter über genügend echtes Selbstbewusstsein verfügen, um solche Vorkommnisse schnell ans Licht zu bringen.

Wir haben aus der Erfahrung gelernt. In unserem Unternehmen wurden in allen Bereichen Vertrauens-Ansprechpartner ernannt, an die sich jeder Mitarbeiter wenden kann, wenn er meint, dass sein Vorgesetzter seine Position missbraucht. Auch so niederschmetternde Erfahrungen wie die mit dem Diebstahl in unserer Mitte helfen uns also dabei, besser zu werden.

Es gibt noch weitere Beispiele, in denen die Mitarbeiter nicht immer zum Wohl des Unternehmens handeln. Es fällt ihnen zum Beispiel nicht immer leicht, sich rechtzeitig abzusprechen und ihre privaten und die Firmeninteressen in einen vernünftigen Einklang zu bringen.

Beim Thema Urlaub wird das sichtbar. Obwohl es nichts Neues ist, dass es 30 Urlaubstage pro Jahr gibt und das Jahr am 31. Dezember endet, bekommen die Leute es oft nicht hin, den Urlaub rechtzeitig zu nehmen. Es gibt viele Mitarbeiter, die Mitte Dezember noch zehn Tage Urlaub übrig haben. Dann müssen sie den Rest des Jahres frei nehmen. So stehen die Räume zwischen Weihnachten und Neujahr fast leer. Mir ist es auch einmal passiert, dass ich am Freitag nach Himmelfahrt in die Fabrikhalle kam und sie buchstäblich leer vorfand. Alle Mitarbeiter hatten sich gleichzeitig den Bruckentag freigenommen. Die Produktion stand still. Die Mitarbeiter hatten sich nicht darauf einigen können, wer den Tag frei nehmen durfte und wer zur Arbeit gehen sollte. Also haben sie einfach die Maschinen abgestellt und sich alle ins lange Wochenende verabschiedet. Das hat mich richtig sauer gemacht, denn das war schon nicht mehr nur gedankenlos, sondern purer Egoismus.

Lohnt es sich also überhaupt, den Mitarbeitern in diesem besonderen Maße Vertrauen zu schenken? Schließlich kann es sehr leicht missbraucht werden. In einem System, das auf Kontrolle weitgehend verzichtet, haben die Mitarbeiter auch wesentlich mehr Möglichkeiten, unsozial zu handeln oder gravierende Fehler zu machen. Die möglichen Schäden sind bei einem modernen Führungsstil viel größer als in einem Alpha-Unternehmen, wo der Chef ihnen ständig über die Schulter blickt.

Im schlimmsten Fall gefährdet das die Existenz des Unternehmens und alle Arbeitsplätze. Da muss man sich fragen, ob die Einführung dieses Systems nicht doch unverantwortlich ist.

***

Ein duftender dunkler Strahl schießt aus der Kaffeemaschine in meine Tasse. Während ich warte, schaue ich mich in der Teeküche um. Oh, die Mikrowelle ist neu. Wann ist die denn ausgetauscht worden?

Hinter mir hantiert Frau Hertfeld am Wasserkocher. Als sie meinen Blick bemerkt, sagt sie: „Die Mikrowelle habe ich vor 14 Tagen gekauft. Die alte ließ sich nicht mehr reparieren."

Sie brüht sich ihren Tee auf, druckst ein wenig herum und sagt dann: „Das Problem ist, ich habe gar keine Zahlungsfreigabe."

Von unseren 120 Mitarbeitern haben 20 eine Zahlungsfreigabe, um nötige Anschaffungen für die Allgemeinheit zu treffen – das nötige Arbeitsmaterial für seinen eigenen Bereich bestellt sowieso jeder Mitarbeiter selbst. Diese 20 können selbstständig entscheiden, was sie wann für das Unternehmen einkaufen. Ab einem bestimmten Auftragsvolumen müssen sie einen Kollegen konsultieren, aber ich selbst bleibe da prinzipiell ganz außen vor. Das System funktionierte bisher prima. Nur hat Frau Hertfeld es jetzt offenbar ausgehebelt.

„Wie haben Sie das Problem denn gelöst?", frage ich sie.

„Als ich gesehen habe, dass die Mikrowelle kaputt ist, bin ich zu einem Kollegen gegangen, der eine Zahlungsfreigabe hatte", erzählt sie. „Der hat dann für mich den Stempel druntergesetzt."

„Gute Initiative", sage ich und gebe Zucker in meinen Espresso.

Aber Frau Hertfeld hat noch mehr auf dem Herzen.

„Kann ich nicht auch eine Zahlungsfreigabe haben? Dann muss ich in Zukunft nicht mehr solche Umwege gehen."

Ich nicke. „Kommen Sie doch nachher in mein Büro, dann bekommen Sie die Freigabe", sage ich.

Frau Hertfeld lächelt und prostet mir mit ihrer Teetasse zu.

Warum man sich Vertrauen nicht verdienen kann

Manchmal handeln Mitarbeiter nicht genau nach den Regeln, aber trotzdem zum Nutzen aller. Ich freue mich, Leute zu haben, die viel Eigeninitiative besitzen. Leute, die sehen, was nötig ist, und es unabhängig von bürokratischen Regeln einfach tun. Sie können sich das trauen, weil ich ihnen vertraue.

Und zwar nicht nur den Leuten, die bewiesen haben, dass sie vertrauenswürdig sind. Das wäre kein Vertrauen mehr, sondern Gewissheit. Bei uns haben nicht diejenigen Mitarbeiter eine Zahlungsfreigabe, die sich bereits als absolut zuverlässig erwiesen haben, sondern diejenigen, die das benötigen, um sinnvoll arbeiten zu können. Nur so kann der Betrieb glatt laufen. Das tut er auch. Bisher hat noch niemand eine Zahlungsfreigabe missbraucht.

Und wenn es doch einmal passiert?

Dann werde ich natürlich handeln. Missverstehen Sie mich nicht: Einen Vertrauensvorschuss zu geben heißt nicht, blind zu sein. Ich schaue durchaus genau hin, was die Leute mit meinem Vertrauen anfangen. Und wenn jemand es missbraucht, ist es meine Pflicht, zu reagieren. Ich ziehe Konsequenzen. Frühzeitig. Dann bekommt derjenige eben andere Aufgaben, wird dorthin versetzt, wo er keinen Schaden anrichten kann. Dort hat er die Chance, in die Vertrauensposition hineinzuwachsen. Bewährt er sich nicht und handelt er weiter nur auf eigene Rechnung, verliert er seine Stelle und hat im Extremfall sogar noch eine Klage am Hals. Rasch und konsequent. Alles andere wäre fahrlässig. Ein Unternehmer, der beide Augen zudrückt, fährt seine Firma über kurz oder lang an die Wand.

Aber bis zum Beweis des Gegenteils vertraue ich den Mitarbeitern. Und das lohnt sich. Denn nur so entwickeln diese Eigeninitiative. Sie tun, was sie für richtig halten, weil sie ihrerseits darauf vertrauen, dass ich ihre Entscheidungen akzeptiere. Das Vertrauen wirkt gegenseitig.

So gewinne ich Gesprächspartner auf Augenhöhe. Wenn Umstellungen anstehen, kann ich mit den Mitarbeitern frei diskutieren. Sie sagen mir offen ihre Meinung und trauen sich, ihre Ideen mit mir zu teilen. Das hat den enormen Vorteil, dass sich nicht nur eine einzige Person – der Chef – mit einem Thema oder Problem beschäftigt, sondern gleich fünf oder sechs Leute. Das ist fünf- oder sechsmal so viel kreatives Potenzial, Wissen, Handlungskompetenz. Ja, eigentlich noch viel mehr, denn gerade beim Planen gilt: 1 + 1 = 3.

So manche Idee, die in einem einzelnen Gehirn entstanden ist, entwickelt sich im Gespräch mit anderen weiter, wird überprüft und verbessert, erzeugt neue Ideen. Diese Gespräche sind enorm anregend und fruchtbar. Am meisten dann, wenn sie informell stattfinden. Eben nicht bei Meetings und offiziell geplanten Kreativrunden, sondern über einer Tasse Kaffee in der Pause.

Und noch einen Vorteil gibt es: Die Mitarbeiter warten nicht darauf, dass ich ihnen sage: „Überlegen Sie sich doch schon mal, wie man dieses oder jenes lösen könnte." Nein. Sobald sie den Bedarf sehen, fangen sie selbstständig an, sich Gedanken zu machen und sich zu informieren. Sie nutzen die eigens eingerichtete Bibliothek, um Hintergrundinfos zu bekommen. Sie organisieren wenn nötig sogar Fortbildungen. Bis ich auch soweit bin, mich mit einem Thema oder anstehenden Problem zu befassen, gibt es in der Belegschaft garantiert schon eine Handvoll Experten genau dafür. Sie entwickeln Kompetenz – ganz auf eigene Faust.

Wenn in einem Alpha-Unternehmen eine große Umstrukturierung geplant ist, holt sich der Chef einen Stab von Leuten zusammen – Unternehmensberater, Bereichsleiter, Architekten. Dann wird gegrübelt, getüftelt und getagt. Das kostet eine Menge Zeit und Geld. Zuletzt setzt der Chef das Ergebnis den Mitarbeitern vor: „Baut das Lager so und so." Also setzen die das um. Ohne sich für das Warum und Wofür zu interessieren. Wenn der Chef Glück hat, haken sie nach, wenn sie etwas nicht verstanden haben. Wenn er Pech hat, tun sie nicht einmal das, sondern wursteln sich durch und liefern halbgare Ergebnisse ab.

Aber wenn die Mitarbeiter ans selbstständige Arbeiten und Denken gewöhnt sind, braucht ihnen der Chef nur zu sagen: „Wir bauen aus, um dieses und jenes zu erreichen." Dann sind die Mitarbeiter an der Reihe. Sie fragen nach dem Warum und entwickeln eigene, kreative Lösungen für das Wie. Der Chef muss nicht für seine Leute denken. Das tun sie selbst.

Wenn mit verschiedenen Brillen auf ein Thema geschaut wird, können Lösungsansätze aus verschiedenen Richtungen entwickelt werden. Das Spektrum an Ideen ist viel breiter gefächert, als wenn sich einer allein in den Untiefen eines Problems verliert. Der Preis für das Mehr an kreativem Potenzial und Handlungskompetenz ist, dass das Ergebnis manchmal in eine Richtung weist, die der Unternehmer nicht beabsichtigt hat. Es ist nun mal so: Wenn ein Chef andere Menschen zum Denken anregt, ist es wahrscheinlich, dass nicht alle so denken wie er. Deshalb muss er sich immer wieder im Arbeitsalltag von seinen eigenen Plänen und Vorstellungen verabschieden. Das muss so sein und ist auch ganz in Ordnung so. Ein Chef kann seinen Mitarbeitern nun mal nicht allen Ernstes Verantwortung übergeben und gleichzeitig davon ausgehen, dass alles genauso läuft, wie er es sich vorstellt. Genauso wenig wie man den Kuchen nicht essen und ihn gleichzeitig behalten kann.

Für den Chef bedeutet das, dass er lernen muss, gelassen mit den unvorhergesehenen Effekten umzugehen. Manchmal gibt es einen Fortschritt in die falsche Richtung: Das Unternehmen macht einen Schritt, die Unternehmensführung stellt fest, dass das ein Fehler war, und veranlasst sofort, dass der Kurs korrigiert wird. Das geschieht viel schneller und dynamischer, als wenn ein schwerfälliger Entscheidungsapparat die Richtung festlegt. Die vielen kreativen Mitarbeiter probieren eine Menge unterschiedlicher Sachen aus und kommen so – manchmal eben über eine Versuch-und-Irrtum-Schleife – viel schneller auf diejenige Lösung, die eine echte Verbesserung bringt.

Ein weiterer Vorteil: Wenn viele Leute zur Verfügung stehen, um über Verbesserungen nachzudenken, können gleichzeitig mehrere Optimierungsprozesse nebeneinander laufen. Dieses Jahr haben wir parallel sieben Verbesserungsprozesse angestoßen. Einen für jede der vier Produktionslinien und einen übergeordneten für alle Linien. Dazu einen im Verkauf und einen in der Disposition. Alle Prozesse verfolgen zwei übergeordnete Ziele: die Marktposition verbessern und die Auslieferzeit deutlich verringern. Weil das so einfache, klare Ziele sind, hat jeder Mitarbeiter sie im Kopf. Und weil sie in den verschiedenen Bereichen parallel verfolgt werden, geht es extrem schnell voran.

Für jeden dieser Optimierungsprozesse hat sich ein Team zusammengefunden, das alleine für sich arbeitet. Es gibt kaum formelle Gesamtmeetings, bei denen über die Arbeit und die Ergebnisse der jeweils anderen Teams berichtet wird. Keiner weiß von allen Bereichen alles – auch ich nicht. Wie einzelne Aufklärungsboote sind die Teams auf hoher See unterwegs, um Neuland zu entdecken.

Aber birgt dieses Vorgehen nicht die Gefahr, dass die einzelnen Schiffe kollidieren? Nein, denn es hat sich schnell gezeigt, dass die Mitarbeiter sich jene Informationen holen, die sie wirklich brauchen. Wenn es Informationen aus einem anderen Bereich sind, fragen sie einander in der Teeküche danach, zwischen zwei Schlucken Kaffee. Das funktioniert! Die Schiffe stehen untereinander in losem Funkkontakt. Und niemand vergeudet seine Zeit in langweiligen Meetings. Dadurch passiert unheimlich viel in kurzer Zeit.

Jede Gruppe entwickelt ihre eigenen Lösungen, die alle parallel ins System eingeführt werden. Und zwar ungefiltert. Ich werde mich hüten, die Lösungsansätze der Teams zu kontrollieren und zu entscheiden, was davon sinnvoll ist und was nicht! Nein, ob eine Lösung gut ist, stellen wir fest, indem wir sie ausprobieren.

Man sollte denken, dass da widersprüchliche Lösungsideen umgesetzt werden, die einander sabotieren. Dass zum Beispiel das eine Team bestimmte Fertigungselemente bei der Maschine A lagert und das andere Team sie zum Gerät B räumt. So etwas kommt in Einzelfällen vor. Aber dann reden die Leute einfach miteinander und finden schnell eine praktikable Lösung, die beiden Teams ins Konzept passt.

Viel häufiger kommt das Gegenteil vor! Ein Team sieht plötzlich die Fertigungselemente neben der Maschine A stehen und sagt: „Hey, super! Genau das brauchen wir." So entstehen positive Wechselwirkungen zwischen den verschiedenen Lösungsansätzen, die ich mir nie erträumt hätte.

Und wir sind schnell. Viel schneller, als ich es mir erhofft habe. Einmal hatten wir uns das ehrgeizige Ziel gesetzt, die damals geltenden Lieferzeiten von drei bis fünf Tagen auf nur 24 Stunden zu reduzieren. Für die nötigen Umstrukturierungen gaben wir uns sechs bis acht Monate Zeit. Dieser mit viel Optimismus gesetzte Termin wurde sogar noch unterboten: Schon nach fünf Monaten hatten wir das Ziel erreicht.

Ich bin überzeugt: In einem hierarchisch geführten Unternehmen würde eine Beschleunigung der Lieferzeiten dieser Größenordnung zwei Jahre in Anspruch nehmen. Das ist keine aus der Luft gegriffene Behauptung. Ich weiß noch gut, wie lange Veränderungsprozesse gedauert haben, als ich noch bei einem Automobilzulieferer gearbeitet habe. Eine Schnecke wäre ein Sprinter dagegen.

Und ich weiß noch gut, wie lange so ein Prozess noch vor drei bis vier Jahren in unserem Unternehmen gedauert hätte: doppelt so lange wie heute. Damals lag die Macht zwar nicht mehr allein bei mir, sie war aber erst auf wenige Schultern verteilt – die Raupe hatte sich zwar schon verpuppt, aber der Schmetterling war noch nicht geschlüpft. Es gab weniger Menschen, die eine gemeinsame Vision verinnerlicht hatten als heute. Weniger Mitarbeiter verfügten über alle Informationen, weniger hatten die Vollmacht zum Handeln.

Heute sind praktisch alle Mitarbeiter unseres Unternehmens an den Umstrukturierungen beteiligt. Und das wirkt sich aufs Tempo aus. Es geschieht so viel, und so viel gleichzeitig, dass mir vom Zuschauen beinahe schwindlig wird.

Ich bin dabei machtlos. Im wörtlichen Sinn. Denn nicht ich stoße in der Regel die Veränderungen an, sondern die Mitarbeiter. Wiegt also diese gesammelte Kompetenz die herben Rückschläge auf?

***

Mit verschränkten Armen und vorgeschobenem Unterkiefer steht Viktor Ostermann im Büro des Produktionsleiters Max Flegler. Ich halte mich im Hintergrund. Das hier ist die Angelegenheit von Herrn Flegler; aber ich wollte dabei sein, weil es mich auch betrifft.

„Bedauerlicherweise muss ich Ihnen kündigen", sagt der Produktionsleiter. „Es tut mir wirklich leid, dass es so weit gekommen ist. Aber Ihr Verhalten gegenüber Ihrem Team war wirklich inakzeptabel."

Das ist noch ein milder Ausdruck. Herr Ostermann war Teamleiter bei uns in der Produktion. Zum Teamleiter wird jemand, der sich mit mehreren verschiedenen Maschinen auskennt. Seine Aufgabe ist es, den Mitarbeitern, die dort arbeiten, zu zeigen, wie die Maschinen bedient werden. Wenn ein neues Bauteil hergestellt werden soll, zeigt er ihnen, wie das geht, und montiert das erste Stück als Anschauungsmaterial und Qualitätsstandard. Und er beobachtet, ob die Mitarbeiter ihre Aufgaben erfüllen können. Wenn nicht, schaut er, woran es liegt und wie er sie unterstützen kann. Ein Teamleiter hat bei uns also hauptsächlich eine unterstützende Funktion.

Aber Herr Ostermann kam aus einer stark hierarchisch geprägten Firma zu uns und begriff seine Stellung als Machtposition. Und die hat er ausgekostet. Wenn ein Mitarbeiter seine Aufgaben nicht erledigen konnte, hat er ihn angebrüllt, statt ihn zu fragen, woran es hapert. Er hat seine Mitarbeiter bei jeder sich bietenden Gelegenheit schikaniert.

Schon an diesem Punkt hätten wir eingreifen und ihm eine andere Position zuweisen müssen. Doch wir haben seinem Wort viel zu lange vertraut. Oft genug hatte ich „kommt nicht wieder vor" von ihm gehört. Und eigentlich ist er ein herzensguter Mensch. Er war mit der Stelle des Teamleiters einfach überfordert. Aber das haben wir zu spät realisiert.

Dann eskalierte die Situation. Mehrere Zeugen schilderten die Szene so:

Florian Gruber, einer der Mitarbeiter aus Ostermanns Team, legte sich sorgfältig die Teile für seine Montage zurecht. Da kam Herr Ostermann dazu, warf einen Blick auf die Arbeit und fragte ärgerlich:

„Ich habe doch gesagt, erst die Manschette an die Stange schrauben und dann den Arretierungsbolzen! Warum machst du das nicht so, wie ich es gesagt habe?"

„So herum geht es schneller. Das habe ich mir ausgedacht", sagte Florian Gruber stolz. Da schrie ihn Ostermann an:

„Du bist hier nicht zum Denken, sondern zum Schaffen!"

„Manche Leute können beides gleichzeitig, das ist für dich wohl ganz neu!", blaffte Gruber zurück.

Ostermann lief knallrot an – und dann stieß er Gruber die Faust ins Gesicht. Der schlug zurück, und es entwickelte sich tatsächlich eine Prügelei in der Produktionshalle! Die Kollegen mussten dazwischengehen und die beiden trennen.

Dass ein Vorgesetzter einen Untergebenen schlägt, ist völlig indiskutabel. Als der Vorfall dem Produktionsleiter und mir berichtet wurde, war uns klar: Wir waren doppelt machtlos. Wir hatten Ostermann offenbar nicht daran hindern können, sich so zu verhalten, wie er es getan hat. Und nun hatte Max Flegler keine andere Option mehr, er musste ihm kündigen.

Als Ostermann das Büro verlässt, atme ich tief durch und trete ans Fenster. Ich höre, wie Herr Flegler sich schwer in seinen Stuhl fallen lässt. Nach einigen Momenten der Stille sagt er ernst: „Das wird mir nicht noch einmal passieren. In Zukunft greife ich viel früher ein – damit mein Handlungsspielraum nicht zu eng wird. Ich will, dass alle anderen Mitarbeiter davor geschützt sind, dass ihnen dasselbe passiert wie Herrn Ostermann. Ich will niemanden mehr entlassen müssen."

Warum Rückschläge Fortschritte sind

Der Lerneffekt, der aus jedem Rückschlag erwächst, macht das Team stärker und bringt schlussendlich das Unternehmen voran. Wenn man dagegen jeden Fehler vermeidet und jedem Rückschlag geschickt ausweicht, hat man auch keine Möglichkeit zu lernen. So entsteht Stillstand.

Daher sind Rückschläge, wenn sie richtig aufgearbeitet werden, in Wahrheit Fortschritte. Natürlich nur, wenn aus den Fehlern auch tatsächlich die richtigen Schlüsse gezogen und diese dann auch konsequent umgesetzt werden.

Deshalb: Die Macht gehört an die Wurzeln. Nur dort kann sie sich in optimaler Weise auswirken. Nur vor Ort und von den unmittelbar Beteiligten kann dauerhaft Fortschritt erzielt werden. Denn Macht ist gekoppelt an Information. Wer als erster die Informationen hat, entscheidet. Ob das die Mitarbeiterin ist, die entdeckt, dass die Mikrowelle nicht mehr funktioniert, oder derjenige, der eine Bestellung annimmt und ein passendes Angebot an den Kunden erstellt. Es ist sinnvoll, dass dezentral entschieden wird, sobald irgendwo eine Information eingeht.

Dabei passieren manchmal Fehler. Das gehört dazu. Viel schlimmer als ein gelegentlich auftretender Fehler ist aber, wenn zu spät entschieden wird – oder gar nicht.

In einer Pyramidenstruktur werden alle Entscheidungen an den Chef delegiert. Schon die Anfragen brauchen ihre Zeit. Dann muss er die nötigen Informationen erhalten und verarbeiten, bevor er entscheidet. Er hat aber nicht nur diese eine Entscheidung zu treffen, sondern für viele verschiedene Bereiche. Zu jeder muss er sich Gedanken machen, muss planen und abwägen. Er ist der Flaschenhals. Viele Entscheidungen bleiben also liegen, weil der Chef keine Zeit hat, sich darum zu kümmern. Die weniger wichtigen verschiebt er auf nächsten Monat, nächstes Jahr oder gleich auf den St. Nimmerleinstag.

Selbst wenn der Chef die Entscheidung dann fällt, ist nicht garantiert, dass es eine gute ist. Er hat die Informationen ja nur aus zweiter oder dritter Hand. Und, Hand aufs Herz: Ist es so ein großer Unterschied, ob der Chef einen Fehler macht oder die Mitarbeiter?

Nein, die Firma kommt viel schneller und effizienter voran, wenn der Chef machtlos ist.

Wenn er aber nicht entscheidet und dirigiert – was tut der Chef dann den ganzen Tag?

Kapitel 11

Parkplatz: Was der Chef zu tun hat, wenn die Hierarchie auf dem Kopf steht

Z ack – die Unterlagen landen im Papierkorb. Was als nächstes? Ich schaue mich im Büro um: Die Schreibtischfläche ist leer, es gibt keinen einzigen „To-do"-Stapel mehr! Nur ein paar Stifte und Radiergummis haben die Räumaktion überlebt. Ich mache mich an das, was in den Schubladen verborgen liegt. Fünf Minuten später bin ich bei der untersten angekommen. Auch diese Dokumente finden ihren Weg in den finalen Ablageplatz. Ich brauche sie nicht mehr, denn sie beziehen sich auf den Optimierungsprozess, den jetzt die beiden Leiter der Linie B koordinieren. Und die haben ihr eigenes Arbeitsmaterial.

Es ist 2009. Die Wirtschaftskrise nimmt das Unternehmen mit, aber Krisenmanagement muss ich nicht betreiben. Meine Mitarbeiter organisieren sich selbst; seit sie wissen, dass die Auftragslage angespannt ist, sparen sie aus eigener Initiative, wo es nur geht. Da die Produktion nicht voll ausgelastet ist, verwenden die Mitarbeiter freie Zeiten zum Aufräumen, zum Verbessern und für Umstrukturierungen. Sie bereiten sich darauf vor, dass es demnächst wieder aufwärts geht. Jetzt haben sie die Gelegenheit, all die Dinge zu erledigen, die sonst in der Hektik liegenbleiben. Wie zum Beispiel den Verbesserungsprozess bei der Linie B.

Und ich? Was habe ich zu tun? All das läuft auch ohne mich. Solange der Laden brummte, war ich hier und da und dort gefordert, um Prozesse zu initiieren und um als Ansprechpartner zur Verfügung zu stehen, wenn es Probleme und Unklarheiten gab. Das alles ist gerade nicht nötig, denn die Mitarbeiter nutzen von allein ihre frei gewordene Zeit. Ich tigere in meinem Büro herum, gieße die Pflanzen und zupfe ein paar welke Blätter vom Benjamini. Das ist aber keine Tagesbeschäftigung. Ich fühle mich überflüssig. Dabei bin ich doch Unternehmer geworden, um nie wieder arbeitslos zu sein!

Am Fenster bleibe ich stehen und schaue auf das Fabrikgelände hinaus. Viel zu sehen ist außer dem Parkplatz nicht – in dem einzigen großen Gebäude weit und breit stehe ich ja selbst. Das war von Anfang an meine Vision: ein Gebäude mit nur einem Stockwerk. Als ich im Unternehmen anfing, war die Firma auf fünf verschiedene Gebäude verteilt, eins davon sogar durch eine Bundesstraße von den anderen getrennt. Ich schaute mir das an und wusste, was ich anders haben wollte: keine kompliziert verwinkelte Anlage, keine räumlich getrennten Abteilungen; keine Hochhäuser mit dem Management ganz oben und der Produktion im Keller. Sondern kurze, direkte Kommunikationswege ohne Hierarchie.

Moment mal. Damals hatte ich auch viel Zeit zum Nachdenken, so wie jetzt. Und daraus entstand diese Vision, die wir inzwischen umgesetzt haben. Warum soll ich nicht jetzt meinen Freiraum nutzen, um neue Visionen zu entwickeln?

Ich besorge mir frisches Papier, setze mich wieder an meinen Schreibtisch und hole den Stift heraus. Ich bin nicht arbeitslos, sondern habe jede Menge Arbeit. Sogar enorm wichtige, ich habe sie nur in letzter Zeit ein bisschen aus den Augen verloren. Wie gut, dass mich der leere Schreibtisch daran erinnert hat ...

Chefsache Zukunft

Direktive Führung ist in einem Unternehmen, wo die Hierarchie so flach wie ein Topfboden ist, nicht mehr nötig. Das Tagesgeschäft regeln die Mitarbeiter schon von alleine. Und auch alle möglichen Verbesserungsprozesse stoßen sie selbst an. Der Unternehmer braucht also niemandem zu sagen, was er tun soll. Deswegen ist er noch lange nicht überflüssig. Er hat eine Mission, die sonst niemand erfüllen kann.

Es ist die Aufgabe des Chefs, die Stabilität des Unternehmens zu gewährleisten. Es ist wie mit einem Brummkreisel. Der massige Kreiselkörper dreht sich mit hoher Geschwindigkeit um die eigene Achse, doch es ist die Spitze des Kreisels, die alles trägt. Sie ist es, die darüber bestimmt, ob der Kreisel über den Boden tanzt und elegant Hindernisse überwindet oder ob er einen großen Reibungsverlust erleidet und deshalb bald umfällt.

Die erste Aufgabe des Chefs in einem Brummkreisel-Unternehmen ist Risikomanagement. Der Unternehmer überlegt im Voraus: Was könnte passieren, das uns aus dem Gleichgewicht bringt? Und wie begegne ich dem? Zum Beispiel: Was tun wir, wenn ein wichtiger Lieferant plötzlich pleite geht? Haben wir einen Alternativlieferanten? Oder: Was passiert, wenn wir den Hauptkunden verlieren und der Umsatz von einem Monat auf den anderen um die Hälfte zurückgeht? Welche Vorsorgemaßnamen kann ich treffen, damit das Unternehmen so einen Schlag verkraften könnte?

Mit solchen Überlegungen schafft sich ein Unternehmer nach und nach krisenresistente Strukturen. Zum Beispiel wird er nicht allzuviel Kapital in Materialbestellungen binden. Er sorgt für kurze Entscheidungswege, so dass rasch auf Veränderungen reagiert werden kann. Zentraler Bestandteil dieses langfristigen Denkens ist auch die Entwicklung der Mitarbeiter. Natürlich ist das im Wesentlichen die Sache jedes einzelnen Mitarbeiters und des unmittelbaren Vorgesetzten. Der Unternehmer muss und soll sie nicht im Detail steuern. Aber es ist notwendig, dass er Leitlinien festlegt, nach denen die Mitarbeiter sich entwickeln können. Zum Beispiel: hin zu eigenständigem, selbstverantwortlichem Arbeiten. Solche Vorgaben machen das Unternehmen widerstandsfähiger gegen Krisen.

Sein Unternehmen krisenfest zu machen – das ist die eigentliche Aufgabe des Chefs. Und zwar nicht nur für die Art von Krisen, an die jeder sofort als Erstes denkt: Rezession oder ein Einbruch der Nachfrage. Es gibt auch das Gegenteil: Wachstumskrisen. Auch ein Umsatz-Boom muss gemanagt werden! Wenn ein Unternehmen zwei Jahre hintereinander um 30 Prozent wächst, belastet das die Organisation erheblich. Die Mitarbeiter müssen fast doppelt so viel Material verarbeiten wie zwei Jahre zuvor, und auch wenn entsprechend mehr Leute eingestellt werden: Die Räumlichkeiten, die Produktionsstraßen, der Vertrieb, die Organisationsstruktur usw. müssen das mitmachen und rasch angepasst werden. Nicht nur dies kostet viel Geld, das erst noch erwirtschaftet werden muss. Es muss auch mehr Material für die Fertigung eingekauft werden. So kann sich der Kapitalbedarf innerhalb kürzester Zeit leicht verdoppeln. Wehe, wenn dafür nicht genügend Ressourcen bereitgehalten wurden!

Dass gerade Wachstumskrisen zur Insolvenz von Unternehmen führen können, zeigt auch die Statistik: Die meisten Insolvenzen gibt es nicht in einer Wirtschaftskrise, sondern wenn die Talsohle durchschritten ist und es allmählich wieder aufwärts geht. Auch für den Fall eines Booms muss der Unternehmer also vorsorgen und die Strukturen so gestalten, dass sie nötigenfalls schnell und kostengünstig ausgebaut werden können.

Auf diese Weise geht der Unternehmer systematisch die Risiken durch, die dem Unternehmen drohen können, und sorgt so weit es geht vor. Gerade die guten Zeiten, in denen es im Unternehmen wie von selbst läuft, die Kunden einem die Tür einrennen, die Rohstoffpreise niedrig und die Mitarbeiter zufrieden sind, sind für einen Chef gefährlich. Die Versuchung, sich zurückzulehnen und den Erfolg in vollen Zügen zu genießen, ist groß. Besser ist es, Angst zu haben. Angst davor, dass es aller Erfahrung nach nicht ewig so weitergeht. Angst davor, eingelullt von der guten Position des Unternehmens im Markt die ersten Anzeichen für einen bevorstehenden Absturz nicht zu erkennen.

Angst um etwas zu haben ist ein sehr gutes Regulativ. Es sorgt dafür, dass man auch in wirtschaftlich guten Zeiten nicht übermütig wird, sondern seine Planungen weiterhin sorgfältig abwägt. Angst macht nicht nur vorsichtig, sie inspiriert sogar. Die Schwimmweste wurde von jemandem erfunden, der sich Sorgen machte, dass ein Schiff untergehen könnte. Hätte er die mögliche Bedrohung als unrealistisch abgetan, hätte er sich kaum intensiv um eine Lösung für den Ernstfall bemüht. Genauso geht es dem Chef, der sich um sein Unternehmen und seine Mitarbeiter sorgt. Ein bisschen Angst wirkt da Wunder.

Natürlich gibt es eine Grenze für die Motivationskraft der Angst: Sie darf nicht zu groß werden, nicht in Panik umschlagen. Wenn sich jemand in seiner Existenz unmittelbar bedroht fühlt, springen die uralten Instinkte an:

Angriff oder Flucht. Für kreative Überlegungen ist das ganz gewiss nicht die richtige Voraussetzung. Im Gegenteil: Eine entspannte Atmosphäre ist nötig, um die Gedanken treiben und die Seele baumeln zu lassen. Dann entstehen Ideen und entwickeln sich in ganz neue Richtungen. Etwa morgens unter der Dusche. Oder in einem aufgeräumten Büro, in dem keine Papierstapel mehr nach Aufmerksamkeit schreien.

Risikomanagement ist das eine, was in einem Kreisel-Unternehmen Chefsache bleibt. Das zweite ist Zukunftsforschung.

Der Unternehmer überlegt sich: Wie könnte die Welt morgen aussehen? Welche Bedürfnisse werden die Menschen haben? Welche neuen Techniken und Arbeitsmethoden werden uns voraussichtlich zur Verfügung stehen? Er beobachtet die Trends in seinen Absatzmärkten, in der technischen Entwicklung, in den Strukturen des Handels etc. Daraus zieht er Rückschlüsse darauf, welche Bedürfnisse sein Unternehmen in Zukunft erfüllen muss – und macht sich Gedanken, wie er dies gewährleisten kann. So sorgt er dafür vor, dass sein Unternehmen auf das Marktumfeld der Zukunft, wie auch immer es aussehen mag, rasch und angemessen reagieren kann.

Auch eine Phase der wirtschaftlichen Stagnation, in der der Chef nicht vom Tagesgeschehen aufgefressen wird, bietet eine Chance, grundlegend zu überdenken, wo das Unternehmen in den nächsten Jahren und Jahrzehnten hinsteuern soll.

Wie detailliert und konkret diese Zukunftsplanung aussehen muss und wie weit sie in die Zukunft reicht, hängt auch von der Größe eines Unternehmens ab. Je größer, hierarchischer und damit unbeweglicher ein Unternehmen ist, desto langfristiger muss geplant werden. Energiekonzerne zum Beispiel sind solche schwerfälligen Giganten, das liegt in der Natur der Branche: Ein Kraftwerk zu bauen ist eine gewaltige Investition, die sich erst nach mehreren Jahrzehnten Betriebszeit rentiert. Da müssen vor dem Baubeginn Energietyp, Standort und alle möglichen Faktoren sorgfältig bedacht werden. Und dann steht der Klotz da. Und er steht auch dann noch da, wenn sich über Nacht der politische Wind dreht und plötzlich auch die präzistesten Pläne Makulatur geworden sind. Auch Automobilfabriken mit ihren Fertigungsstraßen, Flugzeugbauer oder gigantische Walzwerke investieren Unmengen an Zeit und Entwicklungsarbeit, die sich erst nach Jahrzehnten auszahlen.

Diese Unternehmen sind auf den Märkten unterwegs wie ein gewaltiger Tanker mit einer Zuladefähigkeit von 300.000 Tonnen und mehr. Durch seine Masse hat er ein enormes Trägheitsmoment. Wenn er die Richtung ändern will, braucht er dafür so lange wie der Kapitän zum Mittagessen. Wenn er gar anhalten möchte, muss er einen Bremsweg von bis zu neun Kilometern einplanen. Der Kapitän allein steuert den Koloss. Von seiner Wachsamkeit und seinem Planungstalent hängt ab, ob ein Richtungswechsel rechtzeitig eingeleitet werden kann, wenn sich am Horizont ein Hindernis zeigt. Wenn der Kapitän allerdings immer wieder in den Maschinenraum hinabsteigen muss, um dort nach dem Rechten zu sehen, wird es für ihn besonders stressig, den Tanker durch unsichere Gewässer zu steuern.

Kleinere mittelständische Unternehmen sind im Vergleich dazu wie wendige Schnellboote. Sie haben natürlich nicht dieselbe Motorkraft und nicht dieselbe Tragfähigkeit wie die Ozeanriesen, dafür können sie aber auch wesentlich schneller auf Veränderungen reagieren. Und sie brauchen einen weniger PS-starken Motor, um voranzukommen.

Gibt es denn keine Möglichkeit, ein großes Unternehmen genauso flexibel und wendig zu machen wie ein kleines? Muss ein Konzern mit 40.000 Mitarbeitern immer wie eine monolithische Masse daherkommen?

Nein, auch ein großes Unternehmen kann dieselbe Wendigkeit erlangen wie ein kleines. Wenn Verantwortung auf viele Schultern verteilt wird und die Struktur im Unternehmen so beschaffen ist, dass jeder für seinen eigenen Bereich entscheiden kann, wird aus dem schwerfälligen Tanker eine Vielzahl von kleinen, flinken Booten; jedes mit seinem eigenen Ruderführer. Aus dem Kapitän eines Eisentrumms wird so ein Admiral einer ganzen Flotte. Die einzelnen Bestandteile sind nicht in einem starren System eingeklemmt und fixiert, sondern frei beweglich. Mit den bekannten Vorteilen: Da viele Augen mehr sehen als zwei, können Veränderungen der Umgebung schnell erkannt werden. Die vielen Ruderführer geben einander Signale, und die ganze Flotte kann innerhalb von Sekunden in einem konzertierten Manöver einen perfekten Kurswechsel vornehmen. Von der Fläche her kann so eine Flotte gleich viel Raum einnehmen und gleich viele Personen tragen wie ein Riesentanker.

Übersetzt in den Wirtschaftsbereich heißt das: Ein dezentral organisiertes Unternehmen kann denselben Umsatz erzeugen und dieselbe Anzahl Angestellte haben wie ein börsennotierter Konzern. Aber es ist wesentlich anpassungsfähiger und flexibler.

Wie kann der Unternehmer aus seinem Schwerlastschiff eine wendige Flotte machen? Zum einen: Mitarbeiter heranziehen, die eine hohe Problemlösungskompetenz und Eigeninitiative besitzen. Das zweite ist: Die stabile Struktur schaffen, in der sie diese Kompetenz auch umsetzen können. Stabil heißt hier nicht unbeweglich, sondern ganz im Gegenteil: Die Struktur soll so flexibel sein, dass sie auf Änderungen am Markt schnell reagieren kann. Ist das nicht ein Widerspruch in sich?

Egal, ob morgen blitzschnelle Lieferung gefragt ist, ein individuelles Design für jeden Kunden oder der detaillierte Nachweis einer umweltverträglicher Produktion. Egal, ob die Kunden der Zukunft Wert auf Qualität legen oder doch eher auf einen konkurrenzlos günstigen Preis. Die makroökonomischen Bedingungen kann ein einzelner Unternehmer nicht verändern.

Wohl aber die Fähigkeit seines Unternehmens, damit umzugehen. Wenn die Unternehmensstruktur gut ist, kann sie innerhalb kurzer Zeit die Anforderungen erfüllen, die der neueste Trend stellt. Dazu muss sie sich allerdings selbst ständig verändern. Sie muss neue Arbeitsabläufe einführen und alte abschaffen, Mitarbeiter in einem Prozess zusammenfassen und kurze Zeit später wieder in andere Strukturen aufteilen. Wie bei einem Kreisel, der gerade deswegen nicht kippt, weil er in ständiger Bewegung ist. Der schnell rotierende Kreiselkörper gleicht Unebenheiten im Boden aus. Selbst wenn der Weg ihn über eine Rampe führt, überwindet er das Hindernis. Er bleibt im Gleichgewicht. Ein Kreisel dagegen, der zu langsam ist oder gar stillsteht, kippt um.

Die Aufgabe des Unternehmers dabei ist nicht, jeden einzelnen Prozess zu initiieren. Vielmehr gibt er die Richtung vor, auf die die Prozesse abzielen. Sozusagen den Unternehmenszweck. Und er macht das Finetuning: Wenn sich in den Abläufen des Unternehmens eine Unwucht zeigt, feilt er daran, bis alles wieder in der richtigen Balance ist. Denn nur einen ausgewogenen Kreisel bringt nichts so leicht aus dem Gleichgewicht.

Risikomanagement und Zukunftsforschung: Das sind große, langfristige Aufgaben. Aber die Trennlinie zum operativen Geschäft, das die Mitarbeiter alleine managen, ist nicht immer so ganz eindeutig zu ziehen. Und gilt diese Grenze überhaupt absolut? Oder gibt es doch noch Situationen, in denen der Chef auch ins Tagesgeschäft eingreifen muss?

***

Holger Bügel betritt mein Büro mit leicht hochgezogenen Schultern.

„Hallo, Herr Lohmann, bei dem Projekt mit den Sitzadaptern für Airbus gibt es ein Problem. Ich brauche dringend mehr Ressourcen. Können Sie mir noch drei Ingenieure mehr zur Verfügung stellen? Sie sind doch der einzige, der da durchblickt, wer gerade in welchem Projekt beschäftigt ist."

Ich schiebe die Unterlagen zur Seite, an denen ich gerade arbeite.

„Warum brauchen Sie denn gerade jetzt mehr Ressourcen? Die Entwicklung läuft doch schon seit anderthalb Jahren. Hat sich etwas verändert?"

Herr Bügel nickt und setzt sich auf den freien Stuhl. Mit ausladenden Gesten unterstreicht er seine Schilderung.

„Letzte Woche war ein Vertreter von Airbus da. Der hat sich den Entwicklungsstand angeschaut und zwei Mal nachgefragt, ob die Sitze mit unseren Adaptern auch wirklich nicht wackeln. Er war da skeptisch wegen unseres technischen Entwurfs. Ich habe das Design überprüft und festgestellt: Hundertprozentig können wir es nicht garantieren, dass nichts wackelt. Vielleicht kommen wir noch so weit, aber beim jetzigen Projektstand kann ich das noch nicht sicher sagen. Wenn wir aber noch mal von vorne mit einem neuen Konzept anfangen, verlieren wir anderthalb Jahre Entwicklungsarbeit von sechs Ingenieuren. Und der Adapter muss ja in spätestens anderthalb Jahren fertig sein, wenn der Airbus gebaut werden soll. Sonst sind wir auf die nächsten 30 Jahre draußen aus dem Geschäft. Also möchte ich gerne eine zweite Entwicklungslinie verfolgen. Eine davon wird dann mit Sicherheit wackelfrei."

Mann! Das kann mich aufregen! Ich stehe auf und gehe zum Fenster, damit Herr Bügel meinen Gesichtsausdruck nicht sieht. Für mich ist die Situation klar. Herr Bügel müsste als Projektleiter jetzt eine Entscheidung fällen, die ihm schwerfällt. Ich an seiner Stelle wüsste sofort, wie ich mich entscheide. Aber es ist sein Projekt und daher verdammt noch mal seine Verantwortung. Die will er offenbar gerade auf mich abwälzen.

Ich drehe mich zu ihm um und sage ruhig:

„Herr Bügel, Sie als Projektleiter kennen sich mit den Details am besten aus. Ich bin nicht die richtige Stelle, um zu entscheiden, welches Projekt zurückgestellt wird."

Nur widerwillig verabschiedet sich Herr Bügel aus meinem Büro. Ich mache mich wieder an meine Arbeit. Kurz darauf poppt im Terminkalender eine Nachricht auf: Herr Bügel hat für heute Nachmittag eine Konferenz einberufen, um das Problem zu besprechen. Acht Kollegen lädt er dazu ein.

Also, jetzt reicht es mir! Ich habe mir zwar fest vorgenommen, in die Arbeit der Projektleiter nicht einzugreifen. Aber jetzt kann ich nicht mehr an mich halten.

Ich greife zum Telefonhörer:

„Herr Bügel, die von Ihnen einberufene Konferenz heute Nachmittag ist die völlig falsche Reaktion auf unser Gespräch von eben. Sie halten Ihre Kollegen von ihrer eigentlichen Arbeit ab, indem Sie versuchen, Ihre Aufgaben an ein Gremium zu delegieren. Dabei hat so ein Meeting keinerlei Kompetenz, über Ihr Projekt zu entscheiden. Die haben nur Sie allein!"

Hände weg!

Eine der wichtigsten Anforderungen an einen Chef ist es, die Finger aus dem operativen Geschäft zu lassen. Und sich nicht wieder hineinziehen zu lassen. Unter keinen Umständen. Dieser Versuchung dauerhaft zu widerstehen ist nicht leicht.

Warum ist das so?

Zum einen kommt es vor, dass Mitarbeiter versuchen, operative Aufgaben wieder an den Chef zu delegieren. Meistens dann, wenn sie vor einer Entscheidung stehen, die wehtut. Wenn zum Beispiel die bisherige Entwicklungslinie in die falsche Richtung führt, muss die Notbremse gezogen werden. Wann ist der Zeitpunkt gekommen, um zu sagen: „Das wird nichts mehr?" Oder wenn die Entscheidung im Raum steht, ob dem Kunden ein Endprodukt angeboten wird, das zwar termingerecht, aber mit leichten Mängeln vorliegt, oder eins, das perfekt sein wird, aber erst mit einem Jahr Verspätung kommt. Oder wenn gleichzeitig ein dringender Kundenauftrag, der schon etwas unter Zeitdruck geraten ist, und die Vorbereitung der anstehenden Fachmesse anbrennen. Welches Projekt soll priorisiert werden?

Jede diese Entscheidungen tut weh. Bei jeder muss etwas Wichtiges zurückgestellt werden. Deswegen versuchen manche Projektverantwortliche, sich der unangenehmen Entscheidung zu entziehen und sie an den Chef zu delegieren. Solange alles gut läuft, genießen sie ihre Freiheit, aber wenn etwas daneben geht, fällt es ihnen schwer, die Verantwortung zu tragen. Auch wenn es inkonsequent ist, versuchen sie, dem Chef ein Superhelden-Kostüm in die Hand zu drücken, mit der Bitte: „Rette mich!"

Hier muss der Chef unbedingt dagegenhalten und den Ball wieder dorthin zurückspielen, wo er hingehört: zum eigentlich Verantwortlichen. Seine Herausforderung ist es, seinen Ausflug ins Operative so kurz wie möglich zu gestalten – genau so lange wie er braucht, um zu sagen: „Entscheide du selbst!"

Die Versuchung, das Heldenkostüm tatsächlich überzustreifen, ist für den Chef umso größer, je dringender das Problem ist und je hilfloser sich die Mitarbeiter gebärden. Sie wird dann geradezu unwiderstehlich, wenn der Chef insgeheim der Überzeugung ist, dass er die Entscheidung tatsächlich besser treffen kann als der Mitarbeiter. Wenn er im Hinterkopf schon weiß, wie er sich anstelle des Projektleiters entscheiden würde ...

Bei dem Problem mit den Sitzschienen für Airbus hätte ich zum Beispiel am liebsten sofort gesagt: Wenn das mit dem jetzigen Ansatz nicht wackelfrei machbar ist und das für den Auftraggeber ein wichtiges Kriterium ist, dann muss diese Entwicklungslinie sofort aufgegeben werden. Die investierte Arbeit und Zeit ist sowieso weg. Bloß nicht noch weitere Ressourcen in eine Fehlentwicklung stecken! Jetzt gilt es abzuschätzen, wie lange es bei einem Neustart dauert, bis wir ein verkaufsfertiges Produkt haben. Und ob wir überhaupt je eins haben werden. Wenn die Verspätung gegenüber dem ursprünglichen Zeitplan noch in einem Rahmen ist, den der Auftraggeber akzeptieren kann, dann mach jetzt sofort die Notbremsung. Wenn es mehr als ein Jahr Verspätung geben würde, haben wir keine Chance mehr, beim Airbus-Projekt mitzumachen, dann werden sie einfach andere Sitzadapter verwenden – über die ganze Bauphase. Das wäre für uns ein herber Schlag. Aber wenn der sowieso unvermeidlich ist, stecken wir die Ressourcen lieber in ein anderes Projekt, das profitabel zu werden verspricht.

So weit meine persönliche Meinung. Aber ich werde mich hüten, sie dem Projektleiter aufs Auge zu drücken. Es ist und bleibt seine Entscheidung, nicht meine. Daran halte ich fest, auch wenn es mir weh tut. Auch wenn es in mir brennt und ich ihn am liebsten mit der Nase auf die Entscheidung stoßen würde, die ich für die richtige halte.

Die Annahme des Chefs, dass er Entscheidungen besser, schneller und zielsicherer treffen könnte als seine Mitarbeiter, muss nicht unbedingt ein Irrglaube sein. Oft hat er tatsächlich die höhere Entscheidungskompetenz. Schließlich ist er nicht zuletzt deswegen Chef geworden, weil er gelernt hat, Entscheidungen zu treffen.

Es fällt schwer, das abzugeben, was man selbst gut kann – und noch schwerer, wenn der, an den man es abgibt, es weniger gut kann. Wäre es nicht doch das beste, wenn der Chef in solchen Zweifelsfällen die Entscheidung fürs operative Geschäft kurzfristig wieder übernimmt?

Nein. Denn die Sache hat zwei Haken. Erstens: Das mit der höheren Entscheidungskompetenz ist nicht grenzenlos gültig. Wenn ein einzelner Mitarbeiter mit einer Frage zum Chef kommt, hat der vielleicht eine gute Lösung klar vor Augen. Aber es bleibt ja nicht bei einem einzelnen Superhelden-Einsatz. Wenn der Chef sich erst einmal das wallende Cape umgebunden hat, kommen ständig Mitarbeiter mit ihren unlösbaren Problemen zu ihm. Dann muss der Held nicht mehr nur ein Problem lösen, sondern sieben pro Tag. In so viele verschiedene Themenfelder kann er sich gar nicht eindenken. Dann werden seine Entscheidungen schließlich doch hastig und oberflächlich gefällt – und sind dann sicher nicht besser als die des Projektleiters, der voll im Thema drinsteckt.

Der zweite Haken: Wer seinen Mitarbeitern dieses Hintertürchen offen hält, kann nicht erwarten, dass diese den Mut und die Kompetenz zu eigenen Entscheidungen entwickeln. Es funktioniert auch nicht, die Mitarbeiter erst mal zu schulen und ihnen die Entscheidungsmacht erst dann zu übertragen, wenn man glaubt, dass sie die nötige Kompetenz dafür entwickelt haben. Ein Spiel auf Probe bringt nicht viel. Der Mensch lernt nun mal am besten durch Versuch und Irrtum.

Wer als Unternehmer die Entscheidungskompetenz an die Mitarbeiter delegiert, muss damit rechnen, dass zunächst einmal die getroffenen Entscheidungen tatsächlich schlechter ausfallen als bisher. Der Projektleiter, der eine Fehlentscheidung getroffen hat, trifft beim nächsten Mal wahrscheinlich in der entgegengesetzten Richtung eine Fehlentscheidung. War er einmal zu vorsichtig, wird er beim zweiten Mal zu wagemutig; war er einmal zu starrköpfig, ist die nächste Entscheidung zu nachsichtig. Und beim dritten Mal findet er dann den richtigen Lösungsweg.

Da bringt es auch nichts, von außen ein paar Mitarbeiter anzuwerben, die schon Erfahrung mit selbstbestimmtem Arbeiten haben. Erstens kennen sie die Abläufe in dem neuen Unternehmen nicht, und zweitens muss nicht nur eine Spitzentruppe die Umstrukturierung mitmachen, sondern alle Mitarbeiter. Es nützt nichts, wenn der Voraustrupp eines Siedlertrecks einen Weg durchs Gebirge findet, der Rest mit seinen schweren Wagen und Gepäck ihnen aber nicht folgen kann. Nein, die Umstrukturierung muss von innerhalb des Unternehmens kommen und langsam wachsen.

In der Anfangszeit der Umstellung wird das Unternehmen unvermeidlich mittelmäßiger, seine Performance schlechter. Das merkt man am Feedback der Kunden, aber auch am Umsatz und am Geschäftsergebnis. Der Unternehmer muss es aushalten, dass in der Übergangszeit erst einmal zwei bis vier Quartale lang schlechtere Zahlen geschrieben werden. Auch wenn sich alle noch so sehr Mühe geben.

Nach einem halben Jahr bis Jahr zeigt sich allmählich, ob die Umstellung funktioniert hat. Ob die Mitarbeiter tatsächlich lernen, eigenverantwortlich vernünftige Entscheidungen zu treffen. Und ob die Struktur ausgewogen ist, die richtige Menge an Informationen bereitstellt und genügend Instrumente zur Feinjustierung enthält. Wenn nein, wird das Unternehmen nur Mittelmaß sein und Mittelmaß bleiben.

Wenn die Umstellung allerdings gefruchtet hat, geht es nach der mageren Initialphase steil nach oben. Neue Marktbereiche werden erschlossen, die Qualität, Kundenzufriedenheit und Schnelligkeit des Unternehmens steigen. Gute Ideen sprudeln wie eine Thermalquelle. Dann steigt der Umsatz und die Profitabilität, und es lohnt sich auch wieder, Wissen einzukaufen. Den Mut, das abzuwarten, muss man aber erst mal aufbringen ...

Deswegen fällt es auch börsennotierten Unternehmen so schwer, auf dezentrale Entscheidungsstrukturen umzustellen. Sie müssen jedes Quartal steigende Zahlen schreiben, sonst springen ihnen die Anleger ab und der Wert der Aktien fällt. Ein Dax-Unternehmen hat also kaum eine Chance, die Pyramide auf den Kopf zu stellen und zum Brummkreisel zu machen. Bei ihnen geben zwar in der Regel die Top-Manager tatsächlich nur die Marschrichtung vor und betreiben Risikoanalyse und Zukunftsforschung. Aus dem operativen Geschäft halten sie sich heraus – aber nur, weil es unmittelbar unter ihnen mehrere Hierarchieebenen von Managern gibt, die das Tagesgeschäft bestimmen. Der normale Angestellte hat in so einer Struktur kaum eine Chance, auch nur zu bestimmen, wann er seine Mittagspause macht.

Ein Mittelständler hat es da sehr viel leichter, sich umzustellen. Nur schade, dass es so wenige tatsächlich tun! Viele Eigentümer-Unternehmer haben die Finger noch ganz stark im Operativen drin. Verkehrte Welt – gerade diejenigen, die eine dezentrale Struktur aufbauen könnten, tun es nicht. Dabei wäre das Loslassen für sie ein echter Vorteil. Ihr Unternehmen könnte enorm wendig und flexibel werden und damit einen bedeutenden Marktvorteil vor direkten Wettbewerbern haben. Die Unternehmer könnten persönlichen Freiraum gewinnen.

Vielleicht liegt die Zurückhaltung daran, dass die Angst vor dem Unbekannten einfach zu groß ist – eine Firmen-Pleite wäre schließlich auch ihre eigene. Daher fällt es ihnen schwerer, loszulassen. Doch nicht nur Bedenken, dass die Mitarbeiter überfordert sein könnten, halten den Mittelständler davon ab, sein Werk zum Beta-Unternehmen umzustrukturieren. Als viel stärker erweist sich die Befürchtung, dass sie sich selbst überflüssig machen könnten.

Eigentümer-Unternehmer sind meist mit noch mehr Herzblut bei der Sache als ein angestellter Manager. Sie haben das Unternehmen oft aufgebaut, ihre Handschrift ist im Unternehmen überall zu erkennen. Sie verstehen sich als Motor, der die Firma immer wieder antreibt und am Laufen hält. Ihre Sorge: Wenn alle operativen Entscheidungen von den Mitarbeitern gefällt werden, könnten diese dann nicht auf die Idee kommen, dass sie den Chef gar nicht brauchen?

***

Schwungvoll parke ich vor dem Firmengebäude. Die neue Parkplatz-Sektion, die wir letztes Jahr mit dazugenommen haben, weil die Mitarbeiterzahlen ständig wachsen, ist auch schon fast voll. Auf der Terrasse sehe ich die Tische und Stühle, die nur im Sommer rausgestellt werden. Als ich vor vier Wochen abgereist bin, standen sie noch im Lagerraum. Ich war bei einem Geschäftspartner in Australien und im Anschluss noch auf einer internationalen Messe. Eine intensive, anregende und auch anstrengende Zeit. Gestern ist mein Flugzeug in Frankfurt gelandet und hier bin ich wieder. Jetzt bin ich neugierig, was hier in der Zwischenzeit so alles gelaufen ist. Sicher mehr, als dass das Wetter endlich warm genug geworden ist, um draußen zu sitzen ...

Als Erstes gehe ich zur Poststelle und hole die gelbe Kiste mit der Tagespost. Vergnügt fange ich an, sie an die Mitarbeiter auszuteilen. Ich beantworte ihre Fragen nach unserem australischen Geschäftspartner, nach Australien selbst, nach der Messe und erkundige mich, was ich in den letzten vier Wochen so alles versäumt habe.

Nach einer Stunde ist meine Kiste leer. Ich war in jedem Firmenbereich und habe hier und da ein Schwätzchen gehalten. Außer in der Produktionshalle. Dort kommt selten Papierpost an; denn die Bestellungen laufen übers Internet oder übers Firmennetzwerk. Eigentlich habe ich dort also nichts direkt zu tun, aber ich will mal sehen, wie die Stimmung ist. Also rein. Einen Moment lang muss ich mich an den Geräuschpegel gewöhnen. Dann gehe ich zur CNC-Maschine und schaue einen Moment lang dem Mitarbeiter zu, der konzentriert ein Werkstück in das Gerät einspannt. Richtig, da fällt mir ein: Kurz bevor ich abgeflogen bin, hatte ich zufällig mitbekommen, dass die Mitarbeiter für die CNC-Maschine einen neuen Belegungsplan ausgearbeitet haben. Also frage ich:

„Was haben Sie denn für Erfahrungen mit dem neuen Belegungsplan gemacht, während ich weg war?"

Der Mitarbeiter schaut mich verblüfft an.

„Waren Sie weg?"

Unternehmen ohne Chef?

Wenn ein Unternehmen sich selbst organisiert, dann fällt es erst mal gar nicht auf, wenn der Chef eine Weile nicht da ist. Das Tagesgeschäft funktioniert auch ohne ihn, und auch Verbesserungsinitiativen und operative Anpassungen an die aktuelle Marktlage finden ohne ihn statt. Diejenigen Mitarbeiter, die im Alltag nicht persönlich mit ihm zu tun haben, vermissen ihn vielleicht gar nicht.

Braucht das Unternehmen den Chef dann überhaupt?

Natürlich! Unbedingt! Nicht täglich, aber auf Dauer schon. Ich meine: Wenn ich morgen einen Unfall habe und sechs Monate lang im Krankenhaus liege, dann verändert sich erst mal nicht viel im Unternehmen. Der Betrieb geht auch ohne mich weiter. Aber nach sechs Monaten würde man mein Fehlen schon allmählich in den Abläufen bemerken. Das Unternehmen würde an Stabilität verlieren, allmählich ins Schlingern geraten. Zwei Jahre ohne Chef würde das Unternehmen nicht überstehen.

Warum? Weil die Justierung fehlt. Weil sich niemand Gedanken über die grundsätzliche strategische Ausrichtung macht. Wenn nicht regelmäßig an der Positionierung gefeilt wird, bleibt das Unternehmen auch dann noch ein quadratischer Pflock, wenn das Marktumfeld nur noch aus runden Löchern besteht. Die Maßnahmen fehlen, die das Unternehmen zukunftsfähig machen.

Deshalb: Den Chef braucht es schon, auch wenn er eher im Hintergrund wirkt. Selbst wenn die Mitarbeiter nicht unmittelbar mitbekommen, was der Chef tut, heißt das noch lange nicht, dass sein Tun nicht wichtig ist. Um beim Bild mit dem Brummkreisel zu bleiben: Ohne die Spitze, auf der er sich dreht, funktioniert es nicht. Würde sie abgesägt werden, müsste er sich auf einer Kreisfläche drehen – der nächsten Führungsebene. Da ist die Reibung wesentlich höher. Das tut der Kreisfläche nicht gut, sie nutzt sich ab. Schlimmer noch: Der Schwung geht schnell verloren. Nach kurzer Zeit kippt der Kreisel um.

Natürlich würde kein Unternehmen das zulassen. Wenn absehbar ist, dass der Chef nicht so bald wiederkommen wird, gibt es spätestens nach sechs Monaten einen neuen. Entweder kommt dann ein Alpha-Chef des alten Schlags. Das wäre das Worst-Case-Szenario: Er versucht, aus dem Brummkreisel wieder eine Pyramide zu machen. Die Mitarbeiter, die an selbstständiges Denken gewöhnt sind, rebellieren; entweder sie verscheuchen das Alphatier schnell oder das ganze Unternehmen zerbricht. Die wesentlich angenehmere Zukunftsvision ist, dass ein neuer Beta-Chef kommt. Dann fängt der Brummkreisel allmählich wieder an, sich zu drehen und Fahrt aufzunehmen.

Wie sehen diese Neupositionierungen aus, die der Chef in einem Beta-Unternehmen ständig durchführt? Das kommt natürlich auf das Unternehmen, die Branche, die Marktsituation an. In meinem Unternehmen hatten wir schon eine ganze Reihe an großen Veränderungen:

Als ich den Betrieb übernommen habe, war er im Grunde genommen ein Handelsunternehmen mit handwerklicher Fertigung. Fertige Produkte wurden eingekauft, handwerklich angepasst und weiterverkauft. Es gab einen Schwung Mitarbeiter, von denen keiner eine eindeutige Zuständigkeit hatte. Nichts war in Arbeitsanweisungen geregelt; es wurde auf Zuruf gearbeitet. Das war sympathisch, aber nicht besonders professionell.

Mein Vorgänger hatte, bevor er ausschied, noch einen größeren Auftrag von einem Automobilhersteller an Land gezogen. Damit wurde der Betrieb zum Automobilzulieferer. Das war wohl einer der Gründe, warum mein Vorgänger ausgerechnet an mich verkauft hat. Er wusste, dass ich 15 Jahre Berufserfahrung in der Automobilzuliefer-Industrie hatte. Und mit dieser Erfahrung war mir sofort klar: So ein Auftrag ist mit der bisherigen Struktur nicht zu bewältigen. Das kann weder ein Handwerksbetrieb noch ein Händler leisten. Automobilzulieferer müssen Industriebetriebe sein.

Also habe ich die folgenden vier, fünf Jahre damit zugebracht, den Betrieb umzustrukturieren. Die Fabrikhalle wurde nach Anlagen organisiert. Ablaufpläne und klare Regeln wurden eingeführt. Nach den fünf Jahren waren wir nicht mehr handwerklich organisiert, sondern industriell. Strategisch waren wir auf Automobilzulieferung ausgerichtet.

Die nächsten fünf Jahre haben wir damit zugebracht, die Fehlerquote zu minimieren. Ziel: Null Fehler! Mit dieser Qualitätsoffensive gewannen wir einen guten Ruf und feste Stammkunden.

Dann fiel mir auf, dass wir bisher praktisch nur auf Bestellung arbeiteten. Kunden kamen auf uns zu, wenn sie unsere Produkte brauchten. Die Kunden kannten uns und riefen einfach an. In so einem Nischenmarkt wie unserem ist das möglich. Aber es begrenzt das Wachstum.

Also haben wir uns wieder mal neu ausgerichtet: auf Verkauf. Wir haben Vertriebsspezialisten ins Unternehmen geholt und eine Verkaufsstruktur aufgebaut. Jetzt gehen wir auf die Kunden zu und werben um sie. Wir öffnen uns für den Markt. Zahlreiche neue Aufträge sind so möglich geworden, wir haben uns ganz neue Marktsegmente erschlossen.

Auf diese Weise sind wir jetzt unseren Wettbewerbern ein gutes Stück voraus. Innerhalb der Branche sind wir einer der Marktführer.

Das nächste Ziel ist: Faszination Kundenenthusiasmus! Wir streben an, dass die Kunden nicht mehr nur zufrieden mit uns sind, sondern begeistert. Das erreichen wir, indem wir noch stärker auf Kundenservice setzen. In Kommunikation, Lieferservice, im Umgang mit Reklamationen, in der Kulanz. Während der Wirtschaftskrise 2009, als ich Muße hatte, viel nachzudenken, habe ich dieses Ziel formuliert: „Wir werden gelernt haben, die Welt mit den Augen unserer Kunden zu verstehen, wir werden ... gemeinsam mit unseren Partnern erfolgreich." Jetzt sind wir dabei, diese Vision umzusetzen.

Und ich kann Ihnen versichern, ich habe auch schon einen Plan für den Schritt danach!

... und mittags geh' ich heim

Die Post ist verteilt, jetzt geht es auf zwölf zu. Als nächstes noch die Mails checken, denke ich, und gehe in mein Büro. Da ich nicht im operativen Geschäft drinstecke, ist das meistens schnell erledigt. Schließlich bekomme ich weniger Arbeitsmails als private Post.

Nachdem ich die vier Anfragen des Tages beantwortet habe, fahre ich den Rechner herunter und schnappe meine Aktentasche.

„Tschüs, Frau Eckstein. Heute Nachmittag bleibe ich zu Hause. Wenn was ist, Sie wissen ja, ich bin auf dem Handy erreichbar. Bis morgen!"

Frau Eckstein winkt mir zu. „Okay, ich stelle dann Ihr Telefon auf mich um."

Keine fünf Minuten später bin ich zu Hause und stehe mitten in der Küche. Wir wohnen gleich über dem Hügel, Luftlinie zweieinhalb Kilometer, aber trotzdem noch weit genug, dass ich das Unternehmen von zu Hause aus nicht sehen kann.

Meine Frau ist gerade dabei, den Tisch zu decken.

„Hallo, Detlef! Kannst du bitte noch drei Gläser bringen? Mona ist auch da und isst mit uns. Hast du das schon mitbekommen?"

„Ach was? Klasse!"

Seitdem meine Tochter in der Fußballmannschaft in Freiburg spielt, ist sie nur noch selten bei uns. Aber dieses Wochenende will sie sich mit früheren Klassenkameraden treffen und ist schon am Freitag Mittag gekommen.

Kurze Zeit später steht das Risotto duftend auf dem Tisch, und unsere Tochter erzählt von ihren neuen Plänen rauf und runter. Offenbar hat sie echt Schwierigkeiten, sich zu entscheiden, ob sie lieber in Freiburg in der ersten Liga bleibt, wo sie sich in den letzten Jahren auch einen Freundeskreis aufgebaut hat, oder ob sie ihre Profi-Karriere fünfhundert Kilometer weiter in Essen oder Bad Neuenahr weiterführen will.

Jetzt streift sie gedankenversunken mit der Gabel durch den Reis und fragt dann plötzlich: „Papa, sag mal, was würdest du denn an meiner Stelle tun?"

Ich lege die Gabel zur Seite und schaue ihr in die Augen. „Ich bin ja nicht an deiner Stelle. Du musst wissen, was du willst. Und ob du bereit bist, den Preis dafür zu bezahlen."

„Ach Papaaa …" Meine Tochter schaut wieder auf ihren Teller. Hunger scheint sie nicht mehr groß zu haben. Kein Wunder, sie steht vor einer Entscheidung, die den Kurs ihres Lebens bestimmen wird. Aber es ist ihre Entscheidung. Die kann und will ich ihr nicht abnehmen. Ich trage die Verantwortung für meine Entscheidungen, und sie muss die Verantwortung für ihre tragen.

Nachdem wir abgeräumt haben, überfliege ich bei einem Kaffee noch den Südkurier und die FAZ. Dann greife ich nach dem Laptop und setze mich damit auf den Balkon.

Auch wenn meine Anwesenheit in der Firma nicht notwendig ist, heißt es nicht, dass ich nichts zu tun habe. Das Unternehmen strategisch auszurichten ist auch Arbeit. Das Schöne ist aber, dass ich sie überall tun kann: in meinem Büro, auf einer Bank am Seeufer, auf der Terrasse, auf dem Sofa zu Hause. Überall, wo es Netzempfang gibt und ruhig genug ist, dass ich lesen und nachdenken kann.

Manchmal beschließe ich, diese Arbeit im Büro zu machen. Das Grundrauschen im Hintergrund inspiriert mich. Manchmal gehe ich auch durch die Produktionshalle, nehme die Stimmung auf, und gehe dann wieder in mich. Und manchmal muss ich sogar nach einer zweistündigen Pause wieder ins Büro fahren, wenn ich ausnahmsweise mal stellvertretend einen operativen Job in der Firma übernommen habe. Wenn eine Führungskraft gegangen ist und ich noch niemand Neuen für die Stelle gefunden habe, springe ich ein. Zum Beispiel war ich zwischendurch drei Jahre lang Produktionsleiter, und zurzeit leite ich kommissarisch den Prozess Service, Verkauf und Abwicklung. Aber heute brauche ich dafür nichts zu tun. So kann ich mich der Zukunftsplanung widmen.

Ich rufe die Homepage der japanischen Autofirma auf, mit deren Chef ich neulich auf der Messe ins Gespräch gekommen bin. Interessant. Ihr Transportersektor ist zwar klein, aber die Modelle sind sehr durchdacht. Da gibt es Chancen, dass die Firma dafür demnächst maßgeschneiderte Sicherungssysteme haben will. Ich setze die Homepage auf meine Favoritenliste. Dann schaue ich eine Weile über den Garten und male mir aus, wie ich die Kooperation gestalten kann. Eine Hummel sucht die Blüten des Schmetterlingsstrauchs ab, dann fliegt sie davon. Zum nächsten Blütenstrauch.

Literatur

Bauer, Joachim: Prinzip Menschlichkeit. Hofmann & Campe, 5. Aufl., 2007.

Csikszentmihalyi, Mihaly: Flow – Das Geheimnis des Glücks. J. G. Cotta'sche Buchhandlung, 10. Aufl., 2002.

Daeubner, Claudia/Pavlovic, Ernst: Kapitalkiller Konflikt. Redline Wirtschaft bei Ueberreuter, 1. Aufl., 2002.

Dathe, Johannes: Kooperationen – Leitfaden für Unternehmen. Carl Hanser, 1. Aufl., 1998.

Dickmann, Philipp: Schlanker Materialfluss. Springer, 2. Aufl., 2008.

Feldbrügge, Rainer/Brecht-Hadraschek, Barbara: Prozessmanagement leicht gemacht. Redline, 1. Aufl., 2005.

Förster, Anja/Kreuz, Peter: Alles, außer gewöhnlich. Econ, 1. Aufl., 2007.

Geffroy, Edgar K.: Das Einzige, was stört, ist der Kunde. Redline, 16. Aufl., 2005.

Hamel, Gary: Das Revolutionäre Unternehmen. Econ , 1. Aufl., 2000.

Harford, Tim: Adapt – Why success always starts with failure. Farrar Straus Giroux, 1. Aufl., 2011.

Häusel, Hans-Georg: Brain Script. Haufe, 1. Aufl., 2007.

Hemel, Ulrich: Sich vor dem Siege über Vorgesetzte hüten. Carl Hanser, 1. Aufl., 2008.

Hinterhuber, Hans H.: Leadership. Frankfurter Allgemeine Buch, 4. Aufl., 2007.

Horváth & Partner: Balanced Scorecard umsetzen. Schäffer-Poeschel, 2. Aufl., 2001.

Jennings, Ken/Stahl-Wert, John: Serving Leaders. Gabal, 1. Aufl., 2003.

Kobjoll, Klaus: Wahre Herzlichkeit. Orell Füssli, 1. Aufl., 2007.

Kohtes, Paul J.: Dein Job ist es, frei zu sein. J. Kamphausen, 1. Aufl., 2005.

Kressler, Herwig W.: Leistungsbeurteilung und Anreizsysteme. Ueberreuter, 1. Aufl., 2001.

Malik, Fredmund: Führen, Leisten, Leben. Campus, 1. Aufl., 2006.

Mauboussin, Michael J.: Think Twice. Harvard Business School Press, 1. Aufl., 2009.

Micic, Pero: Das Zukunftsradar. Gabal, 1. Aufl., 2006.

Otto, Klaus-Stephan/Bässler, Christel/Nolting von Carl, Uwe: Evolutionsmanagement. Carl Hanser, 1. Aufl., 2006.

Pfläging, Niels: Die 12 neuen Gesetze der Führung. Campus, 1. Aufl., 2009.

Pfläging, Niels: Führen mit flexiblen Zielen. Campus, 1. Aufl., 2008.

Pflüger, Gernot: Erfolg ohne Chef. Econ, 1. Aufl., 2009.

Schmelzer, Herrmann J./Sesselmann, Wolfgang: Geschäftsprozessmanagement in der Praxis. Carl Hanser, 6. Aufl., 2008.

Ulrich, Dave/Zeuger, Jack/Smallwood, Norm: Ergebnisorientierte Unternehmensführung. Campus, 1. Aufl., 2000.

von Cube, Felix: Lust an Leistung. Piper, 1. Aufl., 2002.

Winston, Andrew S.: Green Recovery – get lean, get smart and emgere from the downturn on top. Harvard Business School Press, 1. Aufl., 2009.

Literatur

Dank

Ich danke meiner Frau und meinen beiden Kindern. Sie waren die Quelle meiner Kraft in den vielen Jahren der Unternehmensentwicklung und haben alles in allem 892 Stunden mit dem Essen auf mich gewartet.

Ich danke meinem Bruder Dr. Ulrich Lohmann, der die Idee für dieses Buch hatte. Ohne sein hartnäckiges Drängen hätte ich mich nie an dieses Projekt gewagt.

Danke an Herrn Michael Keller von Keller & Collegen, der mich beim Kauf von allsafe Jungfalk begleitet und mir die Möglichkeit gegeben hat, Unternehmer zu werden.

Bei der Personalentwicklung unterstützt haben mich Michael Lehmann, Axel Germek, Dr. Annette Fintz, Dr. Gerd Kalkbrenner und Frau Prof. Carola Sonne. Besten Dank dafür!

Danke auch an meinen Onkel Dieter Kreikenbaum für die professionelle Beratung bei den vielen Um- und Ausbauten der letzten Jahre.

Zum Schluss gilt mein Dank all den Mitarbeitern von allsafe Jungfalk, die sich diesem einschneidenden Veränderungsprozess immer wieder stellen mussten und dabei fabelhaft mitgemacht haben. Besonderer Dank an meine Mitarbeiterin Christiane Freudenberger, die den Feinschliff dieses Manuskriptes verantwortet.